桥式起重机系统先进控制方法及实现

邵雪卷 著

U0427845

電子工業出版社
Publishing House of Electronics Industry
北京 • BEIJING

内 容 简 介

本书在分析总结国内外起重机系统定位防摆控制方法研究进展的基础上，针对桥式起重机系统的数学模型和控制器设计等方面进行了深入研究，提出了几种先进的高性能定位防摆控制方法，并进行了相应的理论分析和大量的仿真与实验验证。本书内容包括桥式起重机定位防摆系统的数学建模、桥式起重机系统的模型预测控制、桥式起重机系统的状态反馈控制、桥式起重机系统的鲁棒控制、基于模糊观测器的状态反馈控制、三维桥式起重机系统的自适应时变滑模控制等。

本书可以作为高等院校控制科学与工程、机械工程、电气工程等相关学科和专业的研究生参考用书，对相关领域的科研工作者与工程技术人员也有重要的参考价值。

图书在版编目（CIP）数据

桥式起重机系统先进控制方法及实现 / 邵雪卷著. —北京：电子工业出版社，2022.11
ISBN 978-7-121-44997-0

Ⅰ. ①桥…　Ⅱ. ①邵…　Ⅲ. ①桥式起重机－自动控制系统－研究　Ⅳ. ①TH215

中国国家版本馆 CIP 数据核字（2023）第 010538 号

责任编辑：徐蔷薇
印　　刷：北京天宇星印刷厂
装　　订：北京天宇星印刷厂
出版发行：电子工业出版社
　　　　　北京市海淀区万寿路 173 信箱　　邮编：100036
开　　本：720×1 000　1/16　印张：12.25　字数：200 千字
版　　次：2022 年 11 月第 1 版
印　　次：2024 年 6 月第 2 次印刷
定　　价：88.00 元

凡所购买电子工业出版社图书有缺损问题，请向购买书店调换。若书店售缺，请与本社发行部联系，联系及邮购电话：（010）88254888，88258888。

质量投诉请发邮件至 zlts@phei.com.cn，盗版侵权举报请发邮件至 dbqq@phei.com.cn。

本书咨询联系方式：xuqw@phei.com.cn。

前言

桥式起重机是现代工业生产和物料搬运过程中实现生产过程机械化、自动化的重要工具和设备，广泛应用于工厂、海港、码头等诸多场所，其控制目标是将负载快速、平稳地运送至目标位置，且在起重机小车运行时负载摆动尽可能小，在小车静止时负载不存在残余摆动。然而，由于桥式起重机系统本身具有典型的欠驱动特性，人们无法直接控制负载摆动；另外，桥式起重机是一个复杂的不确定系统，且各状态之间具有很强的非线性关系，这些因素使得解决桥式起重机系统定位防摆控制问题有较大难度。实际应用中的大部分起重机仍然依赖人工手动操作，小车定位和负载防摆效果取决于工作人员的经验。因此，研究桥式起重机的新型高性能定位防摆控制策略具有重要的理论价值和实际意义。

目前，针对桥式起重机系统的定位防摆控制研究已经取得了一系列的成果，但仍存在一些问题：设计控制器依赖的桥式起重机系统数学模型比较复杂，控制系统负载摆角约束问题不太容易处理，控制性能对系统参数变化或外界干扰较为敏感，在实际工程应用中负载摆角测量难度较大，等等。为了有效解决现有控制方法存在的不足，本书深入研究了桥式起重机系统的定位防摆控制策略。本书具体内容如下。

第1章：概述了起重机定位防摆控制的研究背景和控制策略的研究现状，对本书的主要内容进行简要说明。

第2章：基于桥式起重机非线性动力学模型，提出新的Takagi-Sugeno（T-S）模糊建模方法。通过对桥式起重机非线性动力学模型的分析，采用虚拟控制变量和近似处理的方法，建立了T-S模糊模型。仿真结果表明，本书建立的T-S模糊模型可以很好地逼近非线性动力学特性，具有较高的模型精度。

第3章：为了满足桥式起重机系统在实际工作中存在的各种约束条件，提出了基于微分平坦理论的模型预测控制方法。构造桥式起重机系统的微分平坦输出量，通过输入变换将原系统变换为以平坦输出量及其有限阶导数作为状态变量的线性系统，基于变换后的系统，设计满足约束条件和性能要求的模型预测控制器。仿真结果表明，该方法不仅能够满足实际工作中的约束条件，而且具有良好的消摆效果和抑制干扰的能力。

第4章：针对桥式起重机动态系统的定位防摆要求，基于建立的T-S模糊模型，提出并行分布补偿（Parallel Distributed Compensation，PDC）结构的状态反馈控制策略，并采用带衰减率的线性矩阵不等式（Linear Matrix Inequality，LMI）方法计算反馈增益矩阵。为了减小在稳态情况下的定位偏差，提出积分状态反馈控制策略。借助仿真结果，将本书提出的控制策略与现有文献方法进行比较，验证其良好的定位防摆控制性能，并在桥式起重机定位防摆控制系统模拟实验平台上，对提出的控制方法进行了实验验证。

第5章：为了减小未建模动态和参数不确定性对起重机系统的影响，提高控制系统的鲁棒性能，提出两种桥式起重机定位防摆控制策略。一种是针对单摆效应的桥式起重机动态系统的不确定T-S模糊模型提出了鲁棒线性二次型控制（LQR）策略，并采用粒子群算法（PSO）优化$\boldsymbol{Q}$矩阵参数。另一种是针对双摆效应桥式起重机动态系统的不确定T-S模糊模型提出了鲁棒H_∞控制策略，把控制系统稳定性和鲁棒H_∞控制器存在的条件转化为一系列线性矩阵不等式问题。另外，本章通过大量仿真和实验验证了这两种控制策略的鲁棒性能。

第6章：针对在实际工程应用中，桥式起重机负载摆角和摆角速度测量难度较大，且安装摆角传感器成本较高的问题，提出了桥式起重机的T-S模糊观测器设计方法，利用容易测量的小车位置信息对负载摆角和摆角速度信息进行在线估计，并基于观测器设计并行分布补偿结构的状态反馈控制器，采用Lyapunov稳定理论对闭环系统的稳定性进行证明。

第7章：针对三维变绳长桥式起重机系统存在的不确定性和外界干扰问题，提出了基于非线性扩张观测器的自适应时变滑模控制方法。采用三维非线性扩张观测器估计系统中的扰动和摆角状态，并将估算扰动补偿到桥式起重机系统解耦模型中；根据误差信号、时变参数及动态指数项设计新型时变滑模面，利用终端滑模的优点设计带终端吸引子的自适应趋近律。最后，本章通过仿真验证了该控制方法的鲁棒性和抗干扰性。

本书在撰写过程中，参阅了国内外大量相关文献，在此向本书所引文献的作者们表示衷心的感谢！

本书涉及的科研成果主要是在太原科技大学完成的，并得到1331高端装备制造与流程工业智能化协同创新中心、山西省智能检测与信息处理技术工程研究中心、山西省自然科学基金项目（201901D111263）、山西省重点研发基金项目（202102020101013）及太原科技大学科研启动基金项目（20202070）等的资助，作者在此一并致谢！

作者特别感谢太原科技大学张井岗教授、赵志诚教授、陈志梅教授给予的悉心指导和帮助，他们的教导使作者受益匪浅。在起重机系统先进控制策略研究过程中，硕士研究生胡富元、张天成、张桐松等参与了部分研究工作，在此一并表示衷心的感谢！

本书可以为控制类各专业高年级本科生、工科类专业研究生及广大工程技术人员提供系统的参考，推动起重机控制技术的研究与应用。由于作者水平和能力有限，书中难免有不足和错误之处，敬请读者批评指正并提出宝贵意见。

邵雪卷

2022 年 5 月

目录

第1章 绪论

1.1 引言

起重机是在一定范围内垂直提升并水平搬运重物的多动作起重设备，被广泛应用于建筑工地、港口码头、企业厂房、物流仓库等场所。起重机种类繁多，根据结构可分为桥架型起重机、缆索型起重机和臂架型起重机。桥架型起重机包括桥式起重机和龙门起重机，缆索型起重机包括缆索起重机和门式缆索起重机，臂架型起重机主要有塔式起重机、流动式起重机、回旋臂式起重机等[1]。

在各种起重机中，桥式起重机最具有代表性且应用最为广泛，是实现现代工业生产过程机械化、自动化的重要工具。桥式起重机（工厂内一般称为行车）主要由轨道、桥架（大车）、小车（台车）、吊钩等部分构成，横架在车间、仓库等场所的上空，用来进行物料吊运。桥式起重机的桥架沿铺设在两侧高架上的轨道向前、向后纵向运行，小车沿着桥架向左、向右移动，吊钩上、下运动垂直吊起负载。

桥式起重机工作时，负载质量的变化、吊绳长度的变化等不确定性因素会影响系统的性能[2,3]，在运送货物过程中，小车的加减速运动及外界干扰会引起负载摆动。如果负载摆动角度较大，货物将无法被准确地放置到目标位置，延长完成运输任务的时间，降低搬运货物的效率；如果对负载摆动不能进行合理控制，所运送的货物或作业环境周围的物体可能会损害。一些特殊场合，要求起重机能够快速、准确地到达目的地，且在运送过程中要求无摆角。例如，在冶金相关的工作场所，若起重机无法快速地将金属液运送至浇注口上方，则金属液过早冷却，无法正常完成工作任务；另外，负载的摆动也可能会导致金属液溅到浇注口外，引发安全事故。

桥式起重机控制系统的主要目标是实现小车的快速、精确定位，并减小或消除负载的摆角[4]，从而使货物能够以最少的时间运送到目的地，且到达目的地后不存在残余摆动（简称残摆）。桥式起重机属于欠驱动系统，其独立控制量个数少于被控量个数。因此，桥式起重机的小车可以直接受到电机的驱动，但对负载在空间的摆动只能通过小车的水平运行间接控制。这种系统动力学关系复杂，控制起来难度较大，但成本低、能耗小、灵活度高。

长期以来，桥式起重机操作一直依靠操作员的实际操作经验来实现货物的安全运输和定位卸货。这种工作模式不仅定位精度不高、工作效率低下，且运行过程不平稳。在具有高危险性的作业场所，如高温液态金属的吊运，或核电物料吊装等强辐射性工作环境中，人工操作比较危险，一旦发生事故，极易造成巨大的经济损失，甚至人身伤害，严重时会导致生命安全受到威胁。据不完全统计，在冶金和炼钢行业，每年因桥式起重机作业所导致的人员伤亡事故占总事故的 30%以上，在建筑行业的起重机械安全事故中，吊车导致永久残疾和伤亡的人数占所有建筑和维护人员数量的 1/3，而这些事故发生的重要原因之一则是负载的摆动。

为了提高桥式起重机系统的工作效率，消除工作过程中存在的安全隐患，研究高效的定位防摆控制方法来代替人工操作具有重要的理论价值和实际工程意义。

1.2 起重机系统定位防摆控制的研究进展

起重机是非线性、强耦合的欠驱动系统，这极大地增加了起重机动态特性的复杂程度和对负载摆角控制的难度。为了解决起重机的定位防摆控制问题，许多研究者提出了不同的控制方法。这些控制方法大致可以分为开环和闭环两类。本节根据这些类别对用于起重机的控制方法进行详细介绍。

1.2.1 开环控制

开环控制方案不需要专门安装传感器来测量负载摆角，成本较低，结构简单，容易实现[5]，已被许多研究人员广泛使用。这种方法控制输入不考虑系统不确定性和外界干扰的影响，控制精度低，对系统参数变化和外部干扰比较敏感[6]。开环控制方法主要包括输入滤波、输入整形和轨迹规划。

1. 输入滤波

输入滤波是指对起重机的小车加速度信号进行滤波，把与系统固有频率相同的谐波成分消除掉，避免吊重在加减速时引起的残余等幅振荡。用于起重机控制的输入滤波方法包括无限脉冲响应（IIR）滤波和有限脉冲响应（FIR）滤波。文献[7]中，Ahmad MA 等采用 3 阶、6 阶、9 阶无限脉冲响应巴特沃斯（Butterworth）滤波技术来抑制吊重摆角的波动，并获得了较好的控制效果。IIR 滤波没有精确的相位，通常控制起来难度较大；FIR 滤波具有一个线性相位，易于控制。FIR 滤波技术已经在一些起重机中[8,9]得到应用。

2. 输入整形

输入整形是一类可以实时应用的控制方法，它不考虑起重机的动力学特性，是有意识地在系统中引入时滞环节，将基于系统的固有频率和阻尼比设计的一系列脉冲序列与期望的输入信号进行卷积，产生一个新的被整形的信号作为控制信号，以最大限度地减小起重机小车加减速运动引起的负载摆动。

针对桥式起重机，研究人员提出的输入整形方法有早期使用的 ZV（Zero Vibration）输入整形[10] 。为了提高系统的控制性能，文献[11]针对双摆效应桥式起重机，给出双模态 ZV 输入整形方法。ZV 输入整形一般用于抑制在设计频率周围中小范围的系统摆动，对建模误差有较差的鲁棒性，如果设计频率改变超过整形器的敏感度，则输入整形对抑制摆动是无效的。后来研究人员又提出了改进型输入整形方法，如 ZVD（Zero Vibration and Derivative）输入整形[12]、ZVDD （Zero Vibration and Derivative Derivative）[13]输入整形、EI

（Extra Insensitive）输入整形、SI（Specified Insensitivity）输入整形、UMZV（Unity Magnitude Zero Vibration）输入整形、OCS （Output-based Command Shaping）输入整形等。文献[14]将 ZVD 输入整形技术用于臂式起重机的防摆控制中，并与低通滤波、带通滤波方法进行性能比较。文献[15]针对双摆效应桥式起重机系统的特点，给出了能够提高系统鲁棒性的 SI 输入整形方法。为了减小三维桥式起重机在负载起升过程中的摆角，文献[16]根据实际系统和参考模型的输出信号设计 OCS，不需要系统的固有频率和阻尼比。

前面给出的输入整形方法是基于固定的系统参数设计的，在处理时变系统时，鲁棒性能受到很大限制，控制效果往往不太理想。为了解决起重机系统负载提升和参数不确定性的影响，一些学者提出了能够适应变化的自适应输入整形方法。文献[17]给出了一种基于柔性模式频率变化的自适应输入整形方法，以适应参数不确定性。文献[18]提出了一种基于输出信号和积分滑模控制的自适应指令整形方法，整形器的参数随着提升重物过程中起重机的固有频率和阻尼比的变化进行调整，实现了小车的精确定位和负载的较低摆幅。文献[19]针对三维桥式起重机，设计了 UMZV 整形器，利用整形器和绳长的关系，在货物上升过程中自动改变整形器参数，实验结果验证了该方法的有效性。

输入整形属于开环控制，对系统外部干扰的鲁棒性较差，控制精度比较低。将反馈控制和输入整形相结合，可以有效地提高系统控制性能。文献[20]将输入整形技术和比例积分微分（Proportional Integral Derivative，PID）反馈控制结合用于龙门起重机中，输入整形技术的作用是减小负载摆动，PID 用于克服外部干扰和定位控制，取得了较好的控制效果。文献[21]为了提高双摆效应桥式起重机系统的抗干扰能力，加入反馈控制模块抑制两级摆动，并对系统进行了鲁棒性分析。文献[22]对文献[21]的控制方法进行改进，将模糊控制引入反馈模块，以抑制两级摆动，提高了系统的控制性能。

3. 轨迹规划

轨迹规划主要对起重机系统中的耦合关系进行分析，同时考虑实际系统中存在的问题，为小车规划合理的运动轨迹，让小车按照所规划的轨迹运行，以达到小车精准定位和减小负载摆角的目的。轨迹规划方法包括离线轨迹规划和在线轨迹规划两种。文献[23]提出了一种具有对称结构的轨迹规划方法，这种方法得到的轨迹不能用解析表达式表示出来，且无法保证负载最大摆角在限制范围内。在文献[24]中，Fang 等为小车规划了一条 S 形轨迹，该方法能够使小车准确定位，但不能消除负载摆动。在文献[25]中，孙宁等人提出了一种基于迭代学习的轨迹规划方法，其能够达到小车定位和抑制负载摆动的双重目的。文献[26]提出了一种基于相平面几何分析的具有解析形式的三段式加速度消摆轨迹，但是加速度的变化率为无穷大，这使得轨迹跟踪困难；为了克服这个问题，文献[27]提出了改进型加速度轨迹，在原有轨迹的基础上引入了过渡环节。轨迹规划属于开环控制，为了提高系统的抗干扰性能，文献[28]针对旋转起重机水平臂规划出 S 形曲线轨迹以抑制负载残余摆动，采用比例微分（Proportional Derivative，PD）控制器跟踪水平臂运动。文献[29]针对桥式起重机给出了水平运输阶段离线的阶梯形小车的加速度轨迹，采用滑模控制跟踪轨迹以减小负载摆角。文献[30]针对三维起重机，在 B 样条曲线的基础上，选择了一条合适的 S 形轨迹，有效地解决了负载平移问题，大大减小了负载的振荡，同时用传统的 Lyapunov 理论和 Barbalat 引理进行收敛性分析。文献[155]针对桥吊小车的光滑加速度平稳运行问题，设计了一条多项式加速度轨迹，且在绳长变化时，负载摆角依旧保持在约束的范围内。

采用离线规划的轨迹，容易受到外部扰动的影响，孙宁等[31]给出一种在线规划方法，并引入消摆环节，得到了良好的控制性能。何博等[32]根据小车与目标位置的距离不断优化轨迹在不同阶段的运行时间，并实时调整与小车运行轨迹相关的参数，以达到对小车精准定位的目的。文献[33]提出了一种考虑小车运动与载荷摆动耦合的在线规划方法，设计了一个具有七个阶段的加速度轨迹，同时给出了其解析表达式，并采用基于有效载荷摆动能量的预测方法实时计算运动规划的解。

另外，为满足小车运行过程中的一些特殊性能指标要求，一些学者将轨迹规划与最优控制相结合。文献[34]基于微分平坦理论，设计了 B 样条曲线轨迹，考虑小车运行过程的最大速度、负载最大摆角等约束条件，使参数的确定转化为优化问题。文献[35]在充分考虑各种物理约束的情况下，把轨迹规划问题转换成了以运输时间作为性能指标的优化问题，利用二分法来求解该优化问题以得到最小时间台车运行轨迹。文献[36]将带约束的时间最优轨迹规划问题通过高斯伪谱法转化为一个非线性约束问题。文献[37]构造以能量消耗为性能指标的目标函数，将轨迹规划问题转化成一个易于求解的二次规划（Quadratic Programming，QP）问题，得到的最小能量小车运行轨迹能够满足定位防摆的要求。

1.2.2 闭环控制

在实际工作环境中，起重机往往会面临风力、摩擦力等未知干扰的影响，系统中存在的不确定性因素也会影响起重机的工作性能。闭环控制根据系统状态或实际输出实时改变控制量，进而调节系统的控制性能，因而闭环控制对系统参数变化和外部扰动具有较强的鲁棒性[38]。但是，闭环控制系统需要安装传感器测量小车位移和负载摆角，并且闭环控制系统存在稳定性问题。随着科学技术的发展，传感器等电子设备的成本逐渐降低。这些电子设备能精确地传输系统运行状态，并将其快速传输至控制器中，这为起重机的闭环控制策略研究奠定了基础。目前，国内外学者针对起重机定位防摆的闭环控制开展了大量的研究。实现起重机小车精确定位与负载防摆的闭环控制方法有很多，已有的控制方法包括 PID 控制、反馈线性化、自抗干扰控制、滑模控制、模型预测控制、智能控制、自适应控制、无源性控制、鲁棒控制等。

1. PID 控制

PID 控制设计简单，是起重机系统中最常用的一种控制方法。起重机在工作时，绳长和负载质量会随着具体任务的变化而改变，单纯的 PID 控制难以满足高性能的起重机系统的要求，需要和其他技术相结合，如粒子群算法、神经网络、遗传算法等。文献[39]基于双摆效应桥式起重机系统，分别为小车定位、吊钩摆动和负载摆动设计 PID 控制器，并通过粒子群算法整定 PID 参数。文献[40]为实现龙门起重机的定位防摆控制，采用神经网络调节 PID 控制增益。文献[41]提出了一种具有类似于具有比例积分微分项的控制器，并严格分析、证明了该控制器的稳定性，实验和仿真都证明了该控制器的有效性。

2. 反馈线性化

反馈线性化是一种非线性控制设计方法，它通过非线性状态变换和反馈变换来消除系统中的非线性，使非线性系统实现全部或部分的精确线性化。Lee 对反馈线性化在桥式起重机中的应用进行了一些仿真和实验研究。文献[42]和[43]分别针对二维桥式起重机系统和三维桥式起重机系统，基于部分反馈线性化技术，设计非线性控制器；把起重机分为驱动部分和欠驱动部分，并对这两部分分别给出一个非线性控制律。但这种方法需要精确的模型信息才能获得良好的控制效果，且无法克服干扰影响，鲁棒性较差。文献[44]将反馈线性化和滑模控制相结合，使用滑模控制提高系统的抗干扰性和鲁棒性，获得了良好的控制效果。

3. 自抗干扰控制

自抗干扰控制（Active Disturbance Rejection Control，ADRC）将实际系统与理想模型之间的输出差异看作一种扰动，根据研究对象的输出量反求其控制量，不再纠缠于控制对象的具体动态特性，而将精力更多地集中在抗干扰这件事情上。针对二维吊车模型的不确定性和外界扰动问题，Zhang 等[45]提出了一种结合前馈和比例控制的线性 ADRC 算法，不仅能达到定位和防摇摆的目的，还具有较好的快速性能。肖友刚等[46]针对桥吊系统的参数不确定性和负载摆角速度难以测量的问题，设计了基于负载摆角的线性扩张状态观测器，得到了不依赖系统模型的 ADRC 算法，并将控制器中的繁杂参数用单个参数表示，降低了参数调整的难度。扩张状态观测器（Extended State Observer，ESO）是自抗干扰设计的核心，根据 ESO 等扰动观测器可以估计系统的不确定性和外界干扰这一特点，学者们研究出了许多性能良好的桥吊系统控制方法。Feng 等[47]针对存在各种不确定因素的桥吊系统，提出了一种基于 ESO 和线性二次型调节器（Linear Quadratic Regulator，LQR）的复合抗干扰控制器，验证了该控制器在定位防摇摆问题上的可行性和有效性。Lu 等[48]针对工程实际中桥吊系统的定位防摇摆问题提出了一种滑模控制方法，并且为了减轻滑模控制系统固有的抖振问题，设计了一种扰动观测器来估计和补偿大部分干扰。Wu 等[49]对桥吊系统的动力学模型进行了一些变换，利用扰动观测器在有限时间内将不确定干扰消除，并在此基础上提出了一种非线性控制方法。

4. 滑模控制

滑模控制（Sliding Mode Control，SMC）具有对系统参数变化和外界扰动较强鲁棒性的优点，吸引了起重机控制领域研究人员的兴趣。滑模控制能够很好地处理起重机系统中的不确定问题，近年来许多学者将滑模控制用于起重机系统中，并取得了较好的控制效果。用于起重机控制领域的滑模控制方法有一阶滑模控制、二阶滑模控制、分层滑模控制、组合滑模控制、积分滑模控制等。文献[50]在起重机提升货物过程中采用滑模控制，设计了时变切换线，可以使规则误差非振荡收敛。Lee[51]通过分析滑模面稳定性计算得到一阶滑模控制器，滑模面将所有状态误差线性结合，用饱和函数代替符号函数抑制抖振。文献[52]将改进的二阶滑模控制用于桥式起重机。文献[53]针对双摆起重机系统，基于包含吊钩质量变化的起重机动态模型提出分层滑模控制方法。文献[54]为了实现高精度的轨迹跟踪和负载防摆，针对双摆起重机系统设计了自适应分层滑模控制器。文献[55]采用组合滑模控制，用 Lyapunov 直接法推导控制律，并给出仿真结果。文献[56]利用模糊算法为桥式吊车系统建立了模糊模型，采用一种新型积分滑模控制方法研究了有限时间稳定性及有界性的问题。文献[57]针对不确定条件下的桥吊系统，提出了一种基于理想参考模型的积分滑模控制方法，既保证了小车的精准定位，又可保持负载在小范围内摆动。

滑模控制还可和自适应控制结合构成自适应滑模控制用于起重机系统中，文献[58]在没有载荷质量和阻尼元件先验知识的情况下，将滑模控制和自适应控制结合构成自适应滑模控制，所提出的自适应鲁棒控制器同时执行四项职责，包括跟踪小车、提升货物、保持货物摆动小的瞬态状态等，并完全消除了有效载荷残余摆角。

5. 模型预测控制

模型预测控制（Model Predictive Control，MPC）是一种多变量控制算法，它在处理约束条件、保证闭环稳定性和对参数不确定的鲁棒性方面具有优势。预测控制是指对系统在未来时刻的行为进行预测，根据已有的约束条件和给定的性能要求，求解开环优化问题[59]，然后在滚动过程中结合实际输入与预测输入的误差来对控制输入进行修正，通过每一时刻重复这一过程来实现对系统的控制。目前，许多学者对预测控制在起重机中的应用已经进行了大量的研究。文献[60]将 MPC 用于桥式起重机，目标函数中考虑了最小能量消耗和最大安全性。文献[61]和[62]将 MPC 方法用于桥式起重机的防摆控制中。文献[63]把带有输入非线性补偿的 MPC 用在龙门起重机中，并通过调整权值函数矩阵，实现定位和防摆控制。文献[64]为了实现最短时间的小车定位和负载防摆，在对桥式/龙门起重机控制中，采用带有抗摆算法的 MPC 控制。

模型预测控制的最优输入向量主要通过计算最小化二次成本函数，大多数 MPC 不能在很短的采样时间内计算，所以不适合快速动力学系统。为了解决这个问题，可以采用次优化 MPC 控制方法。文献[65]给出了 MPC 控制的次优化方法，采用梯度投影，用近似方式通过在每个采样中执行固定数量的迭代次数解决滚动优化控制问题，并用于实验室起重机中，实验结果表明了这种方法的可行性。

非线性模型预测控制（NMPC）是一种基于系统动态模型的最优控制策略，在需要高采样率的机电一体化应用中得到了较好的应用。文献[66]在液压林业起重机定位和防摆控制中，采用了 NMPC。为了对不同线路长度的小车运动进行优化，文献[67]针对实验室内的桥式起重机，采用了 NMPC 方法，同时使用高斯–牛顿实时迭代算法解决运动优化问题，并通过实验验证了该算法的控制性能。文献[68]将一种快速非线性模型预测控制策略用于桥式起重机的平移轴，采用增益调度技术处理变绳长问题，这个方法可以在非常短的采样时间内做计算，且有较小的跟踪误差。

6. 智能控制

模糊控制和神经网络控制属于最常用的智能控制。目前，智能控制已经在起重机系统中得到应用。

1）模糊控制

模糊控制不需要知道系统的精确模型，结构简单，易于实现，且具有很强的适应性，被广泛应用于控制起重机的小车位置和负载摆角。文献[69]针对单摆起重机给出了一种模糊控制方法。文献[70]针对双摆起重机，设计了一个模糊控制器，并引入遗传算法对控制器参数进行调整。为了提高桥式起重机系统的定位防摆控制性能，文献[71]采用了 PID 和模糊控制切换方法。为了减少模糊规则的数目，文献[72]对小车位置和负载摆角分别设计了一个模糊控制器。为了处理系统的不确定性及执行器死区非线性问题，文献[73]不仅设计了模糊滑模控制器，还设计了模糊观测器。为了增强控制系统的抗干扰性和鲁棒性，文献[74]将模糊控制和滑模控制结合构成自适应模糊滑模控制器，用于三维桥式起重机系统中。文献[75]将基于 H_∞ 的自适应模糊控制用于塔式起重机系统，提高了系统的鲁棒性。

2）神经网络控制

神经网络控制（Neural Network Control，NNC）具有很强的自学习能力，可以以任意精度逼近任意连续系统，能够自动适应被控对象在运行过程中由外界扰动引起的模型不确定性，因此也被应用于起重机控制系统中。在不同文献中神经网络所起的作用是不同的，主要表现在四个方面：利用神经网络逼近不确定项[75-77]；利用神经网络生成小车运动轨迹[78,79]；利用神经网络在线调节参数[80]；利用神经网络建立数学模型[81]。文献[76]将神经网络与

PID 或 PD 控制结合，用神经网络补偿摩擦力、重力和摆角耦合等不确定性对系统的影响。文献[77]针对塔式起重机，利用神经网络输出逼近系统的不确定项，并运用遗传算法优化滑模控制器的参数。文献[78]用神经网络产生期望的小车运动轨迹，用 PSO 训练神经网络参数。文献[79]将神经网络与滑模控制结合得到驱动小车快速光滑运动的控制信号。文献[80]用神经网络在线调整反馈控制器参数。文献[81]采用一种新型的径向基函数神经网络给桥式起重机系统建模。

7. 自适应控制

当系统存在不确定性因素时，自适应控制能够通过自行调整的方式改善控制性能。基于这一优点，自适应控制在不确定性系统中得到了广泛关注[82,83]。一些学者将自适应控制扩展到起重机这种复杂非线性系统中，并得到了成功的应用。文献[84]在对一些未知参数，如摩擦力、负载质量进行在线估计的基础上，给出了一种自适应控制方法。文献[85]针对塔式起重机，提出了一种自适应定位防摆控制方案。文献[86]针对海上起重机，提出了自适应学习控制方法。文献[87]针对双摆效应桥式起重机，提出了一种适用于具有不确定参数的自适应控制器。该控制器不对双摆起重机进行任何线性化或近似处理，而是通过构造 Lyapunov 函数对闭环系统进行稳定性分析。文献[88]首先为双摆起重机系统的台车运行选定一条光滑的 S 形参考轨迹，然后设计了一种基于总能量整形的自适应轨迹跟踪控制器，这种控制系统对于外界扰动具有较强的鲁棒性。

为了提高系统的性能，一些研究人员还将自适应控制和其他控制方法相结合，如自适应控制和滑模控制相结合[89]、自适应控制和神经网络相结合[90]、自适应控制和迭代学习相结合[91]。

8. 无源性控制

无源性控制方法无须对被控对象的非线性数学模型进行近似处理，它从系统的能量出发，寻求与被控量相关的能量函数，设计使能量函数按期望分布的控制器，从而达到控制目的。近年来，国内外学者开始用无源理论研究起重机的防摆与定位问题，文献[92]设计了直接位置控制器和间接摆角控制器两个无源控制器，与一般的 PD 控制器比较，摆角的收敛速度快，小车的输出功率低。文献[93]提出了一种能量交换与释放的无模型参数输出反馈控制方法，文中构造了一个新颖的虚拟弹簧—滑块系统生成控制量，使之与吊车系统进行能量交换和释放，以实现同时定位和消摆的控制目的。文献[94]从分段能量分析的角度构造全新的储能函数，并在此基础上设计能量控制器，获得了较好的消摆效果。

9. 鲁棒控制

鲁棒控制是针对系统不确定性问题提出的，起重机系统在运行过程中存在不确定性及外界干扰，采用鲁棒控制可以较好地控制小车位移和负载摆角。Kiss 等[95]针对二维桥吊动力学模型中参数的不确定性，在跟踪反馈控制器的基础上，利用 H_∞ 控制技术提出了一种带鲁棒预补偿的精确线性化控制方法，增强了控制系统的鲁棒性。孙宁等[96]针对双摆桥式吊车系统的近似化模型，提出了一种基于超螺旋的连续光滑鲁棒控制方法，不仅保证了小车的精准定位，还有效抑制了负载和吊钩的摆动。Ouyang 等[97]针对双摆桥式吊车的负载摆动抑制问题，提出了一种结构简单的鲁棒控制方法，其控制增益通过线性矩阵不等式（Linear Matrix Inequality，LMI）来优化确定。

10. 其他控制方法

除以上控制方法外，还有其他的控制方法应用于起重机系统中，如线性二次型调节器（LQR）控制、增益调度控制等。文献[98]将桥式起重机系统的小车位移和负载摆角作为状态变量建立了二次型性能指标，利用 LQR 控制方法优化求解得到了满足控制性能要求的控制量。文献[99]为桥式吊车系统定位和防摆提出了一种轨迹规划和 LQR 控制相结合的新型方法，并采用多目标遗传算法优化 LQR 的加权矩阵。文献[100]基于插值方法设计增益调度控制器，用于变参数桥式起重机系统中。文献[101]为了抑制绳长变化对负载摆角的影响，提出了固定阶增益调度控制方法，并进行了实验验证。最近，有学者针对桥式起重机系统，提出了无须零初始负载摆角的误差跟踪控制方法[102]。

1.3 现有控制方法存在的不足

到目前为止，国内外研究人员针对桥式起重机建模和定位防摆控制问题已经进行了大量的研究，并且取得了一些进展。从前面对已有文献的总结分析可以看出，在实际工程应用中仍存在以下问题需要进一步研究。

（1）桥式起重机属于非线性欠驱动系统，目前针对桥式起重机定位防摆提出的控制方法主要是基于拉格朗日法得到的起重机系统非线性动力学数学模型和线性模型设计。基于非线性动力学数学模型提出的控制方法，不仅设计比较复杂，而且设计时理论性较强。线性模型是对起重机非线性模型在平衡点附近进行线性化得到的，当系统偏离平衡点较远时，根据线性模型设计的控制系统性能需要进一步提高。如何针对复杂的起重机系统模型，提出既能满足控制系统性能要求，又能依据简单的线性理论设计控制器是非常重要的。

（2）桥式起重机系统在负载运输过程中，需要保证小车的速度、加速度和负载摆角满足一定的约束条件。为了提高负载的运送效率，降低安全风险，获得能够同时满足系统性能指标要求和约束条件的控制量，对桥式起重机控制系统的实际应用具有重要的意义。

（3）桥式起重机系统未建模动态和参数不确定性会影响系统的控制性能，现有的大多数控制方法是针对起重机系统的确定模型设计，为了进一步提高控制系统对不确定性因素的鲁棒性能，在进行控制算法设计时考虑系统未建模动态和参数不确定性因素具有重要的工程研究意义。

（4）许多已有的研究中，通常会将桥式起重机视为一个单摆系统来设计控制器，然而当吊钩质量和负载质量接近使得吊钩质量不能忽略，或负载质量不均匀、负载质量较大使得负载不能看成一个质点时，系统的摆动特性更加复杂，起重机系统会呈现二级摆（或双摆）特性，控制难度更大。这种情况下系统数学模型变得更加复杂，且状态之间的耦合程度更高，基于单摆效应桥式起重机系统的控制策略难以直接应用于双摆效应桥式起重机系统中，研究用于双摆效应桥式起重机系统控制策略有助于解决实际工程问题。

（5）对起重机系统进行闭环控制时，需要安装物理传感器现场测量起重机负载摆角及摆角速度信号。由于起重机系统本身具有特殊的结构，在工程实际中测量负载摆角难度较大。另外，在工程实际中给起重机安装摆角传感器价格较高，使用起来不太方便。设计合适的状态观测器用以获取负载摆角及其摆角速度信息的估计值，能够解决这一工程难题。

1.4 本书研究内容

作者在对已有文献进行总结分析的基础上，针对目前桥式起重机控制存在的一些问题，围绕桥式起重机系统的建模和小车定位及负载防摆控制，提出了 T-S 模糊建模方法和一系列高性能的桥式起重机定位防摆控制策略，并对所提出方法的可行性和有效性进行了仿真和实验验证。

本书的主要研究内容包括桥式起重机定位防摆系统的数学建模、桥式起重机系统的模型预测控制、桥式起重机系统的状态反馈控制、桥式起重机系统的鲁棒控制、基于模糊观测器的状态反馈控制、三维桥式起重机系统的自适应时变滑模控制等。所得到的研究结果对进一步探索起重机的定位防摆问题提供了新的思路。

第 1 章：概述起重机系统定位防摆控制的研究进展及现有控制方法存在的不足。

第 2 章：针对桥式起重机系统提出新的 T-S 模糊建模方法。首先采用拉格朗日方法建立单、双摆效应起重机系统的非线性动力学模型；然后针对单摆效应起重机系统提出虚拟控制变量方法和近似法，以减少非线性动力学模型中的非线性项，采用扇区非线性方法，得到 T-S 模糊模型，并对给出的 T-S 模糊模型进行 MATLAB 仿真，以验证模型的有效性；针对双摆效应起重机系统提出近似法处理一些非线性项，以简化非线性模型，采用扇区非线性方法，得到其 T-S 模糊模型。

第 3 章：为了满足桥式起重机系统在实际工作中存在的各种约束限制，提出基于二维微分平坦输出量的模型预测控制方法。以负载在二维平面上的坐标作为微分平坦输出量，通过输入变换将非线性桥式起重机系统转化为线性系统，基于变换后的系统，设计满足约束条件和性能要求的模型预测控制器。仿真结果表明，该方法不仅能够满足实际工作中的约束限制，而且具有良好的消摆效果和抑制干扰的能力。

第 4 章：针对单摆效应的桥式起重机系统，基于第 2 章所建立的 T-S 模糊模型，分别提出并行分布补偿（Parallel Distributed Compensation，PDC）结构的状态反馈控制和积分反馈控制策略。首先，针对给出的 T-S 模糊模型提出 PDC 结构的状态反馈控制器设计方法，为改善系统的控制性能，采用带衰减率的线性矩阵不等式（LMI）计算反馈增益矩阵，利用 Lyapunov 理论对闭环系统进行稳定性证明；其次，采用普通 PDC 结构状态反馈控制时，稳定状态下小车位移存在稳态误差，为了解决这个问题，引入小车位置误差的积分，构造了增维的 T-S 模糊系统，并基于此模糊系统设计控制器，仿真结果证明了采用积分状态反馈可以减小稳态定位误差。

第 5 章：针对桥式起重机系统的不确定性设计鲁棒控制器。基于带有不确定性的单摆效应起重机系统 T-S 模糊模型，设计鲁棒 LQR 控制器，LQR 的权值 $\boldsymbol{Q}$ 和 $\boldsymbol{R}$ 不同，计算出的反馈增益矩阵结果也就不同，从而得到不同的控制效果。为了避免 $\boldsymbol{Q}$ 值选择的复杂性，用粒子群 PSO 算法优化 $\boldsymbol{Q}$ 矩阵参数，所提控制方法对小车质量变化、绳长变化、外部扰动的抗干扰性能都具有较强的鲁棒性。当起重机呈现双摆特性时，起重机系统具有两个不同的固有频率，设计控制器难度增加。针对双摆效应桥式起重机系统的 T-S 模糊模型，为模糊模型中的每个线性子系统设计鲁棒 H_∞ 控制器，并进行定位防摆控制系统鲁棒性性能的讨论。

第 6 章：针对单摆效应的桥式起重机系统，提出了 T-S 模糊观测器和基于观测器的 PDC 结构状态反馈控制器的设计方法。为了解决实际工程应用中负载摆角测量难度较大的问题，设计了 T-S 模糊观测器，且为实现系统的定位防摆控制功能，在 T-S 模糊观测器的基础上设计了 PDC 结构的状态反馈控制器；将原系统状态向量和观测器误差构成增广状态向量，利用 Lyapunov 稳定理论对增广系统进行稳定性证明；采用 LMI 求解方法，获得观测器增益矩阵和反馈控制增益矩阵。最后通过 MATLAB 仿真验证所提出方法的可行性与有效性。

第 7 章：针对三维变绳长桥式起重机系统存在的不确定性和外界干扰问题，提出了基于非线性扩张状态观测器的自适应时变滑模控制方法。采用三维非线性扩张状态观测器估算系统中的扰动和摆角状态，并将估算扰动补偿到桥式起重机系统解耦模型中；根据误差信号、时变参数及动态指数项设计新型时变滑模面，利用终端滑模的优点设计带终端吸引子的自适应趋近律。最后通过仿真验证了该控制方法的鲁棒性和抗干扰性。

第 2 章 桥式起重机定位防摆系统的数学建模

2.1 引言

建立数学模型是分析系统动态特性和设计控制器的基础，通过分析系统的数学模型能够了解系统各状态变量之间的非线性关系和系统内部的作用规律。如何建立数学模型，建立什么样的数学模型决定了控制器设计的难易程度，也会对系统控制性能产生一定的影响。桥式起重机系统数学模型一般是通过拉格朗日方法得到的，从数学模型可以知道桥式起重机系统各个状态变量之间存在相互耦合关系，且具有很强的非线性特点。基于非线性模型设计定位防摆控制器比较复杂，需要较强的非线性理论知识。将非线性模型在平衡点处进行线性化可以得到线性模型，基于线性模型设计定位防摆控制器相对比较简单，但控制性能有待进一步提高。

基于以上问题，本章针对桥式起重机系统建立非线性动力学模型，并提出了一种新型 T-S 模糊建模方法。首先，利用拉格朗日方法得到桥式起重机系统的三维和二维动力学模型；其次，针对单摆效应的二维桥式起重机系统非线性动力学模型进行分析，提出虚拟控制变量法和近似法两种方法处理模型中的非线性项，以减少模糊规则数，运用扇区非线性方法，建立单摆效应的桥式起重机系统的 T-S 模糊模型；再次，分析双摆效应起重机系统非线性动力学模型，针对二维双摆起重机系统提出近似法处理一些非线性项，建立双摆起重机系统的 T-S 模糊模型；最后，对桥式起重机系统的 T-S 模糊模型进行 MATLAB 仿真，以验证模型的有效性。

2.2 起重机定位防摆系统的建模方法

起重机系统建模可分为单摆和双摆起重机建模两种情况。当起重机系统的吊钩质量较轻，且负载可视作一个质点时，起重机吊重系统在工作中呈现单摆特性；但当吊钩质量较大、不可忽略，或者负载尺寸较大、质量分布不均匀而不能看成质点时，起重机吊重系统在工作中会呈现二级摆特性。

起重机系统建模方法可分为分布质量法建模和集中质量法建模两大类。分布质量法假设连接负载和小车的吊绳是完全弹性的，吊钩和负载被看成质点。文献[103]针对桥式起重机系统建立了含有弹性吊绳的非线性动态模型；文献[104]建立了弹性不一致的起重机系统数学模型；文献[105]针对桥式起重机系统建立了弹性吊绳长度可变的动态模型。集中质量法建模假设连接负载和小车的吊绳是刚性的，吊绳的质量被忽略，吊钩和负载被看作一个整体。目前，研究人员针对不同单摆和双摆起重机系统建立的几种不同数学模型，大多数是基于集中质量法。

对单摆起重机系统的建模方法研究较早，基于集中质量法的建模方法主要包括拉格朗日方法、Tagagi-Sugeno（T-S）建模、有限元分析方法、键合图方法、基于计算机模型分析方法等。不同类型的单摆起重机系统所采用的建模方法不同，龙门起重机系统和集装箱式起重机系统，采用拉格朗日方法建模，浮式起重机系统采用键合图方法建模；桥式起重机系统采用的主要建模方法有拉格朗日方法[106]、T-S 模糊建模[107]，还有一些其他的方法，如文献[108]针对三维起重机系统提出一种能够描述能量流的建模方法。旋转式起重机系统建模主要采用键合图方法、有限元分析方法、拉格朗日方法、基于计算机模型分析方法[109]，臂式起重机系统建模采用有限元分析方法[110]。

为了得到能够更精确地描述起重机系统的动力学模型，一些学者在动力学模型中加入了其他参数。文献[111]在龙门起重机的建模中考虑了承重钢结构的弹性和阻尼、主轴承的摩擦力和空气阻力。文献[112]建立了将起重机的吊重系统和驱动小车运动的电机变频器系统结合在一起的完整数学模型。

双摆起重机系统的建模研究比较晚，基本上采用拉格朗日方法得到系统数学模型，如桥式双摆起重机[113]、塔式双摆起重机[114]、臂式双摆起重机[115]。

2.3 桥式起重机系统的动力学模型

起重机防摆系统是典型的动力学系统，目前对动力学系统常用的建模方法有牛顿–欧拉力学方法和分析动力学方法。由于起重机系统模型复杂，采用牛顿–欧拉力学方法进行建模相对比较困难，它涉及求解大量微分方程组的问题；分析动力学方法是通过分析拉格朗日方程来建立系统的数学模型，建立系统方程时只需要对系统的动能和广义力进行分析，相对比较简单。本节在符合工程实际的情况下，对系统模型进行简化处理，如假设吊绳为刚性且自重忽略，负载只在水平面上运动等。

2.3.1 桥式起重机系统的三维动力学模型

三维桥式起重机要同时考虑桥架、小车及负载在三个方向上的联动，是一个耦合性很强的非线性系统，在研究桥式起重机系统数学模型时，做出如下假设：

（1）忽略起重机内部各部件间的作用，如小车与吊绳连接处的摩擦力。

（2）不考虑负载及吊钩的体积，将其视作一个质点。

（3）使用的吊绳刚度足够大，绳长不会因弹性而变化。

（4）小车和横梁之间、桥架和轨道之间等的摩擦力与速度成正比。

（5）假设负载摆角的范围为$(-90°,90°)$。

根据上述假设，在坐标空间 XYZ 中建立三维桥式起重机系统物理模型，如图 2-1 所示。

在图 2-1 中，M_x 为桥式起重机系统的桥架质量，M_y 为小车质量，M_l 为吊绳质量，m 为负载质量，l 为吊绳长度。X 轴为桥架的运动方向，Y 轴为小车的运动方向，Z 轴为负载的升降方向。θ_x 表示吊绳在 XOZ 平面上与 Z 轴的夹角，θ_y 表示吊绳与 XOZ 平面的夹角。设小车位置坐标为$(x,y,0)$，负载位置坐标为(x_m,y_m,z_m)。

根据三维桥式吊车物理模型，负载位置坐标的表达式为

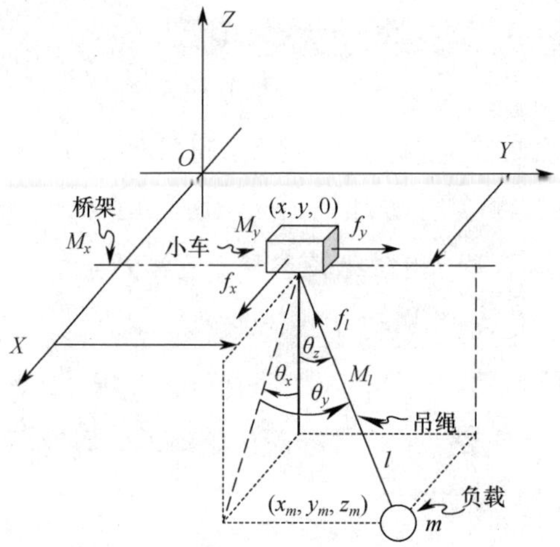

图 2-1　三维桥式起重机系统物理模型

$$\begin{cases} x_m = x + l\sin\theta_x\cos\theta_y \\ y_m = y + l\sin\theta_y \\ z_m = -l\cos\theta_x\cos\theta_y \end{cases} \tag{2-1}$$

则负载在 X 轴、Y 轴和 Z 轴方向上的速度分别为

$$\begin{cases} \dot{x}_m = \dot{x} + \dot{l}\sin\theta_x\cos\theta_y + l\dot{\theta}_x\cos\theta_x\cos\theta_y - l\dot{\theta}_y\sin\theta_x\sin\theta_y \\ \dot{y}_m = \dot{y} + \dot{l}\sin\theta_y + l\dot{\theta}_y\cos\theta_y \\ \dot{z}_m = l\dot{\theta}_x\sin\theta_x\cos\theta_y - \dot{l}\cos\theta_x\cos\theta_y + l\dot{\theta}_y\cos\theta_x\sin\theta_y \end{cases} \tag{2-2}$$

桥式起重机系统的动能表示为

$$E_{\mathrm{T}} = \frac{1}{2}\left(M_x\dot{x}^2 + M_y\dot{y}^2 + M_l\dot{l}^2\right) + \frac{1}{2}mv_m^2 \tag{2-3}$$

式中，$\dot{x}$ 是桥架在 X 轴上的速度；$\dot{y}$ 是小车在 Y 轴上的速度；$\dot{l}$ 是负载被提升时的速度；v_m 是负载的速度，且 v_m^2 可表示为

$$\begin{aligned} v_m^2 &= \dot{x}_m^2 + \dot{y}_m^2 + \dot{z}_m^2 \\ &= \dot{x}^2 + \dot{y}^2 + \dot{l}^2 + l^2\dot{\theta}_x^2\cos^2\theta_y + l^2\dot{\theta}_y^2 + 2\dot{x}\left(\dot{l}\sin\theta_x\cos\theta_y + \right. \\ &\quad \left. l\dot{\theta}_x\cos\theta_x\cos\theta_y - l\dot{\theta}_y\sin\theta_x\sin\theta_y\right) + 2\dot{y}\left(\dot{l}\sin\theta_y + l\dot{\theta}_y\cos\theta_y\right) \end{aligned} \tag{2-4}$$

选取桥架和小车所处的 XOY 平面为零势能面，则桥式起重机系统及其负载的势能为

$$E_{\mathrm{P}} = 0 - mgl\cos\theta_x\cos\theta_y \tag{2-5}$$

由式（2-3）、式（2-4）和式（2-5）可知桥式起重机系统的拉格朗日函数为

$$
\begin{aligned}
L &= E_{\mathrm{T}} - E_{\mathrm{P}} \\
&= \frac{1}{2}\left[\left(M_x + m\right)\dot{x}^2 + \left(M_y + m\right)\dot{y}^2 + m\left(\dot{l}^2 + l^2\dot{\theta}_x^2\cos^2\theta_y + l^2\dot{\theta}_y^2\right)\right] + \\
&\quad m\dot{x}\left(\dot{l}\sin\theta_x\cos\theta_y + l\dot{\theta}_x\cos\theta_x\cos\theta_y - l\dot{\theta}_y\sin\theta_x\sin\theta_y\right) + \\
&\quad m\dot{y}\left(\dot{l}\sin\theta_y + l\dot{\theta}_y\cos\theta_y\right) + mgl\cos\theta_x\cos\theta_y
\end{aligned}
\tag{2-6}
$$

考虑到系统中耗散力的主要部分是摩擦力，在拉格朗日方程中添加一个耗散力项如下：

$$
F = \frac{1}{2}\left(D_x\dot{x}^2 + D_y\dot{y}^2 + D_l\dot{l}^2\right) \tag{2-7}
$$

式中，D_x、D_y 和 D_l 分别表示与 x、y 和 l 运动相关的摩擦系数。

利用拉格朗日方程，可建立如下关系式：

$$
\frac{\mathrm{d}}{\mathrm{d}t}\left(\frac{\partial L}{\partial \dot{q}_i}\right) - \frac{\partial L}{\partial q_i} + \frac{\partial F}{\partial \dot{q}_i} = Q_{q_i}\ \left(i = 1,2,3,4,5\right) \tag{2-8}
$$

式中，q_i 为桥吊系统的广义坐标，$q_1 \sim q_5$ 分别指 x、y、l、θ_x、θ_y；Q_{q_i} 为桥吊系统的广义力，$Q_{q_1} \sim Q_{q_5}$ 分别指 f_x、f_y、f_l、0、0；L 为拉格朗日函数；F 为耗散力函数。

将式（2-1）、式（2-2）、式（2-6）及式（2-7）代入式（2-8）中，可得三维桥吊系统的动力学模型如下：

$$
\begin{cases}
\left(M_x + m\right)\ddot{x} + m\ddot{l}\sin\theta_x\cos\theta_y + ml\ddot{\theta}_x\cos\theta_x\cos\theta_y - ml\ddot{\theta}_y\sin\theta_x\sin\theta_y - \\
\quad ml\dot{\theta}_x^2\sin\theta_x\cos\theta_y - ml\dot{\theta}_y^2\sin\theta_x\cos\theta_y - 2ml\dot{\theta}_x\dot{\theta}_y\cos\theta_x\sin\theta_y + \\
\quad 2m\dot{l}\dot{\theta}_x\cos\theta_x\cos\theta_y - 2m\dot{l}\dot{\theta}_y\sin\theta_x\sin\theta_y + D_x\dot{x} = f_x \\
\left(M_y + m\right)\ddot{y} + m\ddot{l}\sin\theta_y + ml\ddot{\theta}_y\cos\theta_y + 2m\dot{l}\dot{\theta}_y\cos\theta_y - \\
\quad ml\dot{\theta}_y^2\sin\theta_y + D_y\dot{y} = f_y \\
\left(M_l + m\right)\ddot{l} + m\ddot{x}\sin\theta_x\cos\theta_y + m\ddot{y}\sin\theta_y - ml\dot{\theta}_x^2\cos^2\theta_y - ml\dot{\theta}_y^2 - \\
\quad mg\cos\theta_x\cos\theta_y + D_l\dot{l} = f_l \\
ml\ddot{x}\cos\theta_x\cos\theta_y + ml^2\ddot{\theta}_x\cos^2\theta_y + 2ml\dot{l}\dot{\theta}_x\cos^2\theta_y - 2ml^2\dot{\theta}_x\dot{\theta}_y\sin\theta_y\cos\theta_y + \\
\quad mgl\sin\theta_x\cos\theta_y = 0 \\
ml\ddot{y}\cos\theta_y - ml\ddot{x}\sin\theta_x\sin\theta_y + ml^2\ddot{\theta}_y + 2ml\dot{l}\dot{\theta}_y + ml^2\dot{\theta}_x^2\sin\theta_y\cos\theta_y + \\
\quad mgl\cos\theta_x\sin\theta_y = 0
\end{cases}
\tag{2-9}
$$

设系统状态向量为$\boldsymbol{q}=[x\ y\ l\ \theta_x\ \theta_y]^{\mathrm{T}}\in\mathbf{R}^{5\times1}$，则三维变绳长桥吊系统的动力学模型式（2-9）可用矩阵形式表示为

$$\boldsymbol{M}_0(\boldsymbol{q})\ddot{\boldsymbol{q}}+\boldsymbol{C}_0(\boldsymbol{q},\dot{\boldsymbol{q}})\dot{\boldsymbol{q}}+\boldsymbol{G}_0(\boldsymbol{q})=\boldsymbol{U}-\boldsymbol{f}_{\mathrm{d}} \tag{2-10}$$

式中，$\boldsymbol{M}_0(\boldsymbol{q})\in\mathbf{R}^{5\times5}$为对称惯性矩阵；$\boldsymbol{C}_0(\boldsymbol{q},\dot{\boldsymbol{q}})\in\mathbf{R}^{5\times5}$为向心－科式力矩阵；$\boldsymbol{G}_0(\boldsymbol{q})\in\mathbf{R}^{5\times1}$为重力向量；$\boldsymbol{U}\in\mathbf{R}^{5\times1}$为驱动力向量；$\boldsymbol{f}_{\mathrm{d}}\in\mathbf{R}^{5\times1}$为摩擦力向量。若吊绳长度$l$保持不变，即$\dot{l}=\ddot{l}=0$，则式（2-10）中矩阵表达式维度改变，即$\boldsymbol{M}_0(\boldsymbol{q})\in\mathbf{R}^{4\times4}$；$\boldsymbol{C}_0(\boldsymbol{q},\dot{\boldsymbol{q}})\in\mathbf{R}^{4\times4}$；$\boldsymbol{G}_0(\boldsymbol{q})\in\mathbf{R}^{4\times1}$；$\boldsymbol{U}\in\mathbf{R}^{4\times1}$；$\boldsymbol{f}_{\mathrm{d}}\in\mathbf{R}^{4\times1}$，其数学表达式分别如下：

$$\boldsymbol{M}_0(\boldsymbol{q})=\begin{bmatrix} M_x+m & 0 & ml\cos\theta_x\cos\theta_y & -ml\sin\theta_x\sin\theta_y \\ 0 & M_y+m & 0 & ml\cos\theta_y \\ ml\cos\theta_x\cos\theta_y & 0 & ml^2\cos^2\theta_y & 0 \\ -ml\sin\theta_x\sin\theta_y & ml\cos\theta_y & 0 & ml^2 \end{bmatrix}$$

$$\boldsymbol{C}_0(\boldsymbol{q},\dot{\boldsymbol{q}})=\begin{bmatrix} 0 & 0 & -ml\dot{\theta}_x\sin\theta_x\cos\theta_y & -ml\dot{\theta}_x\cos\theta_x\sin\theta_y \\ 0 & 0 & -ml\dot{\theta}_y\cos\theta_x\sin\theta_y & -ml\dot{\theta}_y\sin\theta_x\cos\theta_y \\ 0 & 0 & 0 & -ml\dot{\theta}_y\sin\theta_y \\ 0 & 0 & -ml^2\dot{\theta}_y\sin\theta_y\cos\theta_y & -ml^2\dot{\theta}_x\sin\theta_y\cos\theta_y \\ 0 & 0 & ml^2\dot{\theta}_x\sin\theta_y\cos\theta_y & 0 \end{bmatrix}$$

$$\boldsymbol{G}_0(\boldsymbol{q})=\begin{bmatrix}0 & 0 & mgl\sin\theta_x\cos\theta_y & mgl\cos\theta_x\sin\theta_y\end{bmatrix}^{\mathrm{T}}$$

$$\boldsymbol{U}=\begin{bmatrix}f_x & f_y & 0 & 0\end{bmatrix}^{\mathrm{T}}$$

$$\boldsymbol{f}_{\mathrm{d}}=\begin{bmatrix}D_x\dot{x} & D_y\dot{y} & 0 & 0\end{bmatrix}^{\mathrm{T}}$$

2.3.2 单摆效应桥式起重机系统的二维动力学模型

二维单摆效应桥式起重机系统物理模型如图 2-2 所示。

图中，F_x和F_μ分别表示作用在小车上的作用力和摩擦力；$x(t)$是小车的水平位置；M和m分别是小车和负载的质量；l是绳子的长度；$\theta(t)$是负载的摆角；g表示重力加速度。

假定吊绳的质量和弹性被忽略，绳子的长度在小车移动过程中保持不变，负载和小车被视为质点。由图 2-2 可知，小车和负载在水平和竖直方向的位移

分别为

$$\begin{cases} x_M = x \\ y_M = 0 \\ x_m = x + l\sin\theta \\ y_m = -l\cos\theta \end{cases} \tag{2-11}$$

小车与负载的速度为

$$\begin{cases} \dot{x}_M = \dot{x} \\ \dot{y}_M = 0 \\ \dot{x}_m = \dot{x} + \dot{l}\sin\theta + l\dot{\theta}\cos\theta \\ \dot{y}_m = -\dot{l}\cos\theta + l\dot{\theta}\sin\theta \end{cases} \tag{2-12}$$

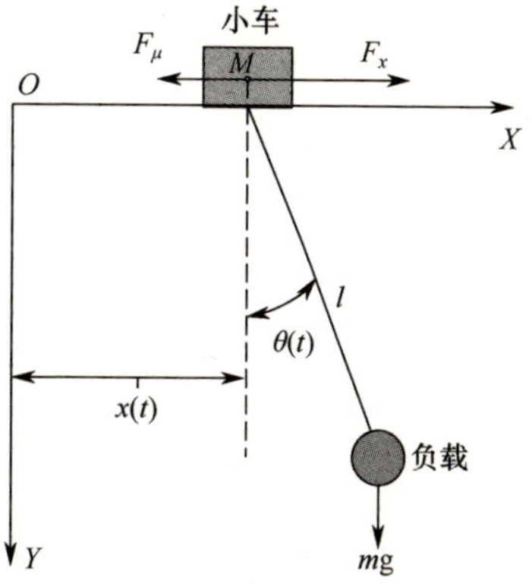

图 2-2　二维单摆效应桥式起重机系统物理模型

系统动能为

$$\begin{aligned} E_{\mathrm{K}} &= \frac{1}{2}M(\dot{x}_M^2 + \dot{y}_M^2) + \frac{1}{2}m(\dot{x}_m^2 + \dot{y}_m^2) \\ &= \frac{1}{2}(M+m)\dot{x}^2 + \frac{1}{2}m(\dot{l}^2 + l^2\dot{\theta}^2 + 2\dot{x}\dot{l}\sin\theta + 2\dot{x}l\dot{\theta}\cos\theta) \end{aligned} \tag{2-13}$$

系统势能为

$$E_{\mathrm{P}} = -mgl\cos\theta \tag{2-14}$$

从而得到系统拉格朗日算子如下：

$$\begin{aligned} L &= E_{\mathrm{K}} - E_{\mathrm{P}} \\ &= \frac{1}{2}(M+m)\dot{x}^2 + \frac{1}{2}m(\dot{l}^2 + l^2\dot{\theta}^2 + 2\dot{x}\dot{l}\sin\theta + 2\dot{x}l\dot{\theta}\cos\theta) + mgl\cos\theta \end{aligned} \tag{2-15}$$

小车在水平方向上受到两个力的作用，分别是水平驱动力 F_x 和水平摩擦力 F_μ。假设摩擦力与小车速度 $\dot{x}$ 近似成线性关系，摩擦系数为 μ，则有 $F_\mu = \mu\dot{x}$。系统的广义坐标选择小车水平位置 x、负载摆角 θ 和绳长 l，建立三个广义坐标下的桥式起重机防摆系统模型。

将拉格朗日算子关于坐标 x 及小车速度 $\dot{x}$ 求导，可得

$$\begin{cases} \dfrac{\partial L}{\partial \dot{x}} = (M+m)\dot{x} + m\dot{l}\sin\theta + ml\dot{\theta}\cos\theta \\ \dfrac{\mathrm{d}}{\mathrm{d}t}\left(\dfrac{\partial L}{\partial \dot{x}}\right) = (M+m)\ddot{x} + 2m\dot{l}\dot{\theta}\cos\theta + m\ddot{l}\sin\theta + ml\ddot{\theta}\cos\theta - ml\dot{\theta}^2\sin\theta \\ \dfrac{\partial L}{\partial x} = 0 \\ \dfrac{\mathrm{d}}{\mathrm{d}t}\left(\dfrac{\partial L}{\partial \dot{x}}\right) - \dfrac{\partial L}{\partial x} = F_x - F_\mu = F_x - \mu\dot{x} \end{cases} \tag{2-16}$$

由式（2-16）可得

$$(M+m)\ddot{x}+2m\dot{l}\dot{\theta}\cos\theta+m\ddot{l}\sin\theta+ml\ddot{\theta}\cos\theta-ml\dot{\theta}^2\sin\theta=F_x-\mu\dot{x} \tag{2-17}$$

同样，将拉格朗日算子关于坐标θ和小车速度$\dot{\theta}$求导，可得

$$\begin{cases}\dfrac{\partial L}{\partial\dot{\theta}}=ml^2\dot{\theta}+m\dot{x}l\cos\theta\\ \dfrac{\mathrm{d}}{\mathrm{d}t}\left(\dfrac{\partial L}{\partial\dot{\theta}}\right)=2ml\dot{l}\dot{\theta}+ml^2\ddot{\theta}+m\ddot{x}l\cos\theta+m\dot{x}l\cos\theta-m\dot{x}l\dot{\theta}\sin\theta\\ \dfrac{\partial L}{\partial\theta}=m\dot{x}\dot{l}\cos\theta-m\dot{x}l\dot{\theta}\sin\theta-mgl\sin\theta\\ \dfrac{\mathrm{d}}{\mathrm{d}t}\left(\dfrac{\partial L}{\partial\dot{\theta}}\right)-\dfrac{\partial L}{\partial\theta}=0\end{cases} \tag{2-18}$$

整理得

$$2\dot{l}\dot{\theta}+l\ddot{\theta}+\ddot{x}\cos\theta+g\sin\theta=0 \tag{2-19}$$

假设吊绳在吊绳长度这个自由度上受到的拉力为F_l，对拉格朗日算子关于坐标l和$\dot{l}$求导，可得

$$\begin{cases}\dfrac{\partial L}{\partial\dot{l}}=m\dot{l}+m\dot{x}\sin\theta\\ \dfrac{\mathrm{d}}{\mathrm{d}t}\left(\dfrac{\partial L}{\partial\dot{l}}\right)=m\ddot{l}+m\ddot{x}\sin\theta+m\dot{x}\dot{\theta}\cos\theta\\ \dfrac{\partial L}{\partial l}=ml\dot{\theta}^2+m\dot{x}\dot{\theta}\cos\theta+mg\cos\theta\\ \dfrac{\mathrm{d}}{\mathrm{d}t}\left(\dfrac{\partial L}{\partial\dot{l}}\right)-\dfrac{\partial L}{\partial l}=F_l\end{cases} \tag{2-20}$$

整理得

$$m\ddot{l}+m\ddot{x}\sin\theta-ml\dot{\theta}^2-mg\cos\theta=F_l \tag{2-21}$$

由式（2-17）、式（2-19）、式（2-21），可以得到桥式起重机系统在绳长变化时的动力学方程：

$$\begin{cases}(M+m)\ddot{x}+2m\dot{l}\dot{\theta}\cos\theta+m\ddot{l}\sin\theta+ml\ddot{\theta}\cos\theta-ml\dot{\theta}^2\sin\theta=F_x-\mu\dot{x}\\ 2\dot{l}\dot{\theta}+l\ddot{\theta}+\ddot{x}\cos\theta+g\sin\theta=0\\ m\ddot{l}+m\ddot{x}\sin\theta-ml\dot{\theta}^2-mg\cos\theta=F_l\end{cases} \tag{2-22}$$

如果绳长保持恒定不变，则系统的数学模型为

$$\begin{cases}(M+m)\ddot{x}+ml\ddot{\theta}\cos\theta-ml\dot{\theta}^2\sin\theta+\mu\dot{x}=F_x \\ l\ddot{\theta}+\ddot{x}\cos\theta+g\sin\theta=0\end{cases} \tag{2-23}$$

针对式（2-23）求解 $\ddot{x}$ 和 $\ddot{\theta}$，选择状态变量为 $\boldsymbol{x}=[x_1\ \ x_2\ \ x_3\ \ x_4]^{\mathrm{T}}=[x\ \ \dot{x}\ \ \theta\ \ \dot{\theta}]^{\mathrm{T}}$，则起重机系统的状态方程可写成

$$\begin{cases}\dot{x}_1=x_2 \\ \dot{x}_2=\dfrac{mg\sin x_3\cos x_3+mlx_4{}^2\sin x_3-\mu x_2+F_x}{(M+m)-m\cos^2 x_3} \\ \dot{x}_3=x_4 \\ \dot{x}_4=\dfrac{(M+m)g\sin x_3+mlx_4{}^2\sin x_3\cos x_3-\mu x_2\cos x_3+F_x\cos x_3}{[m\cos^2 x_3-(M+m)]l}\end{cases} \tag{2-24}$$

2.3.3 双摆效应桥式起重机系统的二维动力学模型

二维双摆效应桥式起重机系统的物理模型如图 2-3 所示。

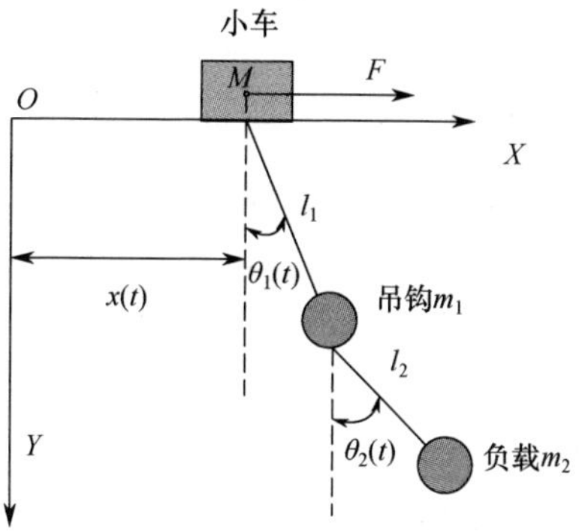

图 2-3 二维双摆效应桥式起重机系统的物理模型

图 2-3 中，M 表示小车质量；m_1 表示吊钩质量；m_2 表示负载质量；l_1 表示连接台车和吊钩的缆绳长度；l_2 表示负载重心到吊钩重心的距离；$x(t)$ 表示小车运动的位移；$\theta_1(t)$、$\theta_2(t)$分别表示两级摆动的摆角大小；F 表示驱动小车运动的力。起重机系统利用电机为小车提供驱动力，使得台车沿桥架轨道运行，在小车运行过程中会造成两级摆动的产生。其中，小车位置、吊钩位置和负载位置与两级摆角之间的关系分别为

$$\begin{cases} x_M = x \\ y_M = 0 \end{cases} \tag{2-25}$$

$$\begin{cases} x_{m_1} = x + l_1 \sin\theta_1 \\ y_{m_1} = l_1 \cos\theta_1 \end{cases} \tag{2-26}$$

$$\begin{cases} x_{m_2} = x + l_1 \sin\theta_1 + l_2 \sin\theta_2 \\ y_{m_2} = l_1 \cos\theta_1 + l_2 \cos\theta_2 \end{cases} \tag{2-27}$$

则给定绳长情况下的系统动能可表示为

$$\begin{aligned} E_K &= \frac{1}{2}MV^2 + \frac{1}{2}m_1V_1^2 + \frac{1}{2}m_2V_2^2 \\ &= \frac{1}{2}(M + m_1 + m_2)\dot{x}^2 + \frac{1}{2}(m_1 + m_2)l_1^2\dot{\theta}_1^2 + \frac{1}{2}m_2l_2^2\dot{\theta}_2^2 + \\ &\quad (m_1 + m_2)\dot{x}l_1\dot{\theta}_1\cos\theta_1 + m_2\dot{x}l_2\dot{\theta}_2\cos\theta_2 + m_2l_1l_2\dot{\theta}_1\dot{\theta}_2\cos(\theta_1 - \theta_2) \end{aligned} \tag{2-28}$$

其中，

$$V^2 = \dot{x}_M^2 + \dot{y}_M^2 = \dot{x}_M^2 \tag{2-29}$$

$$V_1^2 = \dot{x}_{m_1}^2 + \dot{y}_{m_1}^2 = \dot{x} + 2\dot{x}l_1\dot{\theta}_1\cos\theta_1 + l_1^2\dot{\theta}_1^2 \tag{2-30}$$

$$\begin{aligned} V_2^2 = \dot{x}_{m_2}^2 + \dot{y}_{m_2}^2 &= \dot{x} + l_1^2\dot{\theta}_1^2 + l_2^2\dot{\theta}_2^2 + 2\dot{x}l_1\dot{\theta}_1\cos\theta_1 + \\ &\quad 2\dot{x}l_2\dot{\theta}_2\cos\theta_2 + 2l_1l_2\dot{\theta}_1\dot{\theta}_2\cos(\theta_1 - \theta_2) \end{aligned} \tag{2-31}$$

取两级摆角 θ_1 、 θ_2 为广义坐标，并选取平衡位置 $\theta_1 = \theta_2 = 0$ 为势能零点，此时系统的势能可表示为

$$E_P = m_1l_1g(1 - \cos\theta_1) + m_2g\left[l_1(1 - \cos\theta_1) + l_2(1 - \cos\theta_2)\right] \tag{2-32}$$

由式（2-28）～式（2-32）可知双摆效应桥式起重机系统的拉格朗日函数为

$$\begin{aligned} L &= E_K - E_P \\ &= \frac{1}{2}(M + m_1 + m_2)\dot{x}^2 + \frac{1}{2}(m_1 + m_2)l_1^2\dot{\theta}_1^2 + \frac{1}{2}m_2l_2^2\dot{\theta}_2^2 + \\ &\quad (m_1 + m_2)\dot{x}l_1\dot{\theta}_1\cos\theta_1 + m_2l_2\dot{x}\dot{\theta}_2\cos\theta_2 + m_2l_1l_2\dot{\theta}_1\dot{\theta}_2\cos(\theta_1 - \theta_2) - \\ &\quad (m_1 + m_2)gl_1(1 - \cos\theta_1) - m_2gl_2(1 - \cos\theta_2) \end{aligned} \tag{2-33}$$

由拉格朗日方程可得

$$\begin{cases}\dfrac{\mathrm{d}}{\mathrm{d}t}\left(\dfrac{\partial L}{\partial \dot{x}}\right)-\dfrac{\partial L}{\partial x}=F\\ \dfrac{\mathrm{d}}{\mathrm{d}t}\left(\dfrac{\partial L}{\partial \dot{\theta}_1}\right)-\dfrac{\partial L}{\partial \theta_1}=0\\ \dfrac{\mathrm{d}}{\mathrm{d}t}\left(\dfrac{\partial L}{\partial \dot{\theta}_2}\right)-\dfrac{\partial L}{\partial \theta_2}=0\end{cases} \tag{2-34}$$

其中，

$$\begin{aligned}\frac{\mathrm{d}}{\mathrm{d}t}\left(\frac{\partial L}{\partial \dot{x}}\right)=&(M+m_1+m_2)\ddot{x}+(m_1+m_2)l_1\left(\ddot{\theta}\cos\theta_1-\dot{\theta}_1^2\sin\theta_1\right)+\\ &m_2l_2\left(\ddot{\theta}_2\cos\theta_2-\dot{\theta}_1^2\sin\theta_2\right)\end{aligned} \tag{2-35}$$

$$\frac{\partial L}{\partial x}=0 \tag{2-36}$$

$$\begin{aligned}\frac{\mathrm{d}}{\mathrm{d}t}\left(\frac{\partial L}{\partial \dot{\theta}_1}\right)=&(m_1+m_2)l_1^2\ddot{\theta}_1-(m_1+m_2)l_1\dot{\theta}_1\dot{x}\sin\theta_1+\ddot{x}(m_1+m_2)l_1\cos\theta_1+\\ &m_2l_1l_2\ddot{\theta}_2\cos(\theta_1-\theta_2)-m_2l_1l_2\dot{\theta}_2\left(\dot{\theta}_1-\dot{\theta}_2\right)\sin(\theta_1-\theta_2)\end{aligned} \tag{2-37}$$

$$\frac{\partial L}{\partial \theta_1}=-(m_1+m_2)l_1\dot{x}\dot{\theta}_1\sin\theta_1-m_2l_2l_1\dot{\theta}_1\dot{\theta}_2\sin(\theta_1-\theta_2)-(m_1+m_2)gl_1\sin\theta_1 \tag{2-38}$$

$$\begin{aligned}\frac{\mathrm{d}}{\mathrm{d}t}\left(\frac{\partial L}{\partial \dot{\theta}_2}\right)=&m_2l_2^2\ddot{\theta}_2-m_2l_2\dot{x}\dot{\theta}_2\sin\theta_2+\ddot{x}m_2l_2\cos\theta_2+m_2l_1l_2\ddot{\theta}_1\cos(\theta_1-\theta_2)-\\ &m_2l_1l_2\dot{\theta}_1\left(\dot{\theta}_1-\dot{\theta}_2\right)\sin(\theta_1-\theta_2)\end{aligned} \tag{2-39}$$

$$\frac{\partial L}{\partial \theta_2}=-m_2l_2\dot{x}\dot{\theta}_2\sin\theta_2+m_2l_1l_2\dot{\theta}_1\dot{\theta}_2\sin(\theta_1-\theta_2)-m_2gl_2\sin\theta_2 \tag{2-40}$$

经过整理可得双摆效应桥式起重机系统数学模型为

$$\begin{cases}(M+m_1+m_2)\ddot{x}+(m_1+m_2)l_1\left(\cos\theta_1\ddot{\theta}_1-\dot{\theta}_1^2\sin\theta_1\right)+m_2l_2\ddot{\theta}_2\cos\theta_2-m_2l_2\dot{\theta}_2^2\sin\theta_2=\\ F(m_1+m_2)l_1\cos\theta_1\ddot{x}+(m_1+m_2)l_1^2\ddot{\theta}_1+m_2l_1l_2\cos(\theta_1-\theta_2)\ddot{\theta}_2+m_2l_1l_2\sin(\theta_1-\theta_2)\dot{\theta}_2^2+\\ \quad(m_1+m_2)gl_1\sin\theta_1=0\\ m_2l_2\cos\theta_2\ddot{x}+m_2l_1l_2\ddot{\theta}_1\cos(\theta_1-\theta_2)+m_2l_2^2\ddot{\theta}_2-m_2l_1l_2\dot{\theta}_1^2\sin(\theta_1-\theta_2)+m_2gl_2\sin\theta_2=0\end{cases} \tag{2-41}$$

2.4 桥式起重机系统的 T-S 模糊模型

桥式起重机是一个复杂的非线性系统，基于非线性模型设计控制器难度较大，需要较强的理论知识。T-S 模糊模型是利用若干线性模型的加权和来描述一个复杂的非线性系统，可利用线性控制理论对系统进行控制性设计。因此，T-S 模糊建模是处理非线性系统的一种有效手段。

2.4.1 T-S 模糊建模概述

T-S 模糊建模是处理非线性系统的一种有效手段，这种建模理论是 Takagi 和 Sugeno 于 1985 年首次提出的[116]，并由 Sugeno 和 Kang 对其进行完善[117]。T-S 模糊模型是由 If-Then 规则来描述的，其结构简单，由一系列线性子模型（或子系统）通过非线性模糊权重加权和构成全局模型，它可以以任意精度逼近非线性动态系统[118]。T-S 模糊模型本质上是非线性系统，但每条规则的后件是线性系统[119]，因此用 T-S 模型表示的非线性系统可以采用线性系统的理论和方法对其进行分析和设计，设计控制器及对系统进行稳定性分析都比较方便。因此，把 T-S 模糊模型和线性系统的理论结合起来解决非线性问题的思路得到广大学者的关注[120,122]。

获得 T-S 模糊模型一般有两种方法：一是采用系统辨识方法，根据系统输入输出数据得到 T-S 模糊模型，这种模糊建模方法适用于不能或难以用物理模型表示的系统；二是基于非线性系统数学模型得到 T-S 模糊模型，这种方法适用于非线性数学模型容易通过拉格朗日方法或牛顿–欧拉方法建立的系统。基于已经建立的系统动力学模型，运用局部近似方法[123]、扇区非线性方法[124]或两者结合的方法构建模糊模型。局部近似方法一般是在一些特殊工作点对非线性模型线性化，使用三角形隶属度函数将线性模型结合起来。这种方法规则数少，但系统的全局渐近稳定性得不到保证。扇区非线性方法是找到系统及原模型中各个非线性项的扇形区域，将非线性系统转化为若干线性子系统的组合，这种方法模糊规则较多，有时对某些非线性系统来说是困难的。

近年来，基于 T-S 模糊模型的控制方法被一些学者用来研究非线性系统。首先，对复杂的非线性系统建立 T-S 模糊模型，将非线性系统转化为若干个线性子系统的加权和；其次，基于所建立的 T-S 模型设计控制器。基于 T-S 模糊模型的控制方法已经在飞机运动控制系统[125]、球杆系统[126,127]、倒立摆系统[128,129]、车辆系统[130]、微型水电厂原型系统[131]、混沌系统[132]、机电系统[133]等系统中得到应用，并取得了良好的控制效果。目前，对于起重机系统，采用 T-S 模糊建模的文献较少。

2.4.2　T-S 模糊模型描述

假设描述一个动态过程的非线性系统为

$$\dot{\boldsymbol{x}}(t)=f(x)+g(x)\boldsymbol{u}(t) \tag{2-42}$$

式中，$\boldsymbol{x}(t)\in\mathbf{R}^n$ 是系统的状态变量；$f(x)$、$g(x)$ 均是非线性函数；$\boldsymbol{u}(t)\in\mathbf{R}^n$ 是系统的控制量。

如果用 T-S 模糊模型描述以上系统，则第 i 条模糊规则为

$$\begin{aligned}&\text{Model rule } i:\\&\text{If } z_1(t) \text{ is } M_{i1}, z_2(t) \text{ is } M_{i2},\cdots,\text{and } z_j(t) \text{ is } M_{ij},\\&\text{Then } \begin{cases}\dot{\boldsymbol{x}}(t)=\boldsymbol{A}_i\boldsymbol{x}(t)+\boldsymbol{B}_i\boldsymbol{u}(t),\\ \boldsymbol{y}(t)=\boldsymbol{C}_i\boldsymbol{x}(t),\end{cases}\qquad i=1,2,\cdots,r;\ j=1,2,\cdots,p\end{aligned} \tag{2-43}$$

其中，$z_1(t),\cdots,z_p(t)$ 是前件变量，M_{ij} 是模糊集，r 是模糊规则的条数，由 $\boldsymbol{A}_i\boldsymbol{x}(t)+\boldsymbol{B}_i\boldsymbol{u}(t)$ 表示的一系列式子称为子系统。$\boldsymbol{A}_i\in\mathbf{R}^{n\times m}$、$\boldsymbol{B}_i\in\mathbf{R}^{q\times n}$、$\boldsymbol{C}_i\in\mathbf{R}^{q\times n}$ 分别是第 i 个子系统矩阵的状态矩阵、输入矩阵、输出矩阵，$\boldsymbol{y}(t)\in\mathbf{R}^q$ 是系统的输出。

给定一组 $(\boldsymbol{x}(t),\boldsymbol{u}(t))$，则得到的模糊系统状态方程为

$$\begin{cases}\dot{\boldsymbol{x}}(t)=\sum\limits_{i=1}^{r}h_i(\boldsymbol{z}(t))\left\{\boldsymbol{A}_i\boldsymbol{x}(t)+\boldsymbol{B}_i\boldsymbol{u}(t)\right\}\\ \boldsymbol{y}(t)=\sum\limits_{i=1}^{r}h_i(\boldsymbol{z}(t))\boldsymbol{C}_i\boldsymbol{x}(t)\end{cases} \tag{2-44}$$

式中，
$$z(t)=[z_1(t)\quad z_2(t)\quad \cdots \quad z_p(t)]$$
$$h_i(z(t))=\frac{w_i(z(t))}{\sum_{i=1}^{r} w_i(z(t))},\quad w_i(z(t))=\prod_{j=1}^{p} M_{ij}(z(t))$$

其中，$w_i(z(t))$是第 i 条规则的隶属度，$M_{ij}(z(t))$ 是 $z_j(t)$ 对 M_{ij} 的隶属度函数，$w_i(z(t))$和$h_i(z(t))$分别满足：

$$h_i(z(t))\geqslant 0,\quad \sum_{i=1}^{r} h_i(z(t))=1,\quad i=1,2,\cdots,r$$
$$w_i(z(t))\geqslant 0,\quad \sum_{i=1}^{r} w_i(z(t))>0,\quad i=1,2,\cdots,r$$

从式（2-44）中可以看出，一个非线性系统的 T-S 模糊模型是若干个局部线性模型通过一定方式的组合。建立一个系统的 T-S 模糊模型主要有局部近似方法和扇区非线性方法两种方法，下面分别简单介绍这两种方法。

1. 局部近似方法

局部近似方法的思想是：选择非线性系统的一系列工作点，在工作点处对系统进行线性化处理，将工作点处的线性模型通过一定的方式结合起来描述非线性系统动态特性。采用这种方法建立的 T-S 模糊模型逼近程度低，模型误差较大；在工作点处控制效果较好，偏离工作点效果明显变差；模糊规则数较少，分析与设计较简单。如果对系统性能要求不高，可以采用这种方法。

2. 扇区非线性方法

扇区非线性方法是根据如下思想[134]对非线性系统进行线性化的。

一个形如 $\dot{\boldsymbol{x}}(t)=f(\boldsymbol{x}(t))$ 的简单非线性系统，其中 $f(0)=0$，针对这个系统找到一个扇形区域，使得 $\dot{\boldsymbol{x}}(t)=f(\boldsymbol{x}(t))\in[a_1\quad a_2]\boldsymbol{x}(t)$，$a_1$、$a_2$ 分别表示扇形区域两个边界直线的斜率，非线性系统的每个输出值均可以用这两条边界线通过一定的形式表示出来。采用这种方法可以保证所建立模糊模型的精确性，然而不是所有的非线性系统都容易找到这样的全局扇形区域。在这种情况下，可以考虑采用局部扇区非线性方法。局部扇区非线性方法是给出变量 $\boldsymbol{x}(t)$ 的取值范围 $-d < \boldsymbol{x}(t) < d$ ，在这个范围内找到扇形区域两个边界直线，非线性系统的每个输出值在一定范围内都可以用这两条边界线通过一定方式表示出来。一个非线性系统可以由多个线性子系统模型模糊逼近，如果模糊规则选择足够多，模糊模型就可以更有效地逼近非线性系统。

2.4.3 单摆效应桥式起重机系统的 T-S 模糊模型

从式（2-24）可以看出，桥式起重机系统具有非线性、多变量的特点，本节分别提出虚拟控制变量法和近似法处理单摆效应桥式起重机动力学模型中的非线性项，并采用扇区非线性方法建立桥式起重机系统的 T-S 模糊模型。

1. 虚拟控制变量法

桥式起重机的模型式（2-24）中包含的非线性项有 $\sin x_3 \cos x_3$ 、$x_4{}^2 \sin x_3$ 、$\cos^2 x_3$ 、$\sin x_3$ 、$\cos x_3$ 、$x_4{}^2 \sin x_3 \cos x_3$ ，构造 T-S 模糊模型需要 $2^6 = 64$ 条模糊规则。在建立 T-S 模糊模型时，为了减少模糊规则数，提出虚拟控制变量方法。

假定

$$F_x = -mg\sin x_3 \cos x_3 - mlx_4{}^2 \sin x_3 + (M + m\sin^2 x_3)u \tag{2-45}$$

式中，u 是一个虚拟控制变量。

将式（2-45）代入式（2-24），则式（2-24）表示的起重机系统非线性动力学模型简化为

$$\begin{cases} \dot{x}_1 = x_2 \\ \dot{x}_2 = \dfrac{\mu l x_2}{-\eta l} + u \\ \dot{x}_3 = x_4 \\ \dot{x}_4 = \dfrac{g\eta \sin x_3 - \mu x_2 \cos x_3 + \eta u \cos x_3}{-\eta l} \end{cases} \tag{2-46}$$

式中，$\eta=(M+m)-m\cos^2 x_3$。

从式（2-46）中可以看出，状态方程中有三个非线性项，可分别定义为前件变量 z_{11}、z_{12} 和 z_{13}。

$$z_{11}=\sin x_3,\quad z_{12}=\cos x_3,\quad z_{13}=\frac{1}{ml\cos^2 x_3-(M+m)l}$$

采用扇区非线性方法，通过式（2-47）～式（2-52）确定与前件变量相关联的隶属度函数。

$$z_{11}(t)=\sum_{k=1}^{2}M_{1k}(z_{11}(t))a_k x_3(t) \tag{2-47}$$

$$z_{12}(t)=\sum_{j=1}^{2}N_{1j}(z_{12}(t))b_j \tag{2-48}$$

$$z_{13}(t)=\sum_{n=1}^{2}R_{1n}(z_{13}(t))c_n \tag{2-49}$$

$$M_{11}(z_{11}(t))+M_{12}(z_{11}(t))=1 \tag{2-50}$$

$$N_{11}(z_{12}(t))+N_{12}(z_{12}(t))=1 \tag{2-51}$$

$$R_{11}(z_{13}(t))+R_{12}(z_{13}(t))=1 \tag{2-52}$$

为了保证运输过程的安全性，给出 $|\theta(t)|\leqslant\theta_p(\text{rad})$ 和 $|\dot{\theta}(t)|\leqslant\theta_v(\text{rad/s})$ 等约束条件，其中 θ_p 和 θ_v 分别是负载的最大摆角和最大摆角速度，因此有

$$a_1=a_{\max}=1,\ a_2=a_{\min}=\frac{1}{\theta_p}\sin\theta_p,\ b_1=b_{\max}=1,\ b_2=b_{\min}=\cos\theta_p,$$

$$c_1=c_{\max}=\frac{1}{ml\cos^2\theta_p-(M+m)l},\ c_2=c_{\min}=\frac{1}{ml-(M+m)l}$$

通过式（2-47）～式（2-52），可得到隶属度函数为

$$M_{11}(z_{11}(t))=\begin{cases}\dfrac{z_{11}(t)-\dfrac{1}{\theta_p}\sin\theta_p\sin^{-1}(z_{11}(t))}{1-\dfrac{1}{\theta_p}\sin\theta_p\sin^{-1}(z_{11}(t))}, & z_{11}(t)\neq 0\\ 1, & \text{其他}\end{cases} \tag{2-53}$$

$$M_{12}(z_{11}(t))=1-M_{11}(z_{11}(t)) \tag{2-54}$$

$$N_{11}(z_{12}(t))=\frac{z_{11}(t)-b_2}{b_1-b_2} \tag{2-55}$$

$$N_{12}(z_{12}(t)) = 1 - N_{11}(z_{12}(t)) \tag{2-56}$$

$$R_{11}(z_{13}(t)) = \frac{z_{13}(t) - c_2}{c_1 - c_2} \tag{2-57}$$

$$R_{12}(z_{13}(t)) = 1 - R_{11}(z_{13}(t)) \tag{2-58}$$

前件变量的隶属度函数如图 2-4 所示。

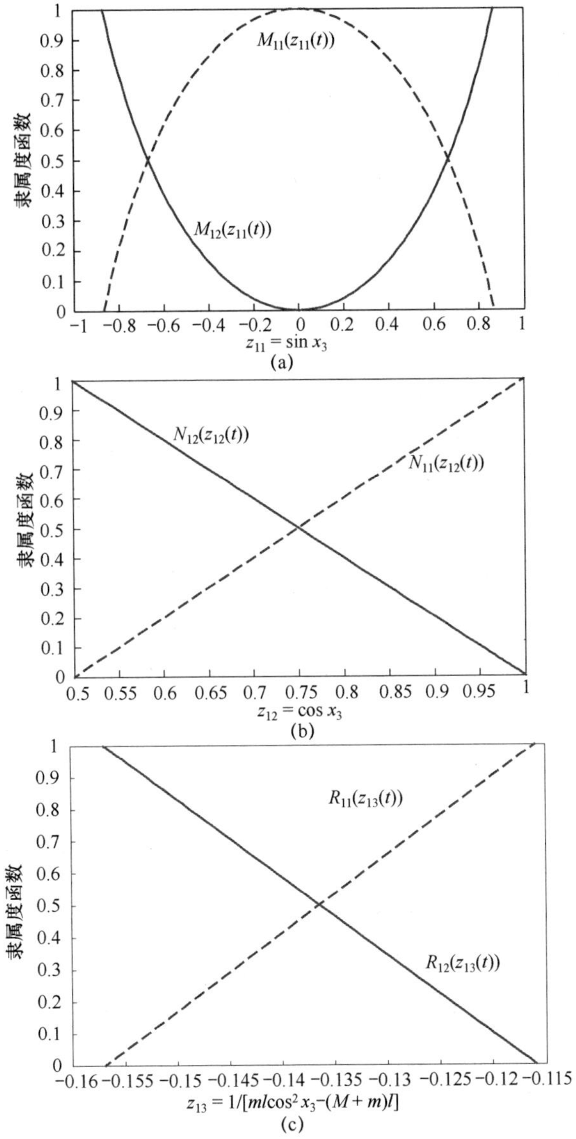

图 2-4　前件变量的隶属度函数

根据式（2-53）～式（2-58），将桥式起重机的 T-S 模糊模型写成如下形式：

$$\begin{bmatrix}\dot{x}_1\\\dot{x}_2\\\dot{x}_3\\\dot{x}_4\end{bmatrix}=\sum_{j=1}^{2}\sum_{l=1}^{2}\sum_{k=1}^{2}M_{1j}(z_{11}(t))N_{1l}(z_{12}(t))R_{1k}(z_{13}(t))\times\begin{bmatrix}0&1&0&0\\0&c_k\mu l&0&0\\0&0&0&1\\0&-\mu c_k b_l&-\dfrac{g}{l}a_j&0\end{bmatrix}\begin{bmatrix}x_1\\x_2\\x_3\\x_4\end{bmatrix}+\begin{bmatrix}0\\1\\0\\\dfrac{1}{-l}b_l\end{bmatrix}u$$

$$\begin{aligned}&=\sum_{j=1}^{2}\sum_{l=1}^{2}\sum_{k=1}^{2}M_{1j}(z_{11}(t))N_{1l}(z_{12}(t))R_{1k}(z_{13}(t))\times\left\{\boldsymbol{A}_{1jlk}\boldsymbol{x}(t)+\boldsymbol{B}_{1jlk}\boldsymbol{u}(t)\right\}\\&=\sum_{i=1}^{8}h_{1i}(z(t))\left\{\boldsymbol{A}_{1i}\boldsymbol{x}(t)+\boldsymbol{B}_{1i}\boldsymbol{u}(t)\right\}\end{aligned}\tag{2-59}$$

式中，M_{1j}、N_{1l} 和 R_{1k} 分别是前件变量 $z_{11}(t)$、$z_{12}(t)$ 和 $z_{13}(t)$ 的隶属函数，$\boldsymbol{A}_{1i}=\boldsymbol{A}_{1jlk}$，$\boldsymbol{B}_{1i}=\boldsymbol{B}_{1jlk}$。

式（2-59）表示在 T-S 模糊模型中包括八条规则，如表 2-1 所示。每条规则的形式如下：

Model Rule *i*:

If $z_{11}(t)$ is M_{1j}, $z_{12}(t)$ is N_{1l} and $z_{13}(t)$ is R_{1k}, $j=1,2;l=1,2;k=1,2$

$$\text{Then }\dot{\boldsymbol{x}}=\boldsymbol{A}_{1i}\boldsymbol{x}(t)+\boldsymbol{B}_{1i}\boldsymbol{u}(t),\ \ i=1,2,\cdots,r;r=8\tag{2-60}$$

表 2-1　虚拟控制变量法的模糊模型规则库

规则	前件变量	线性模型	规则	前件变量	线性模型
1	M_{11} N_{11} R_{11}	$\dot{\boldsymbol{x}}=\boldsymbol{A}_{11}\boldsymbol{x}(t)+\boldsymbol{B}_{11}\boldsymbol{u}(t)$	5	M_{12} N_{11} R_{11}	$\dot{\boldsymbol{x}}=\boldsymbol{A}_{15}\boldsymbol{x}(t)+\boldsymbol{B}_{15}\boldsymbol{u}(t)$
2	M_{11} N_{11} R_{12}	$\dot{\boldsymbol{x}}=\boldsymbol{A}_{12}\boldsymbol{x}(t)+\boldsymbol{B}_{12}\boldsymbol{u}(t)$	6	M_{12} N_{11} R_{12}	$\dot{\boldsymbol{x}}=\boldsymbol{A}_{16}\boldsymbol{x}(t)+\boldsymbol{B}_{16}\boldsymbol{u}(t)$
3	M_{11} N_{12} R_{11}	$\dot{\boldsymbol{x}}=\boldsymbol{A}_{13}\boldsymbol{x}(t)+\boldsymbol{B}_{13}\boldsymbol{u}(t)$	7	M_{12} N_{12} R_{11}	$\dot{\boldsymbol{x}}=\boldsymbol{A}_{17}\boldsymbol{x}(t)+\boldsymbol{B}_{17}\boldsymbol{u}(t)$
4	M_{11} N_{12} R_{12}	$\dot{\boldsymbol{x}}=\boldsymbol{A}_{14}\boldsymbol{x}(t)+\boldsymbol{B}_{14}\boldsymbol{u}(t)$	8	M_{12} N_{12} R_{12}	$\dot{\boldsymbol{x}}=\boldsymbol{A}_{18}\boldsymbol{x}(t)+\boldsymbol{B}_{18}\boldsymbol{u}(t)$

在表 2-1 中，每个线性模型被称为“子系统”。子系统系数矩阵可以分别表示为

$$\boldsymbol{A}_{11}=\boldsymbol{A}_{1111}=\begin{bmatrix}0&1&0&0\\0&c_1\mu l&0&0\\0&0&0&1\\0&-\mu c_1 b_1&-\dfrac{g}{l}a_1&0\end{bmatrix},\quad\boldsymbol{B}_{11}=\boldsymbol{B}_{1111}=\begin{bmatrix}0\\1\\0\\-\dfrac{1}{l}b_1\end{bmatrix}$$

$$\boldsymbol{A}_{12}=\boldsymbol{A}_{1112}=\begin{bmatrix}0 & 1 & 0 & 0\\0 & c_2\mu l & 0 & 0\\0 & 0 & 0 & 1\\0 & -\mu c_2 b_1 & -\dfrac{g}{l}a_1 & 0\end{bmatrix},\quad \boldsymbol{B}_{12}=\boldsymbol{B}_{1112}=\begin{bmatrix}0\\1\\0\\-\dfrac{1}{l}b_1\end{bmatrix}$$

$$\boldsymbol{A}_{13}=\boldsymbol{A}_{1121}=\begin{bmatrix}0 & 1 & 0 & 0\\0 & c_1\mu l & 0 & 0\\0 & 0 & 0 & 1\\0 & -\mu c_1 b_2 & -\dfrac{g}{l}a_1 & 0\end{bmatrix},\quad \boldsymbol{B}_{13}=\boldsymbol{B}_{1121}=\begin{bmatrix}0\\1\\0\\-\dfrac{1}{l}b_2\end{bmatrix}$$

$$\boldsymbol{A}_{14}=\boldsymbol{A}_{1122}=\begin{bmatrix}0 & 1 & 0 & 0\\0 & c_2\mu l & 0 & 0\\0 & 0 & 0 & 1\\0 & -\mu c_2 b_2 & -\dfrac{g}{l}a_1 & 0\end{bmatrix},\quad \boldsymbol{B}_{14}=\boldsymbol{B}_{1122}=\begin{bmatrix}0\\1\\0\\-\dfrac{1}{l}b_2\end{bmatrix}$$

$$\boldsymbol{A}_{15}=\boldsymbol{A}_{1211}=\begin{bmatrix}0 & 1 & 0 & 0\\0 & c_1\mu l & 0 & 0\\0 & 0 & 0 & 1\\0 & -\mu c_1 b_1 & -\dfrac{g}{l}a_2 & 0\end{bmatrix},\quad \boldsymbol{B}_{15}=\boldsymbol{B}_{1211}=\begin{bmatrix}0\\1\\0\\-\dfrac{1}{l}b_1\end{bmatrix}$$

$$\boldsymbol{A}_{16}=\boldsymbol{A}_{1212}=\begin{bmatrix}0 & 1 & 0 & 0\\0 & c_2\mu l & 0 & 0\\0 & 0 & 0 & 1\\0 & -\mu c_2 b_1 & -\dfrac{g}{l}a_2 & 0\end{bmatrix},\quad \boldsymbol{B}_{16}=\boldsymbol{B}_{1212}=\begin{bmatrix}0\\1\\0\\-\dfrac{1}{l}b_1\end{bmatrix}$$

$$\boldsymbol{A}_{17}=\boldsymbol{A}_{1221}=\begin{bmatrix}0 & 1 & 0 & 0\\0 & c_1\mu l & 0 & 0\\0 & 0 & 0 & 1\\0 & -\mu c_1 b_2 & -\dfrac{g}{l}a_2 & 0\end{bmatrix},\quad \boldsymbol{B}_{17}=\boldsymbol{B}_{1221}=\begin{bmatrix}0\\1\\0\\-\dfrac{1}{l}b_2\end{bmatrix}$$

$$\boldsymbol{A}_{18}=\boldsymbol{A}_{1222}=\begin{bmatrix}0 & 1 & 0 & 0\\0 & c_2\mu l & 0 & 0\\0 & 0 & 0 & 1\\0 & -\mu c_2 b_2 & -\dfrac{g}{l}a_2 & 0\end{bmatrix},\quad \boldsymbol{B}_{18}=\boldsymbol{B}_{1222}=\begin{bmatrix}0\\1\\0\\-\dfrac{1}{l}b_2\end{bmatrix}$$

（2-61）

2. 近似法

单摆效应的桥式起重机的数学模型式（2-24）可以写为如下形式：

$$\begin{bmatrix}\dot{x}_1\\ \dot{x}_2\\ \dot{x}_3\\ \dot{x}_4\end{bmatrix}=\begin{bmatrix}0 & 1 & 0 & 0\\ 0 & \dfrac{-\mu}{M+m\sin^2 x_3} & \dfrac{mg\cos x_3\sin x_3}{(M+m\sin^2 x_3)x_3} & \dfrac{mlx_4\sin x_3}{M+m\sin^2 x_3}\\ 0 & 0 & 0 & 1\\ 0 & \dfrac{\mu\cos x_3}{l(M+m\sin^2 x_3)} & \dfrac{-(M+m)g\sin x_3}{l(M+m\sin^2 x_3)x_3} & \dfrac{-mx_4\sin x_3\cos x_3}{M+m\sin^2 x_3}\end{bmatrix}\begin{bmatrix}x_1\\ x_2\\ x_3\\ x_4\end{bmatrix}+$$

$$\begin{bmatrix}0\\ \dfrac{1}{M+m\sin^2 x_3}\\ 0\\ \dfrac{-\cos x_3}{l(M+m\sin^2 x_3)}\end{bmatrix}F_x \tag{2-62}$$

当负载摆角很小时，满足近似关系 $\lim\limits_{x_3\to 0}\dfrac{\sin x_3}{x_3}=1$，则式（2-62）可简化为

$$\begin{bmatrix}\dot{x}_1\\ \dot{x}_2\\ \dot{x}_3\\ \dot{x}_4\end{bmatrix}=\begin{bmatrix}0 & 1 & 0 & 0\\ 0 & \dfrac{-\mu}{M+m\sin^2 x_3} & \dfrac{mg\cos x_3}{M+m\sin^2 x_3} & \dfrac{mlx_4\sin x_3}{M+m\sin^2 x_3}\\ 0 & 0 & 0 & 1\\ 0 & \dfrac{\mu\cos x_3}{l(M+m\sin^2 x_3)} & \dfrac{-(M+m)g}{l(M+m\sin^2 x_3)} & \dfrac{-mx_4\sin x_3\cos x_3}{M+m\sin^2 x_3}\end{bmatrix}\begin{bmatrix}x_1\\ x_2\\ x_3\\ x_4\end{bmatrix}+$$

$$\begin{bmatrix}0\\ \dfrac{1}{M+m\sin^2 x_3}\\ 0\\ \dfrac{-\cos x_3}{l(M+m\sin^2 x_3)}\end{bmatrix}F_x \tag{2-63}$$

根据式（2-63）可以定义以下三个前件变量：

$$
\begin{cases}
z_{21} = \dfrac{1}{M + m\sin^2 x_3} = \sum\limits_{k=1}^{2} M_{2k}(z_{21}(t))p_k \\
z_{22} = \cos x_3 = \sum\limits_{j=1}^{2} N_{2j}(z_{22}(t))b_j \\
z_{23} = x_4 \sin x_3 = \sum\limits_{n=1}^{2} R_{2n}(z_{23}(t))d_n
\end{cases}
\tag{2-64}
$$

式中，

$$
p_1 = \max z_{21} = \frac{1}{M}, \qquad p_2 = \min z_{21} = \frac{1}{M + m\sin^2\theta_p},
$$
$$
b_1 = \max z_{22} = 1, \qquad b_2 = \min z_{22} = \cos\theta_p,
$$
$$
d_1 = \max z_{23} = \theta_v \sin\theta_p, \ d_2 = \min z_{23} = -\theta_v \sin\theta_p
$$

三个前件变量的隶属度函数具有如下关系：

$$
\begin{cases}
M_{21}(z_{21}(t)) + M_{22}(z_{21}(t)) = 1 \\
N_{21}(z_{22}(t)) + N_{22}(z_{22}(t)) = 1 \\
R_{21}(z_{23}(t)) + R_{22}(z_{23}(t)) = 1
\end{cases}
\tag{2-65}
$$

根据式（2-64）和式（2-65）可解得前件变量的隶属度函数为

$$
M_{21} = \frac{p_1 - z_{21}}{p_1 - p_2}, \ M_{22} = 1 - M_{21}
$$
$$
N_{21} = \frac{b_1 - z_{22}}{b_1 - b_2}, \quad N_{22} = 1 - N_{21}
$$
$$
R_{21} = \frac{d_1 - z_{23}}{d_1 - d_2}, \quad R_{22} = 1 - R_{21}
$$

因此，采用近似法得到的桥式起重机的 T-S 模糊模型如下：

$$
\begin{bmatrix} \dot{x}_1 \\ \dot{x}_2 \\ \dot{x}_3 \\ \dot{x}_4 \end{bmatrix} = \sum_{j=1}^{2}\sum_{l=1}^{2}\sum_{k=1}^{2} M_{2j}(z_{21}(t))N_{2l}(z_{22}(t))R_{2k}(z_{23}(t)) \times
$$
$$
\begin{bmatrix}
0 & 1 & 0 & 0 \\
0 & -p_j\mu & p_j b_l mg & p_j d_k ml \\
0 & 0 & 0 & 1 \\
0 & \dfrac{p_j b_l \mu}{l} & \dfrac{-p_j(M+m)g}{l} & -p_j b_l d_k m
\end{bmatrix}
\begin{bmatrix} x_1 \\ x_2 \\ x_3 \\ x_4 \end{bmatrix}
+
\begin{bmatrix} 0 \\ p_j \\ 0 \\ -\dfrac{1}{l}p_j b_l \end{bmatrix} u
$$

$$
\begin{aligned}
&=\sum_{j=1}^{2}\sum_{l=1}^{2}\sum_{k=1}^{2}M_{2j}(z_{21}(t))N_{2l}(z_{22}(t))R_{2k}(z_{23}(t))\times\left\{\boldsymbol{A}_{2jlk}\boldsymbol{x}(t)+\boldsymbol{B}_{2jlk}\boldsymbol{u}(t)\right\}\\
&=\sum_{i=1}^{8}h_{2i}(\boldsymbol{z}(t))\left\{\boldsymbol{A}_{2i}\boldsymbol{x}(t)+\boldsymbol{B}_{2i}\boldsymbol{u}(t)\right\}
\end{aligned}
\tag{2-66}
$$

其中，$i=1,2,\cdots,r$，$r=8$，表示式（2-66）所描述的 T-S 模糊模型中包括八个线性模型，即八个“子系统”，八个子系统的模糊规则如表 2-2 所示，每条规则形式如下：

If $z_{21}(t)$ is $M_{2j}, z_{22}(t)$ is N_{2l} and $z_{23}(t)$ is R_{2k}

Then $\dot{\boldsymbol{x}}=\boldsymbol{A}_{2i}\boldsymbol{x}(t)+\boldsymbol{B}_{2i}\boldsymbol{u}(t)$

表 2-2 近似法模糊模型规则库

规则	前件变量	线性模型	规则	前件变量	线性模型
1	M_{21} N_{21} R_{21}	$\dot{\boldsymbol{x}}=\boldsymbol{A}_{21}\boldsymbol{x}(t)+\boldsymbol{B}_{21}\boldsymbol{u}(t)$	5	M_{22} N_{21} R_{21}	$\dot{\boldsymbol{x}}=\boldsymbol{A}_{25}\boldsymbol{x}(t)+\boldsymbol{B}_{25}\boldsymbol{u}(t)$
2	M_{21} N_{21} R_{22}	$\dot{\boldsymbol{x}}=\boldsymbol{A}_{22}\boldsymbol{x}(t)+\boldsymbol{B}_{22}\boldsymbol{u}(t)$	6	M_{22} N_{21} R_{22}	$\dot{\boldsymbol{x}}=\boldsymbol{A}_{26}\boldsymbol{x}(t)+\boldsymbol{B}_{26}\boldsymbol{u}(t)$
3	M_{21} N_{22} R_{21}	$\dot{\boldsymbol{x}}=\boldsymbol{A}_{23}\boldsymbol{x}(t)+\boldsymbol{B}_{23}\boldsymbol{u}(t)$	7	M_{22} N_{22} R_{21}	$\dot{\boldsymbol{x}}=\boldsymbol{A}_{27}\boldsymbol{x}(t)+\boldsymbol{B}_{27}\boldsymbol{u}(t)$
4	M_{21} N_{22} R_{22}	$\dot{\boldsymbol{x}}=\boldsymbol{A}_{24}\boldsymbol{x}(t)+\boldsymbol{B}_{24}\boldsymbol{u}(t)$	8	M_{22} N_{22} R_{22}	$\dot{\boldsymbol{x}}=\boldsymbol{A}_{28}\boldsymbol{x}(t)+\boldsymbol{B}_{28}\boldsymbol{u}(t)$

其中，每个子系统系数矩阵为

$$
\boldsymbol{A}_{21}=\boldsymbol{A}_{2111}=\begin{bmatrix}0 & 1 & 0 & 0\\ 0 & -p_1\mu & p_1 mg & p_1 d_1 ml\\ 0 & 0 & 0 & 1\\ 0 & \dfrac{p_1\mu}{l} & \dfrac{-p_1(M+m)g}{l} & -p_1 d_1 m\end{bmatrix},\boldsymbol{B}_{21}=\boldsymbol{B}_{2111}=\begin{bmatrix}0\\ p_1\\ 0\\ -\dfrac{1}{l}p_1\end{bmatrix}
$$

$$
\boldsymbol{A}_{22}=\boldsymbol{A}_{2112}=\begin{bmatrix}0 & 1 & 0 & 0\\ 0 & -p_1\mu & p_1 mg & p_1 d_2 ml\\ 0 & 0 & 0 & 1\\ 0 & \dfrac{p_1\mu}{l} & \dfrac{-p_1(M+m)g}{l} & -p_1 d_2 m\end{bmatrix},\boldsymbol{B}_{22}=\boldsymbol{B}_{2112}=\begin{bmatrix}0\\ p_1\\ 0\\ -\dfrac{1}{l}p_1\end{bmatrix}
$$

$$
\boldsymbol{A}_{23}=\boldsymbol{A}_{2121}=\begin{bmatrix}0 & 1 & 0 & 0\\ 0 & -p_1\mu & p_1 b_2 mg & p_1 d_1 ml\\ 0 & 0 & 0 & 1\\ 0 & \dfrac{p_1 b_2\mu}{l} & \dfrac{-p_1(M+m)g}{l} & -p_1 d_1 b_2 m\end{bmatrix},\boldsymbol{B}_{23}=\boldsymbol{B}_{2121}=\begin{bmatrix}0\\ p_1\\ 0\\ -\dfrac{1}{l}p_1 b_2\end{bmatrix}
$$

$$\boldsymbol{A}_{24}=\boldsymbol{A}_{2122}=\begin{bmatrix}0 & 1 & 0 & 0\\0 & -p_2\mu & p_1b_2mg & p_1d_2ml\\0 & 0 & 0 & 1\\0 & \dfrac{p_1b_2\mu}{l} & \dfrac{-p_1(M+m)g}{l} & -p_1d_2b_2m\end{bmatrix},\boldsymbol{B}_{24}=\boldsymbol{B}_{2122}=\begin{bmatrix}0\\p_1\\0\\-\dfrac{1}{l}p_1b_2\end{bmatrix}$$

$$\boldsymbol{A}_{25}=\boldsymbol{A}_{2211}=\begin{bmatrix}0 & 1 & 0 & 0\\0 & -p_2\mu & p_2mg & p_2d_1ml\\0 & 0 & 0 & 1\\0 & \dfrac{p_2\mu}{l} & \dfrac{-p_2(M+m)g}{l} & -p_2d_1m\end{bmatrix},\boldsymbol{B}_{25}=\boldsymbol{B}_{2211}=\begin{bmatrix}0\\p_2\\0\\-\dfrac{1}{l}p_2\end{bmatrix}$$

$$\boldsymbol{A}_{26}=\boldsymbol{A}_{2212}=\begin{bmatrix}0 & 1 & 0 & 0\\0 & -p_2\mu & p_2mg & p_2d_2ml\\0 & 0 & 0 & 1\\0 & \dfrac{p_2\mu}{l} & \dfrac{-p_2(M+m)g}{l} & -p_2d_2m\end{bmatrix},\boldsymbol{B}_{26}=\boldsymbol{B}_{2212}=\begin{bmatrix}0\\p_2\\0\\-\dfrac{1}{l}p_2\end{bmatrix}$$

$$\boldsymbol{A}_{27}=\boldsymbol{A}_{2221}=\begin{bmatrix}0 & 1 & 0 & 0\\0 & -p_2\mu & p_2b_2mg & p_2d_1ml\\0 & 0 & 0 & 1\\0 & \dfrac{p_2b_2\mu}{l} & \dfrac{-p_2(M+m)g}{l} & -p_2d_1b_2m\end{bmatrix},\boldsymbol{B}_{27}=\boldsymbol{B}_{2221}=\begin{bmatrix}0\\p_2\\0\\-\dfrac{1}{l}p_2b_2\end{bmatrix}$$

$$\boldsymbol{A}_{28}=\boldsymbol{A}_{2222}=\begin{bmatrix}0 & 1 & 0 & 0\\0 & -p_2\mu & p_2b_2mg & p_2d_2ml\\0 & 0 & 0 & 1\\0 & \dfrac{p_2b_2\mu}{l} & \dfrac{-p_2(M+m)g}{l} & -p_2d_2b_2m\end{bmatrix},\boldsymbol{B}_{28}=\boldsymbol{B}_{2222}=\begin{bmatrix}0\\p_2\\0\\-\dfrac{1}{l}p_2b_2\end{bmatrix}$$

（2-67）

2.4.4 双摆效应桥式起重机系统的 T-S 模糊模型

令 $\boldsymbol{x}=\left[x\ \dot{x}\ \theta_1\ \dot{\theta}_1\ \theta_2\ \dot{\theta}_2\right]^{\mathrm{T}}$ 为双摆效应桥式起重机系统的状态变量，并令 $\boldsymbol{u}=F$ 。将系统数学模型改写为状态方程形式：

$$\dot{\boldsymbol{x}}=\boldsymbol{A}\boldsymbol{x}+\boldsymbol{B}\boldsymbol{u} \tag{2-68}$$

式中，

$$\boldsymbol{A}=\begin{bmatrix}0 & 1 & 0 & 0 & 0 & 0\\0 & 0 & A_{23} & A_{24} & A_{25} & A_{26}\\0 & 0 & 0 & 1 & 0 & 0\\0 & 0 & A_{43} & A_{44} & A_{45} & A_{46}\\0 & 0 & 0 & 0 & 0 & 1\\0 & 0 & A_{63} & A_{64} & A_{65} & A_{66}\end{bmatrix},\quad \boldsymbol{B}=\begin{bmatrix}0\\B_2\\0\\B_4\\0\\B_6\end{bmatrix}$$

其中，

$$A_{23}=\frac{1}{\text{den}}\left[(m_1+m_2)g\cos\theta_1-m_2g\cos\theta_2\cos(\theta_1-\theta_2)\right]$$

$$A_{24}=\frac{1}{\text{den}}\left[\frac{m_2l_1}{2}\dot{\theta}_1\cos\theta_1\sin\left(2(\theta_1-\theta_2)\right)+(m_1+m_2)l_1\dot{\theta}_1\sin\theta_1/a-m_2l_1\dot{\theta}_1\cos\theta_2\sin(\theta_1-\theta_2)\right]$$

$$A_{25}=\frac{1}{\text{den}}\left[m_2g\cos\theta_2-m_2g\cos\theta_1\cos(\theta_1-\theta_2)\right]$$

$$A_{26}=\frac{1}{\text{den}}\left[m_2l_2\dot{\theta}_2\cos\theta_1\sin(\theta_1-\theta_2)+m_2l_2\dot{\theta}_2\sin\theta_2/a-\frac{m_2^2l_2}{2(m_1+m_2)}\dot{\theta}_2\cos\theta_2\sin\left(2(\theta_1-\theta_2)\right)\right]$$

$$A_{43}=bA_{23}-\frac{ga}{l_1},\quad A_{44}=bA_{24}-\frac{am_2}{m_1+m_2}\dot{\theta}_1\sin(\theta_1-\theta_2)\cos(\theta_1-\theta_2)$$

$$A_{45}=bA_{25}+\frac{am_2}{(m_1+m_2)l_1}g\cos(\theta_1-\theta_2),\quad A_{46}=bA_{26}-\frac{am_2l_2}{(m_1+m_2)l_1}\dot{\theta}_2\sin(\theta_1-\theta_2)$$

$$A_{63}=cA_{23}+\frac{ga}{l_2}\cos(\theta_1-\theta_2),\quad A_{64}=cA_{24}+\frac{l_1}{l_2}a\dot{\theta}_1\sin(\theta_1-\theta_2)$$

$$A_{65}=cA_{25}-\frac{ag}{l_2},\quad A_{66}=cA_{26}+\frac{m_2a}{m_1+m_2}\dot{\theta}_2\sin(\theta_1-\theta_2)\cos(\theta_1-\theta_2)$$

$$B_2=\frac{\frac{1}{a}}{\text{den}},\quad B_4=B_2b,\quad B_6=cB_2$$

$$\text{den}=(M+m_1+m_2)/a-(m_1+m_2)\cos^2\theta_1+2m_2\cos\theta_1\cos\theta_2\cos(\theta_1-\theta_2)-m_2\cos^2\theta_2$$

$$a=\frac{1}{1-\frac{m_2}{m_1+m_2}\cos^2(\theta_1-\theta_2)},\quad b=\frac{a}{l_1}\left[\frac{m_2}{m_1+m_2}\cos(\theta_1-\theta_2)\cos\theta_2-\cos\theta_1\right]$$

$$c=\frac{a}{l_2}\left[\cos(\theta_1-\theta_2)\cos\theta_1-\cos\theta_2\right]$$

由系统状态方程可知，双摆效应桥式起重机动态系统数学模型中含有非线性项：$z_1=\cos(\theta_1-\theta_2)$、$z_2=\dot{\theta}_1\sin(\theta_1-\theta_2)$、$z_3=\dot{\theta}_2\sin(\theta_1-\theta_2)$、$z_4=\cos\theta_1$、$z_5=\cos\theta_2$、$z_6=\sin(\theta_1-\theta_2)$、$z_7=\dot{\theta}_1\sin\theta_1$、$z_8=\dot{\theta}_1\cos\theta_1$。进行T-S 模糊建模时，如果把这些非线性项全部作为前件变量，则会出现模糊规则爆炸问题，增加控制器设计的难度。考虑到上述非线性项中，z_1、z_2、z_3变化对系统的影响更大，因此可选取双摆效应桥式起重机系统 T-S 模糊模型中的前件变量为：$z_1=\cos(\theta_1-\theta_2)$、$z_2=\dot{\theta}_1\sin(\theta_1-\theta_2)$、$z_3=\dot{\theta}_2\sin(\theta_1-\theta_2)$。根据扇区非线性方法可得上述三个前件变量的隶属度函数分别为

$$z_1:M_1(z_1(t))=\frac{z_1(t)-z_{1\min}}{z_{1\max}-z_{1\min}},M_2(z_1(t))=1-M_1(z_1(t)) \tag{2-69}$$

$$z_2:N_1(z_2(t))=\frac{z_2(t)-z_{2\min}}{z_{2\max}-z_{2\min}},N_2(z_2(t))=1-N_1(z_2(t)) \tag{2-70}$$

$$z_3:R_1(z_3(t))=\frac{z_3(t)-z_{3\min}}{z_{3\max}-z_{3\min}},R_2(z_3(t))=1-R_1(z_3(t)) \tag{2-71}$$

对双摆效应桥式起重机系统选定三个非线性项作为前件变量，因此双摆效应桥式起重机系统的 T-S 模糊模型应有 $2^3=8$ 条模糊规则，第 i 条规则为

If $z_1(t)$ is $M_j, z_2(t)$ is N_l and $z_3(t)$ is R_k, $j=1,2;l=1,2;k=1,2$

Then $\dot{\boldsymbol{x}}=\boldsymbol{A}_i\boldsymbol{x}(t)+\boldsymbol{B}_i\boldsymbol{u}(t)$

双摆效应桥式起重机系统 T-S 模糊模型规则库如表 2-3 所示。

表 2-3 双摆效应桥式起重机系统 T-S 模糊模型规则库

规则	前件变量	线性模型	规则	前件变量	线性模型
1	M_1 N_1 R_1	$\dot{\boldsymbol{x}}=\boldsymbol{A}_1\boldsymbol{x}(t)+\boldsymbol{B}_1\boldsymbol{u}(t)$	5	M_2 N_1 R_1	$\dot{\boldsymbol{x}}=\boldsymbol{A}_5\boldsymbol{x}(t)+\boldsymbol{B}_5\boldsymbol{u}(t)$
2	M_1 N_1 R_2	$\dot{\boldsymbol{x}}=\boldsymbol{A}_2\boldsymbol{x}(t)+\boldsymbol{B}_2\boldsymbol{u}(t)$	6	M_2 N_1 R_2	$\dot{\boldsymbol{x}}=\boldsymbol{A}_6\boldsymbol{x}(t)+\boldsymbol{B}_6\boldsymbol{u}(t)$
3	M_1 N_2 R_1	$\dot{\boldsymbol{x}}=\boldsymbol{A}_3\boldsymbol{x}(t)+\boldsymbol{B}_3\boldsymbol{u}(t)$	7	M_2 N_2 R_1	$\dot{\boldsymbol{x}}=\boldsymbol{A}_7\boldsymbol{x}(t)+\boldsymbol{B}_7\boldsymbol{u}(t)$
4	M_1 N_2 R_2	$\dot{\boldsymbol{x}}=\boldsymbol{A}_4\boldsymbol{x}(t)+\boldsymbol{B}_4\boldsymbol{u}(t)$	8	M_2 N_2 R_2	$\dot{\boldsymbol{x}}=\boldsymbol{A}_8\boldsymbol{x}(t)+\boldsymbol{B}_8\boldsymbol{u}(t)$

在上述模糊规则中，每条模糊规则的后件均为一个线性系统，则系统的状态空间表达式可表示为

$$\dot{\boldsymbol{x}}(t)=\sum_{i=1}^{8}h_i(\boldsymbol{z}(t))\left[\boldsymbol{A}_i\boldsymbol{x}(t)+\boldsymbol{B}_i\boldsymbol{u}(t)\right] \tag{2-72}$$

$$\boldsymbol{y}(t)=\sum_{i=1}^{8}h_i(\boldsymbol{z}(t))\boldsymbol{C}_i\boldsymbol{x}(t) \tag{2-73}$$

其中，$h_i\left(z(t)\right)$是归一化权重系数，满足如下关系：

$$h_i\left(z(t)\right)=\frac{w_i\left(z(t)\right)}{\sum_{i=1}^{8}w_i\left(z(t)\right)}，\sum_{i=1}^{8}h_i\left(z(t)\right)=1，h_i\left(z(t)\right)\geqslant 0$$

$$w_i\left(z(t)\right)=M\left(z_1(t)\right)N\left(z_2(t)\right)R\left(z_3(t)\right)，\sum_{i=1}^{8}w_i\left(z(t)\right)\geqslant 0，w_i\left(z(t)\right)\geqslant 0$$

2.5 仿真研究

为了验证本章所建立的数学模型的正确性及有效性，根据前面建立的单摆效应桥式起重机系统 T-S 模糊模型，在 MATLAB/Simulink 环境中搭建结构框图，采用 s 函数编写数学模型程序。仿真时采用的起重机参数如下：

$$M=8.5\text{kg}，m=4\text{kg}，\mu=0.2，l=0.75\text{m}，g=9.8\text{m/s}^2$$

下面给出 T-S 模糊模型和非线性模型分别在阶跃输入信号和脉冲输入信号作用下的仿真结果。

1. 阶跃输入信号

在 0s 时刻给桥式起重机系统非线性模型和 T-S 模糊模型分别加上一个幅值大小为0.6m 的阶跃输入信号，状态初始条件为$\boldsymbol{x}=[0\ 0\ 0\ 0]$，阶跃响应曲线如图 2-5 所示。

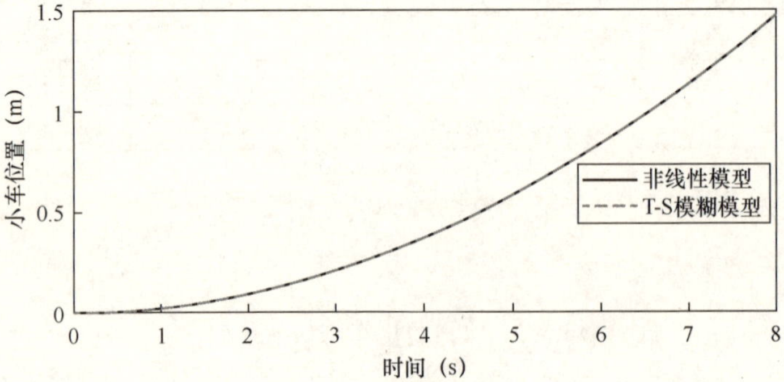

(a) 小车位置

图 2-5　阶跃响应曲线

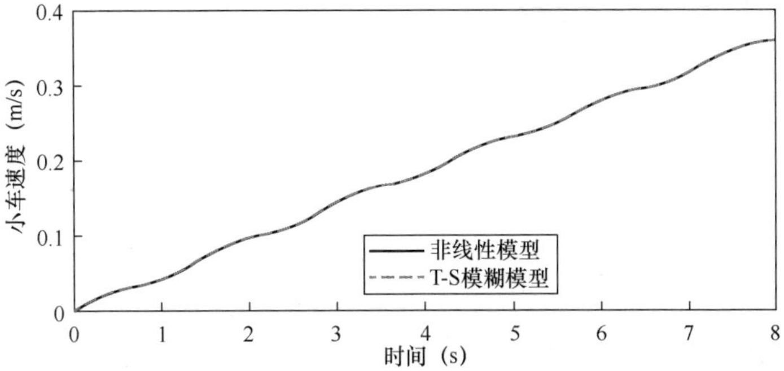

(b) 小车速度

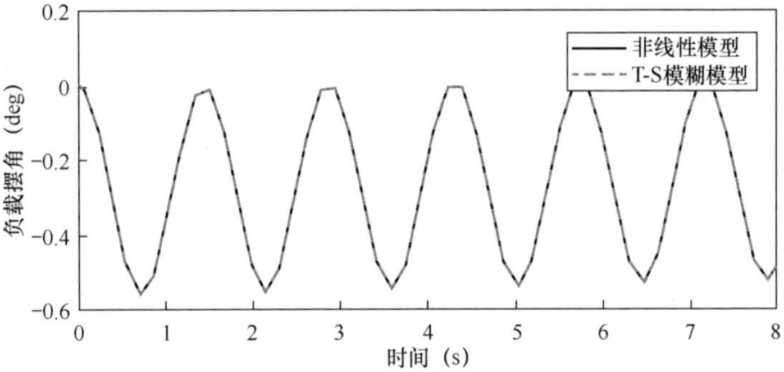

(c) 负载摆角

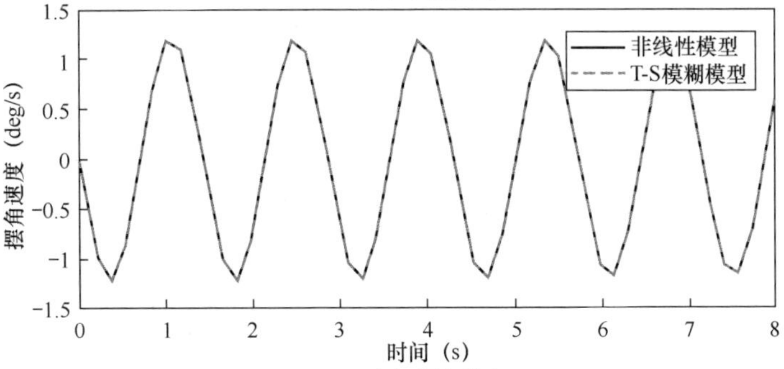

(d) 摆角速度

图 2-5　阶跃响应曲线（续）

由图 2-5 可以看出，在阶跃输入作用下，起重机系统非线性模型和 T-S 模糊模型输出的小车位移和速度响应曲线及负载摆角和摆角速度响应曲线均重合。

2. 脉冲输入信号

在 0.5s 时刻给桥式起重机系统非线性模型和 T-S 模糊模型分别加上一

个持续时间为 1s、幅值大小为0.6m 的脉冲输入信号，状态初始条件为 $\boldsymbol{x}=[0\ 0\ 0\ 0]$，脉冲响应曲线如图 2-6 所示。

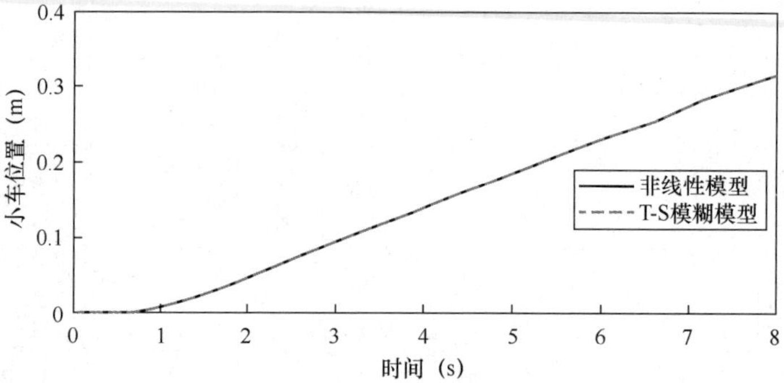

(a) 小车位置

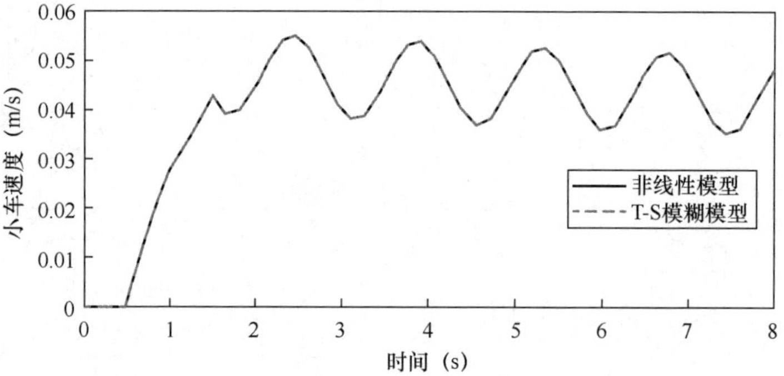

(b) 小车速度

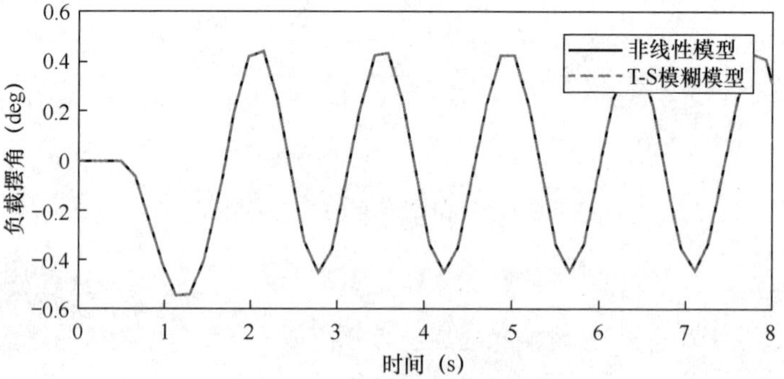

(c) 负载摆角

图 2-6　脉冲响应曲线

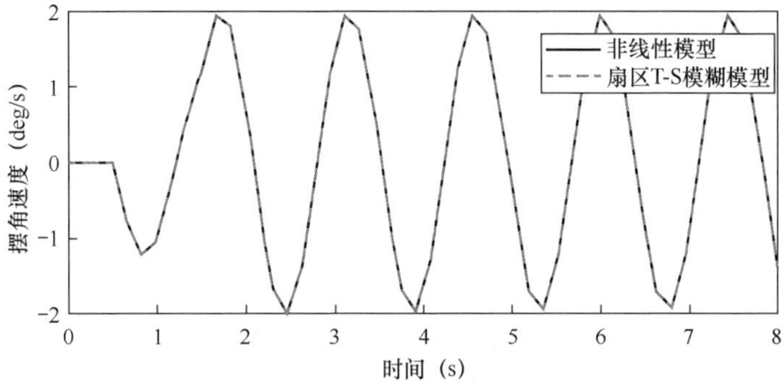

(d) 摆角速度

图 2-6 脉冲响应曲线（续）

由图 2-6 可以看出，在脉冲输入作用下，起重机系统非线性模型和 T-S 模糊模型输出的小车位移和速度响应曲线及负载摆角和摆角速度响应曲线均重合。因此，设计控制器时可以用 T-S 模糊模型代替系统非线性模型。

2.6 本章小结

本章分别针对单摆、双摆效应桥式起重机系统的非线性动力学模型，建立了 T-S 模糊模型。这种数学模型虽然本质上是非线性的，但它可以方便地用线性控制理论对系统进行分析和控制器设计。考虑到单摆效应起重机系统非线性动力学模型中非线性项较多，本章提出了虚拟控制变量法和近似法处理模型中的部分非线性项，以减少用 T-S 模糊模型描述时模糊规则的数目，用扇区非线性方法建立了单摆效应起重机系统的 T-S 模糊模型。基于双摆效应起重机系统，本章提出利用近似法处理模型中的非线性项，根据扇区非线性方法建立了 T-S 模糊模型。对桥式起重机系统所建立的 T-S 模糊模型进行仿真研究，验证模型的有效性。本章所建立的 T-S 模糊模型为后面第 4～6 章控制器的设计奠定了基础。

第3章

桥式起重机系统的模型预测控制

3.1 引言

桥式起重机系统在实际运行中存在小车速度与加速度、负载摆角等各种物理约束限制，其中，负载摆角约束是对负载摆动幅度范围的限定，主要是为了提高负载的运送效率，降低安全风险。模型预测控制能够显式地处理系统的各项物理约束，能按实际工程需要获得同时满足性能要求和约束限制的控制量，在工业生产过程中有广泛的应用。因此，可以采用模型预测控制方法处理桥式起重机系统负载摆角约束问题。然而，由于桥式起重机的欠驱动特性，控制器无法对负载摆角进行直接控制，导致有关负载摆角的不等式约束无法转化为对控制量的约束。

首先，本章针对桥式起重机系统线性模型构造桥式起重机系统的微分平坦输出量；将桥式起重机系统的状态变量和控制量映射到微分平坦输出空间，进而将原系统的负载摆角约束转化为微分平坦输出空间中的控制量约束；利用约束模型预测控制获得满足性能要求的最优控制序列，再通过一系列逆变换得到原系统的定位消摆控制器，并通过仿真对该方法的控制性能进行了验证。

其次，本章基于桥式起重机系统非线性模型构造了该系统的二维微分平坦输出量，代替基于线性模型的平坦输出量；通过输入变换将微分平坦输出空间线性化，从而将原系统转化为线性系统；利用模型预测算法进行在线优化计算，获得能够满足桥式起重机负载摆角约束的定位消摆控制器，并通过仿真验证该方法的控制性能。

3.2 模型预测控制

模型预测控制（Model Predictive Control）又称滚动时域控制（Receding Horizon Control），是一种以计算机技术为基础、起源于工业应用、意在解决多变量约束优化控制问题的算法，被广泛应用于工业过程控制领域。模型预测控制的机理可描述为：在每一个采样时刻，根据当前的测量信息，在线求解一个有限时域开环优化问题，并将所得到控制序列的第一个分量作用于被控对象。在下一个采样时刻，根据新获得的测量信息，重新求解上述优化问题。该算法通过在线滚动优化来获得满足系统性能要求的控制量，并将其一直作用于系统。

3.2.1 约束优化原理

假设线性定常离散系统为

$$\begin{aligned} \boldsymbol{x}(k+1) &= \boldsymbol{A}\boldsymbol{x}(k)+\boldsymbol{B}\boldsymbol{u}(k) \\ \boldsymbol{y}(k) &= \boldsymbol{C}\boldsymbol{x}(k) \end{aligned} \tag{3-1}$$

其增量模型为

$$\begin{aligned} \hat{\boldsymbol{x}}(k+1) &= \bar{\boldsymbol{A}}\hat{\boldsymbol{x}}(k)+\bar{\boldsymbol{B}}\Delta\boldsymbol{u}(k) \\ \boldsymbol{y}(k) &= \bar{\boldsymbol{C}}\hat{\boldsymbol{x}}(k) \end{aligned} \tag{3-2}$$

其中，

$$\hat{\boldsymbol{x}}(k+1)=\begin{bmatrix} \Delta\boldsymbol{x}(k+1) \\ \boldsymbol{y}(k+1) \end{bmatrix} \qquad \hat{\boldsymbol{x}}(k)=\begin{bmatrix} \Delta\boldsymbol{x}(k) \\ \boldsymbol{y}(k) \end{bmatrix} \tag{3-3a}$$

$$\bar{\boldsymbol{A}}=\begin{bmatrix} \boldsymbol{A} & \boldsymbol{0} \\ \boldsymbol{CA} & \boldsymbol{I} \end{bmatrix} \qquad \bar{\boldsymbol{B}}=\begin{bmatrix} \boldsymbol{B} \\ \boldsymbol{CB} \end{bmatrix} \qquad \bar{\boldsymbol{C}}=\begin{bmatrix} \boldsymbol{0} & \boldsymbol{I} \end{bmatrix} \tag{3-3b}$$

将式（3-2）作为模型预测控制算法的预测模型，假设预测时域为 N_p，控制时域为 N_c（$N_\mathrm{c} \leqslant N_\mathrm{p}$），且 $\Delta u(k+i)=0$，$i=N_\mathrm{c},N_\mathrm{c}+1,\cdots,N_\mathrm{p}$。设系统在 k 时刻的状态测量值为 $\boldsymbol{x}(k)$，以此作为模型式（3-2）预测系统未来动态的起点，则系统在有限时域$[k+1,k+N_\mathrm{p}]$的状态预测为

$$
\begin{cases}
\hat{\boldsymbol{x}}(k+1|k)=\bar{\boldsymbol{A}}\hat{\boldsymbol{x}}(k)+\bar{\boldsymbol{B}}\Delta\boldsymbol{u}(k) \\
\hat{\boldsymbol{x}}(k+2|k)=\bar{\boldsymbol{A}}\hat{\boldsymbol{x}}(k+1|k)+\bar{\boldsymbol{B}}\Delta\boldsymbol{u}(k+1) \\
\qquad\qquad\quad =\bar{\boldsymbol{A}}^2\hat{\boldsymbol{x}}(k)+\bar{\boldsymbol{A}}\bar{\boldsymbol{B}}\Delta\boldsymbol{u}(k)+\bar{\boldsymbol{B}}\Delta\boldsymbol{u}(k+1) \\
\qquad\qquad\quad \vdots \\
\hat{\boldsymbol{x}}(k+N_{\mathrm{c}}|k)=\bar{\boldsymbol{A}}\hat{\boldsymbol{x}}(k+N_{\mathrm{c}}-1|k)+\bar{\boldsymbol{B}}\Delta\boldsymbol{u}(k+N_{\mathrm{c}}-1) \\
\qquad\qquad\quad =\bar{\boldsymbol{A}}^{N_{\mathrm{c}}}\hat{\boldsymbol{x}}(k)+\bar{\boldsymbol{A}}^{N_{\mathrm{c}}-1}\bar{\boldsymbol{B}}\Delta\boldsymbol{u}(k)+\bar{\boldsymbol{A}}^{N_{\mathrm{c}}-2}\bar{\boldsymbol{B}}\Delta\boldsymbol{u}(k+1)+\cdots+\bar{\boldsymbol{B}}\Delta\boldsymbol{u}(k+N_{\mathrm{c}}-1) \\
\qquad\qquad\quad \vdots \\
\hat{\boldsymbol{x}}(k+N_{\mathrm{p}}|k)=\bar{\boldsymbol{A}}^{N_{\mathrm{p}}}\hat{\boldsymbol{x}}(k)+\bar{\boldsymbol{A}}^{N_{\mathrm{p}}-1}\bar{\boldsymbol{B}}\Delta\boldsymbol{u}(k)+\bar{\boldsymbol{A}}^{N_{\mathrm{p}}-2}\bar{\boldsymbol{B}}\Delta\boldsymbol{u}(k+1)+\cdots+\bar{\boldsymbol{A}}^{N_{\mathrm{p}}-N_{\mathrm{c}}}\bar{\boldsymbol{B}}\Delta\boldsymbol{u}(k+N_{\mathrm{c}}-1)
\end{cases}
\tag{3-4}
$$

进一步，由式（3-2）中的输出方程可以预测 $k+1$ 至 $k+N_{\mathrm{p}}$ 的系统输出

$$
\begin{cases}
\boldsymbol{y}(k+1|k)=\overline{\boldsymbol{C}\boldsymbol{A}}\hat{\boldsymbol{x}}(k)+\overline{\boldsymbol{C}\boldsymbol{B}}\Delta\boldsymbol{u}(k) \\
\boldsymbol{y}(k+2|k)=\overline{\boldsymbol{C}\boldsymbol{A}}^2\hat{\boldsymbol{x}}(k)+\overline{\boldsymbol{C}\boldsymbol{A}}\bar{\boldsymbol{B}}\Delta\boldsymbol{u}(k)+\overline{\boldsymbol{C}\boldsymbol{B}}\Delta\boldsymbol{u}(k+1) \\
\qquad\qquad \vdots \\
\boldsymbol{y}(k+N_{\mathrm{c}}|k)=\overline{\boldsymbol{C}\boldsymbol{A}}^{N_{\mathrm{c}}}\hat{\boldsymbol{x}}(k)+\overline{\boldsymbol{C}\boldsymbol{A}}^{N_{\mathrm{c}}-1}\bar{\boldsymbol{B}}\Delta\boldsymbol{u}(k)+\overline{\boldsymbol{C}\boldsymbol{A}}^{N_{\mathrm{c}}-2}\bar{\boldsymbol{B}}\Delta\boldsymbol{u}(k+1)+\cdots+\overline{\boldsymbol{C}\boldsymbol{B}}\Delta\boldsymbol{u}(k+N_{\mathrm{c}}-1) \\
\qquad\qquad \vdots \\
\boldsymbol{y}(k+N_{\mathrm{p}}|k)=\overline{\boldsymbol{C}\boldsymbol{A}}^{N_{\mathrm{p}}}\hat{\boldsymbol{x}}(k)+\boldsymbol{C}\bar{\boldsymbol{A}}^{N_{\mathrm{p}}-1}\bar{\boldsymbol{B}}\Delta\boldsymbol{u}(k)+\boldsymbol{C}\bar{\boldsymbol{A}}^{N_{\mathrm{p}}-2}\bar{\boldsymbol{B}}\Delta\boldsymbol{u}(k+1)+\cdots+\boldsymbol{C}\bar{\boldsymbol{A}}^{N_{\mathrm{p}}-N_{\mathrm{c}}}\bar{\boldsymbol{B}}\Delta\boldsymbol{u}(k+N_{\mathrm{c}}-1)
\end{cases}
\tag{3-5}
$$

定义系统的 N_{p} 步预测输出向量和 N_{c} 步输入向量如下：

$$
\boldsymbol{Y}=\begin{bmatrix} y(k+1|k) \\ y(k+2|k) \\ \vdots \\ y(k+N_{\mathrm{p}}|k) \end{bmatrix} \tag{3-6}
$$

$$
\Delta\boldsymbol{U}=\begin{bmatrix} \Delta u(k) \\ \Delta u(k+1) \\ \vdots \\ \Delta u(k+N_{\mathrm{c}}-1) \end{bmatrix} \tag{3-7}
$$

因此，对系统未来 N_{p} 步预测的输出可以由以下预测方程来计算

$$
\boldsymbol{Y}=\boldsymbol{M}\hat{\boldsymbol{x}}(k)+\boldsymbol{\Phi}\Delta\boldsymbol{U} \tag{3-8}
$$

其中，

$$\boldsymbol{M}=\begin{bmatrix}\overline{\boldsymbol{C}}\overline{\boldsymbol{A}}\\ \overline{\boldsymbol{C}}\overline{\boldsymbol{A}}^2\\ \overline{\boldsymbol{C}}\overline{\boldsymbol{A}}^3\\ \vdots\\ \overline{\boldsymbol{C}}\overline{\boldsymbol{A}}^{N_\mathrm{p}}\end{bmatrix} \tag{3-9a}$$

$$\boldsymbol{\Phi}=\begin{bmatrix}\overline{\boldsymbol{C}}\overline{\boldsymbol{B}} & \boldsymbol{0} & \boldsymbol{0} & \cdots & \boldsymbol{0}\\ \overline{\boldsymbol{C}}\overline{\boldsymbol{A}}\overline{\boldsymbol{B}} & \overline{\boldsymbol{C}}\overline{\boldsymbol{B}} & \boldsymbol{0} & \cdots & \boldsymbol{0}\\ \overline{\boldsymbol{C}}\overline{\boldsymbol{A}}^2\overline{\boldsymbol{B}} & \overline{\boldsymbol{C}}\overline{\boldsymbol{A}}\overline{\boldsymbol{B}} & \overline{\boldsymbol{C}}\overline{\boldsymbol{B}} & \cdots & \boldsymbol{0}\\ \vdots & \vdots & \vdots & & \vdots\\ \overline{\boldsymbol{C}}\overline{\boldsymbol{A}}^{N_\mathrm{p}-1}\overline{\boldsymbol{B}} & \overline{\boldsymbol{C}}\overline{\boldsymbol{A}}^{N_\mathrm{p}-2}\overline{\boldsymbol{B}} & \overline{\boldsymbol{C}}\overline{\boldsymbol{A}}^{N_\mathrm{p}-3}\overline{\boldsymbol{B}} & \cdots & \overline{\boldsymbol{C}}\overline{\boldsymbol{A}}^{N_\mathrm{p}-N_\mathrm{c}}\overline{\boldsymbol{B}}\end{bmatrix} \tag{3-9b}$$

目标函数的选取反映了对系统性能的要求，最常见的是如下形式的二次型函数：

$$J=\sum_{i=1}^{N_\mathrm{p}}(\boldsymbol{y}(k+i\,|\,k)-\boldsymbol{r}(k+i))^\mathrm{T}\boldsymbol{Q}(\boldsymbol{y}(k+i\,|\,k)-\boldsymbol{r}(k+i)) \tag{3-10}$$

式中，$\boldsymbol{r}(k+i)$为系统第 i 步预测输出的参考输出值；$\boldsymbol{Q}$ 是对预测控制输出误差的加权因子，加权因子越大，表明期望控制输出越接近给定的参考输出。在实际工程中，通常希望控制动作变化不要太大，一般采用如下目标函数：

$$\begin{aligned}J=\sum_{i=1}^{N_\mathrm{p}}((\boldsymbol{y}(k+i\,|\,k)-\boldsymbol{r}(k+i))^\mathrm{T}\boldsymbol{Q}(\boldsymbol{y}(k+i\,|\,k)-\boldsymbol{r}(k+i))+\\ \Delta\boldsymbol{u}(k+i-1)^\mathrm{T}\boldsymbol{R}\Delta\boldsymbol{u}(k+i-1)\end{aligned} \tag{3-11}$$

式中，$\boldsymbol{R}$ 是控制量的加权因子，$\boldsymbol{R}$ 越大，表明期望对应的控制动作越小。

确立目标函数与预测模型后，开环优化问题就可以描述如下：

问题 3.1

$$\begin{gathered}\min_{\boldsymbol{U}} J(\boldsymbol{x}(k),\Delta\boldsymbol{U}(k))\\ \text{s.t. }\ \hat{\boldsymbol{x}}(k+1)=\overline{\boldsymbol{A}}\hat{\boldsymbol{x}}(k)+\overline{\boldsymbol{B}}\Delta\boldsymbol{u}(k)\\ \boldsymbol{y}(k)=\overline{\boldsymbol{C}}\hat{\boldsymbol{x}}(k)\end{gathered} \tag{3-12}$$

$$u_{\min}(k+i)\leqslant u(k+i)\leqslant u_{\max}(k+i)\qquad i=0,1,\cdots,N_\mathrm{c}-1 \tag{3-13a}$$

$$y_{\min}(k+i)\leqslant y(k+i\,|\,k)\leqslant y_{\max}(k+i)\qquad i=1,2,\cdots,N_\mathrm{p} \tag{3-13b}$$

上述优化问题中目标函数（3-13a）的形式与式（3-11）相同。根据式（3-6）

和式（3-7）中对 $\boldsymbol{Y}$ 和 $\Delta\boldsymbol{U}$ 的定义，可将式（3-11）写成矩阵形式：

$$J(\hat{\boldsymbol{x}}(k),\Delta\boldsymbol{U}(k),N_{\mathrm{c}},N_{\mathrm{p}})=(\boldsymbol{Y}-\boldsymbol{R}_s)^{\mathrm{T}}\bar{\boldsymbol{Q}}(\boldsymbol{Y}-\boldsymbol{R}_s)+\Delta\boldsymbol{U}(k)^{\mathrm{T}}\bar{\boldsymbol{R}}\Delta\boldsymbol{U}(k) \quad (3\text{-}14)$$

式（3-14）中的加权矩阵为

$$\bar{\boldsymbol{Q}}=\mathrm{diag}[\boldsymbol{Q},\boldsymbol{Q},\cdots,\boldsymbol{Q}]$$
$$\bar{\boldsymbol{R}}=\mathrm{diag}[\boldsymbol{R},\boldsymbol{R},\cdots,\boldsymbol{R}] \quad (3\text{-}15)$$

参考输入序列为

$$\boldsymbol{R}_s=\begin{bmatrix} r(k+1) \\ r(k+2) \\ \vdots \\ r(k+N_{\mathrm{p}}) \end{bmatrix} \quad (3\text{-}16)$$

3.2.2 二次规划问题的标准形式

二次规划（Quadratic Programming，QP）问题标准形式的数学描述为

$$\min_{z}\ \boldsymbol{z}^{\mathrm{T}}\boldsymbol{H}\boldsymbol{z}+\boldsymbol{g}^{\mathrm{T}}\boldsymbol{z} \qquad \text{满足 } \boldsymbol{C}\boldsymbol{z}\leqslant\boldsymbol{b} \quad (3\text{-}17)$$

式中，$\boldsymbol{H}$ 是 Hessian 矩阵，$\boldsymbol{g}$ 是梯度向量，$\boldsymbol{z}$ 是优化问题的独立变量。当使用约束模型预测控制算法对系统（3-1）进行在线优化控制时，所要求解的约束优化问题 3.1 需要转换成上述 QP 问题的标准形式。下面给出具体的转换步骤。

1. 将目标函数转换为 $z^{\mathrm{T}}Hz+g^{\mathrm{T}}z$ 形式

下面将目标函数式（3-14）转换为 $\boldsymbol{z}^{\mathrm{T}}\boldsymbol{H}\boldsymbol{z}+\boldsymbol{g}^{\mathrm{T}}\boldsymbol{z}$ 的形式，将预测方程式（3-8）代入目标函数式（3-14），并定义

$$\boldsymbol{E}_p=\boldsymbol{R}_s-\boldsymbol{M}\hat{x}(k) \quad (3\text{-}18)$$

则目标函数变为

$$\begin{aligned} J&=(\boldsymbol{\Phi}\Delta\boldsymbol{U}-\boldsymbol{E}_p)^{\mathrm{T}}\bar{\boldsymbol{Q}}(\boldsymbol{\Phi}\Delta\boldsymbol{U}-\boldsymbol{E}_p)+\Delta\boldsymbol{U}^{\mathrm{T}}\bar{\boldsymbol{R}}\Delta\boldsymbol{U} \\ &=\Delta\boldsymbol{U}^{\mathrm{T}}\boldsymbol{\Phi}^{\mathrm{T}}\bar{\boldsymbol{Q}}\boldsymbol{\Phi}\Delta\boldsymbol{U}+\Delta\boldsymbol{U}^{\mathrm{T}}\bar{\boldsymbol{R}}\Delta\boldsymbol{U}-2\boldsymbol{E}_p^{\mathrm{T}}\bar{\boldsymbol{Q}}\boldsymbol{\Phi}\Delta\boldsymbol{U}+\boldsymbol{E}_p^{\mathrm{T}}\bar{\boldsymbol{Q}}\boldsymbol{E}_p \end{aligned} \quad (3\text{-}19)$$

因为 $\boldsymbol{E}_p{}^{\mathrm{T}}\bar{\boldsymbol{Q}}\boldsymbol{E}_p$ 与独立变量 $\Delta\boldsymbol{U}(k)$ 无关，所以对优化问题而言，式（3-19）等价于

$$\bar{J}=\Delta\boldsymbol{U}^{\mathrm{T}}\boldsymbol{H}\Delta\boldsymbol{U}+\boldsymbol{G}^{\mathrm{T}}\Delta\boldsymbol{U} \quad (3\text{-}20)$$

式中，

$$\boldsymbol{H}=\boldsymbol{\Phi}^{\mathrm{T}}\bar{\boldsymbol{Q}}\boldsymbol{\Phi}+\bar{\boldsymbol{R}}$$

$$G = -2\boldsymbol{\Phi}^{\mathrm{T}}\bar{\boldsymbol{Q}}\boldsymbol{E}_p \tag{3-21}$$

2. 将控制约束转化为 $\boldsymbol{C}z\leqslant\boldsymbol{b}$ 的形式

直接将控制量约束式（3-13a）转化为 $\boldsymbol{C}z\leqslant\boldsymbol{b}$ 的形式：

$$\begin{bmatrix} -\boldsymbol{T} \\ \boldsymbol{T} \end{bmatrix}\Delta\boldsymbol{U} \leqslant \begin{bmatrix} \Delta\boldsymbol{U}_{\max} \\ \Delta\boldsymbol{U}_{\max} \end{bmatrix} \tag{3-22}$$

式中，

$$\Delta\boldsymbol{U}_{\max} = \begin{bmatrix} u_{\max} - u(k-1) \\ \vdots \\ u_{\max} - u(k+N_{\mathrm{c}}-2) \end{bmatrix} \tag{3-23a}$$

$$\boldsymbol{T} = \begin{bmatrix} \boldsymbol{I}_{n_u\times n_u} & \boldsymbol{0} & \cdots & \boldsymbol{0} \\ \boldsymbol{0} & \boldsymbol{I}_{n_u\times n_u} & \cdots & \boldsymbol{0} \\ \vdots & \vdots & \ddots & \vdots \\ \boldsymbol{0} & \boldsymbol{0} & \cdots & \boldsymbol{I}_{n_u\times n_u} \end{bmatrix}_{n_u N_{\mathrm{c}}\times n_u N_{\mathrm{c}}} \tag{3-23b}$$

3. 将输出约束转化为 $\boldsymbol{C}z\leqslant\boldsymbol{b}$ 形式

将式（3-13b）中的 $y_{\max}(k+i)$（$i=1,2,\cdots,N_{\mathrm{p}}$）写成矩阵形式：

$$\boldsymbol{Y}_{\max} = \begin{bmatrix} y_{\max}(k+1) \\ y_{\max}(k+2) \\ \vdots \\ y_{\max}(k+N_{\mathrm{p}}) \end{bmatrix} \tag{3-24}$$

从而将输出约束式（3-13b）转化为

$$|\boldsymbol{Y}| \leqslant \boldsymbol{Y}_{\max} \tag{3-25}$$

将式（3-8）代入式（3-25），可得输出约束的标准形式如下：

$$\begin{bmatrix} -\boldsymbol{\Phi} \\ \boldsymbol{\Phi} \end{bmatrix}\Delta\boldsymbol{U}(k) \leqslant \begin{bmatrix} \boldsymbol{M}x(k) + \boldsymbol{Y}_{\max} \\ \boldsymbol{Y}_{\max} - \boldsymbol{M}x(k) \end{bmatrix} \tag{3-26}$$

综合式（3-20）～式（3-26），约束模型预测控制的优化问题 3.1 可以转换为如下的 QP 问题描述：

$$\begin{aligned} &\min_{\Delta\boldsymbol{U}} \Delta\boldsymbol{U}^{\mathrm{T}}\boldsymbol{H}\Delta\boldsymbol{U} + \boldsymbol{G}^{\mathrm{T}}\Delta\boldsymbol{U} \\ &\text{s.t.}\ \ \boldsymbol{C}_u\Delta\boldsymbol{U} \leqslant \boldsymbol{b} \end{aligned} \tag{3-27}$$

式中，$\boldsymbol{H}$ 和 $\boldsymbol{G}$ 由式（3-21）给出，$\boldsymbol{C}_u$ 和 $\boldsymbol{b}$ 可表示为

$$\boldsymbol{C}_u=\begin{bmatrix}-\boldsymbol{T}^{\mathrm{T}} & \boldsymbol{T}^{\mathrm{T}} & -\boldsymbol{\Phi}^{\mathrm{T}} & \boldsymbol{\Phi}^{\mathrm{T}}\end{bmatrix}^{\mathrm{T}} \tag{3-28a}$$

$$\boldsymbol{b}=\begin{bmatrix} u(k-1)-u_{\min} \\ \vdots \\ u(k+N_{\mathrm{c}}-2)-u_{\min} \\ u_{\max}-u(k-1) \\ \vdots \\ u_{\max}-u(k+N_{\mathrm{c}}-2) \\ \boldsymbol{M}x(k)-Y_{\max}(k+1) \\ \boldsymbol{M}x(k)+Y_{\min}(k+1) \end{bmatrix} \tag{3-28b}$$

3.2.3　桥式起重机模型预测控制中的 QP 问题

在起重机实际运送货物的过程中，由于负载的摆动幅度一般较小，故可以假设：$\sin\theta\approx\theta$，$\cos\theta\approx 1$，在不考虑摩擦力时，由式（2-23）可知桥式起重机的线性模型如下：

$$\begin{cases}(M+m)\ddot{x}+ml\ddot{\theta}=F_x \\ l\ddot{\theta}+\ddot{x}+g\theta=0\end{cases} \tag{3-29}$$

设桥式起重机系统的状态向量 $\boldsymbol{x}_m=(x,\dot{x},\theta,\dot{\theta})$，控制量 $\boldsymbol{u}$=F_x，从而可得到如下状态空间表达式：

$$\dot{\boldsymbol{x}}_m=\begin{bmatrix}0 & 1 & 0 & 0 \\ 0 & 0 & \dfrac{mg}{M} & 0 \\ 0 & 0 & 0 & 1 \\ 0 & 0 & -\dfrac{mg}{lM}-\dfrac{g}{l} & 0\end{bmatrix}\boldsymbol{x}_m+\begin{bmatrix}0 \\ \dfrac{1}{M} \\ 0 \\ -\dfrac{1}{lM}\end{bmatrix}\boldsymbol{u} \tag{3-30}$$

$$\boldsymbol{y}=\boldsymbol{C}_m\boldsymbol{x}_m,\ \boldsymbol{C}_m=\boldsymbol{I}$$

为了方便预测方程的推导，将式（3-30）写成如下增量模型：

$$\dot{\boldsymbol{x}}_c(k+1)=\boldsymbol{A}_c\boldsymbol{x}_c(k)+\boldsymbol{B}_c\Delta\boldsymbol{u}(k) \tag{3-31a}$$

$$\boldsymbol{y}(k)=\boldsymbol{C}\boldsymbol{x}_c(k) \tag{3-31b}$$

式（3-31）中矩阵和状态变量的形式与式（3-2）一致。将式（3-31）作为预测模型，假设预测时域为 $N_{\mathrm{p}}\in\mathrm{R}$，控制时域为 $N_{\mathrm{c}}\in\mathrm{R}$（$N_{\mathrm{c}}\leqslant N_{\mathrm{p}}$），则在 k 时

刻对系统未来输出的 N_p 步预测可定义如下：

$$\boldsymbol{Y}=\begin{bmatrix} y(k+1|k) \\ y(k+2|k) \\ \vdots \\ y(k+N_p|k) \end{bmatrix} \tag{3-32}$$

定义 k 时刻控制时域内的控制序列为

$$\Delta\boldsymbol{U}=\begin{bmatrix} \Delta u(k) \\ \Delta u(k+1) \\ \vdots \\ \Delta u(k+N_c-1) \end{bmatrix} \tag{3-33}$$

根据模型式（3-31）可推导得到系统的预测输出方程为

$$\boldsymbol{Y}=\boldsymbol{M}\boldsymbol{x}_c(k)+\boldsymbol{\Phi}\Delta\boldsymbol{U} \tag{3-34}$$

其中，

$$\boldsymbol{M}=\begin{bmatrix} \boldsymbol{C}\boldsymbol{A}_c \\ \boldsymbol{C}\boldsymbol{A}_c^2 \\ \vdots \\ \boldsymbol{C}\boldsymbol{A}_c^{N_p} \end{bmatrix} \tag{3-35a}$$

$$\boldsymbol{\Phi}=\begin{bmatrix} \boldsymbol{C}\boldsymbol{B}_c & \boldsymbol{0} & \cdots & \boldsymbol{0} \\ \boldsymbol{C}\boldsymbol{A}_c\boldsymbol{B}_c & \boldsymbol{C}\boldsymbol{B}_c & \cdots & \boldsymbol{0} \\ \vdots & \vdots & \vdots & \vdots \\ \boldsymbol{C}\boldsymbol{A}_c^{N_p-1}\boldsymbol{B}_c & \boldsymbol{C}\boldsymbol{A}_c^{N_p-2}\boldsymbol{B}_c & \cdots & \boldsymbol{C}\boldsymbol{A}_c^{N_p-N_c}\boldsymbol{B}_c \end{bmatrix} \tag{3-35b}$$

假设台车初始位置与目标位置之间的水平位移为 x_d，根据负载无残余摆动的要求，可知系统式（3-30）的输出参考值为

$$\boldsymbol{r}=\begin{pmatrix} x_d & 0 & 0 & 0 \end{pmatrix}^{\mathrm{T}} \tag{3-36}$$

由此可得到目标函数为

$$J=(\boldsymbol{Y}-\boldsymbol{R}_s)^{\mathrm{T}}\bar{\boldsymbol{Q}}(\boldsymbol{Y}-\boldsymbol{R}_s)+\Delta\boldsymbol{U}^{\mathrm{T}}\bar{\boldsymbol{R}}\Delta\boldsymbol{U} \tag{3-37}$$

式中，$\bar{\boldsymbol{Q}}=[\boldsymbol{Q},\boldsymbol{Q},\cdots,\boldsymbol{Q}]^{\mathrm{T}}$，$\boldsymbol{Q}\in\mathbf{R}^{4\times4}$ 为输出加权矩阵，$\bar{\boldsymbol{R}}=[\boldsymbol{R},\boldsymbol{R},\cdots,\boldsymbol{R}]^{\mathrm{T}}$，$\boldsymbol{R}\in\mathbf{R}^{4\times4}$ 为控制增量加权矩阵，$\boldsymbol{R}_s$ 表示如下：

$$\boldsymbol{R}_s=\begin{bmatrix} r(k+1) \\ r(k+2) \\ \vdots \\ r(k+N_p) \end{bmatrix} \tag{3-38}$$

将预测方程式（3-34）代入目标函数式（3-37），即得到关于独立变量 $\Delta\boldsymbol{U}$ 的函数

$$J = \Delta\boldsymbol{U}^{\mathrm{T}}(\boldsymbol{\Phi}^{\mathrm{T}}\boldsymbol{\Phi} + \bar{\boldsymbol{Q}})\Delta\boldsymbol{U} - 2\Delta\boldsymbol{U}\boldsymbol{\Phi}^{\mathrm{T}}(\boldsymbol{R}_s - \boldsymbol{M}\boldsymbol{x}(k)) \tag{3-39}$$

设负载摆角应满足的约束条件如下：

$$|\theta| \leqslant \theta_{\max} \tag{3-40}$$

若将负载摆角约束作为状态约束来处理，则可定义如下矩阵和向量：

$$\boldsymbol{P} = \begin{bmatrix} 0 & 0 & 1 & 0 \\ 0 & 0 & -1 & 0 \end{bmatrix} \tag{3-41a}$$

$$\boldsymbol{\varphi} = \begin{bmatrix} \theta_{\max} \\ \theta_{\max} \end{bmatrix} \tag{3-41b}$$

则不等式（3-40）可转换成如下形式：

$$\boldsymbol{P}\boldsymbol{x}(k) \leqslant \boldsymbol{\varphi} \tag{3-42}$$

利用模型式（3-31）中的关系得到下列关于独立变量 $\Delta\boldsymbol{U}$ 的不等式约束：

$$\boldsymbol{P}\boldsymbol{A}_c(k)\boldsymbol{x}(k) + \boldsymbol{P}\boldsymbol{B}_c\Delta\boldsymbol{u}(k) \leqslant \boldsymbol{\varphi} \tag{3-43}$$

为了将式（3-41）转化成标准形式 $\boldsymbol{C}_u\Delta\boldsymbol{U} \leqslant \boldsymbol{b}$，需要求解上述关于 $\Delta\boldsymbol{U}$ 的不等式。由于式（3-43）中的矩阵 $\boldsymbol{B}_c$ 可写成如下的一般形式：

$$\boldsymbol{B}_c = \begin{bmatrix} 0 & a & 0 & b \end{bmatrix}^{\mathrm{T}} \tag{3-44}$$

式中，a、b 由桥式起重机的实际模型参数确定，从而可知

$$\boldsymbol{P}\boldsymbol{B}_c = \begin{bmatrix} 0 & 0 \end{bmatrix}^{\mathrm{T}} \tag{3-45}$$

显然，通过不等式（3-43）是无法得到 $\Delta\boldsymbol{U}$ 的约束条件的。因此，需要建立一个新的预测模型来代替模型式（3-31），以方便利用约束模型预测控制算法处理摆角约束条件。

3.3 基于微分平坦输出的桥式起重机模型预测控制

3.3.1 微分平坦理论

微分平坦是由 Fliess 等于 20 世纪 90 年代提出的一个微分代数概念，围绕这个概念所形成的理论被称作微分平坦理论。该理论最初是作为一种非线

性系统的分析手段而提出的，指出了非线性系统动力学特性的一种结构形式的存在性，即平坦输出的存在性，具体而言，选择合适的平坦输出就可以将非线性系统线性化。下面给出微分平坦系统的定义。

设有一个 n 阶非线性系统为

$$\dot{\boldsymbol{x}} = f(\boldsymbol{x},\boldsymbol{u}) \qquad \boldsymbol{x} \in \mathbf{R}^{n\times 1},\ \boldsymbol{u} \in \mathbf{R}^{m\times 1} \tag{3-46}$$

若能找到如下形式的输出变量：

$$\boldsymbol{y} = \boldsymbol{C}(\boldsymbol{x},\boldsymbol{u},\dot{\boldsymbol{u}},\cdots,\boldsymbol{u}^{(i)}) \qquad \boldsymbol{y} \in \mathbf{R}^{m\times 1} \tag{3-47}$$

使得系统的状态变量 $\boldsymbol{x}$ 和输入变量 $\boldsymbol{u}$ 均能由 $\boldsymbol{y}$ 及其有限阶次导数的函数表示为

$$\boldsymbol{x} = \boldsymbol{A}(\boldsymbol{y},\dot{\boldsymbol{y}},\cdots,\boldsymbol{y}^{(n-1)}) \tag{3-48}$$

$$\boldsymbol{u} = \boldsymbol{B}(\boldsymbol{y},\boldsymbol{y},\cdots,\boldsymbol{y}^{(n)}) \tag{3-49}$$

则称式（3-47）中的系统是微分平坦系统，其中 $\boldsymbol{y}$ 被称作平坦输出变量。这既是微分平坦系统的定义，也是判定微分平坦系统的一个充分条件。

微分平坦系统具有以下性质：

（1）微分平坦输出变量 $\boldsymbol{y}$ 与系统状态变量 $\boldsymbol{x}$ 和输入变量 $\boldsymbol{u}$ 之间存在一一对应关系，故微分平坦系统的运行轨迹可以由微分平坦输出变量唯一决定。

（2）微分平坦输出变量不是唯一的，一个平坦系统可能有多个不同的平坦输出变量。

（3）微分平坦输出变量 $\boldsymbol{y}$ 的各项元素是微分独立的，即不存在函数 $\boldsymbol{Q}$，使得微分方程 $\boldsymbol{Q}(\boldsymbol{y},\dot{\boldsymbol{y}},\boldsymbol{y},\cdots,\boldsymbol{y}^{(n)})=0$ 成立。

（4）对于一个微分平坦系统，微分平坦输出量 $\boldsymbol{y}$ 的维数与输入量 $\boldsymbol{u}$ 的维数 m 相同，低于状态空间 $\boldsymbol{x}$ 的维数 n，故轨迹规划能够在低维空间进行。

（5）微分平坦系统的输入量和状态量可由微分平坦输出量及其有限阶次的导数表示，无须进行微分方程的积分，因而对平坦输出量进行轨迹规划就能直接获得状态量和输入量的轨迹。

3.3.2 模型变换

根据微分平坦系统的定义，需要寻找与模型式（3-30）中的状态变量和控制量存在一一对应关系的微分平坦输出。因此，可定义具有如下表达式的变量 z：

$$z = x + l\theta \tag{3-50}$$

求 z 对时间的二阶导数可得

$$z^{(2)} = \ddot{x} + l\ddot{\theta} \tag{3-51}$$

将式（3-51）代入式（2-16b）可得

$$\theta = -\frac{z^{(2)}}{g} \tag{3-52}$$

再将式（3-52）代入式（3-50）可得

$$x = z + l\left(\frac{z^{(2)}}{g}\right) \tag{3-53}$$

然后将式（3-52）和式（3-53）分别对时间求一阶导数可得

$$\dot{x} = z^{(1)} + l\left(\frac{z^{(3)}}{g}\right) \tag{3-54a}$$

$$\dot{\theta} = -\frac{z^{(3)}}{g} \tag{3-54b}$$

由式（3-52）～式（3-54）可知，模型式（3-30）中的状态变量均可由微分平坦输出量 z 及其有限阶导数来表示。同理，可推导得到控制量 F 的表达式为

$$F = \frac{Ml}{g}z^{(4)} + \frac{D_x l}{g}z^{(3)} + (M+m)z^{(2)} + D_x z^{(1)} \tag{3-55}$$

因此，桥式起重机系统是一个典型的微分平坦系统。

为了解决 3.3.1 节中所描述的问题，构造微分平坦输出空间的状态变量如下：

$$\boldsymbol{z}_m = \left(z \ z^{(1)} \ z^{(2)} \ z^{(3)}\right)^{\mathrm{T}} \tag{3-56}$$

并进行如下输入变换：

$$\boldsymbol{u} = z^{(4)} \tag{3-57}$$

从而得到如下线性模型：

$$\begin{cases} \boldsymbol{z}_m = \boldsymbol{A}_z \boldsymbol{z}_m + \boldsymbol{B}_z \boldsymbol{u} \\ \boldsymbol{h}_m = \boldsymbol{z}_m \end{cases} \tag{3-58}$$

式中，$A_z \in \mathbf{R}^{4\times4}$ 和 $B_z \in \mathbf{R}^{4\times1}$ 的具体形式如下：

$$A_z = \begin{bmatrix} 0 & 1 & 0 & 0 \\ 0 & 0 & 1 & 0 \\ 0 & 0 & 0 & 1 \\ 0 & 0 & 0 & 0 \end{bmatrix} \qquad B_z = \begin{bmatrix} 0 \\ 0 \\ 0 \\ 1 \end{bmatrix} \tag{3-59}$$

确定采样时间 T 后，将模型式（3-58）离散化得

$$\begin{cases} z_m(k+1) = A_m z_m(k) + B_m u(k) \\ h_m(k) = z_m(k) \end{cases} \tag{3-60}$$

其中，

$$A_m = \exp(A_z T) \tag{3-61a}$$

$$B_m = A_z^{-1}(A_m - I)B_z \tag{3-61b}$$

进而根据式（3-2）可得到式（3-60）的增量模型为

$$\begin{cases} z_p(k+1) = A_p z_p(k) + B_p \Delta u(k) \\ h_p(k) = C_p z_p(k) \end{cases} \tag{3-62}$$

3.3.3 约束模型预测控制算法

将模型式（3-62）作为预测模型进行预测输出方程的推导。设预测时域为 $N_p \in \mathrm{R}$，控制时域为 $N_c \in \mathrm{R}$（$N_c \leqslant N_p$），以当前时刻 k 为起点，可得系统的 N_p 步预测输出 H_p 为

$$H_p = M z_p(k) + \Phi \Delta U \tag{3-63}$$

式中，$N_p \in \mathbf{R}^{4N_p\times1}$ 的具体形式如下：

$$H_p = \begin{bmatrix} h_p(k+1\,|\,k) \\ h_p(k+2\,|\,k) \\ \vdots \\ h_p(k+N_p\,|\,k) \end{bmatrix} \tag{3-64}$$

式中，$h_p(k+i|k)$，$i=1,2,\cdots,N_p$ 表示预测模型式（3-62）基于当前时刻 k 对未来时刻 $k+i$ 的输出预测值。预测方程式（3-63）中的 $M \in \mathbf{R}^{4N_p\times4}$，$\Phi \in \mathbf{R}^{4N_p\times4}$ 和 $\Delta U \in \mathbf{R}^{N_c\times1}$ 的形式与式（3-8）一致。

由于桥式起重机系统的控制目的是将负载运送到指定目标位置，且无残余摆动，故根据式（3-52）～式（3-54）可知，随着 $t\rightarrow+\infty$，模型式（3-58）

的状态变量必须满足

$$z \to x_d,\ z^{(1)} \to 0,\ z^{(2)} \to 0,\ z^{(3)} \to 0 \tag{3-65}$$

因此，可设系统的输出参考值 $\boldsymbol{h}_d$ 为

$$\boldsymbol{h}_d = \left(x_d\ \ 0\ 0\ 0\right)^{\mathrm{T}} \tag{3-66}$$

为了使台车的运动更加平滑，选取系统输出参考轨迹[64]如下：

$$\boldsymbol{r}_z(k) = c\boldsymbol{h}_p(k-1) + (c-1)\boldsymbol{h}_d \tag{3-67}$$

式中，$\boldsymbol{h}(k-1)$为系统在 $k-1$ 时刻的实际输出；c 为柔化因子，它是一个随时间成指数衰减的量，其表达式为

$$c = c_0 \exp(-\lambda(kT)^2) \tag{3-68}$$

式中，c_0 为初始值，取值范围为[0,1]；λ 是指数收敛常数。经过上述分析可得到系统 N_{p} 步预测输出 $\boldsymbol{H}$ 的预测参考值为

$$\boldsymbol{R}_z(k) = \Big[\overbrace{\boldsymbol{r}_z^{\mathrm{T}}(k), \boldsymbol{r}_z^{\mathrm{T}}(k), \cdots, \boldsymbol{r}_z^{\mathrm{T}}(k)}^{N_{\mathrm{p}}}\Big] \tag{3-69}$$

设目标函数的表达式如下：

$$J = (\boldsymbol{H}_p - \boldsymbol{R}_z)^{\mathrm{T}} \bar{\boldsymbol{Q}} (\boldsymbol{H}_p - \boldsymbol{R}_z) + \Delta\boldsymbol{U}^{\mathrm{T}} \bar{\boldsymbol{R}} \Delta\boldsymbol{U} \tag{3-70}$$

式中，$\bar{\boldsymbol{Q}}$ 、$\bar{\boldsymbol{R}}$ 的形式与式（3-37）中的一致。

为了抑制负载的摆动，需要对摆角施加约束条件：

$$|\theta| \leqslant \theta_{\max} \tag{3-71}$$

由于桥式起重机的欠驱动特性，负载摆角约束条件式（3-71）无法转化为 $\boldsymbol{C}_u \Delta\boldsymbol{U} \leqslant \boldsymbol{b}$ 的形式，进而无法进行 QP 求解。因此，为了方便模型预测控制算法对约束条件式（3-71）的处理，利用式（3-52）～式（3-54）中微分平坦输出量 z 与系统式（3-31）各状态变量的映射关系，将式（3-71）转化为对控制增量 $\Delta\boldsymbol{u}$ 的约束，即通过对 $\Delta\boldsymbol{u}$ 的约束限制间接地使摆角满足所设定的约束条件式（3-71），具体转化过程如下。

根据式（3-52）可得 $z^{(2)}$满足约束：

$$\left|z^{(2)}\right| \leqslant g\theta_{\max} \tag{3-72}$$

由式（3-53）可知

$$z^{(2)} = \ddot{x} - \frac{z^{(4)}l}{g} \tag{3-73}$$

假设$|\ddot{x}| \leqslant a_{\max}$，联立式（3-72）和式（3-73）可得控制量 u 满足不等式：

$$|u| \leqslant g(a_{\max} + g\theta_{\max})/l \tag{3-74}$$

式中，$a_{\max}$ 的值需要根据负载摆角和加速度之间的耦合关系来确定，具体确定方法如下。

定义向量 $\boldsymbol{\alpha}=(\theta, \dot{\theta})^{\mathrm{T}}$，根据式（2-16b）中的数量关系可得如下一阶非齐次微分方程：

$$\dot{\boldsymbol{\alpha}} = \boldsymbol{P}_{\sigma}\boldsymbol{\alpha} + \boldsymbol{W}_{\alpha} \tag{3-75}$$

式中，$\boldsymbol{P}_{\alpha} \in \mathbf{R}^{2\times 2}$ 和 $\boldsymbol{W}_{\alpha} \in \mathbf{R}^{2\times 1}$ 的形式如下：

$$\boldsymbol{P}_{\alpha} = \begin{bmatrix} 0 & 1 \\ -\dfrac{g}{l} & 0 \end{bmatrix} \tag{3-76a}$$

$$\boldsymbol{W}_{\alpha} = \begin{bmatrix} 0 \\ -\dfrac{\ddot{x}}{l} \end{bmatrix} \tag{3-76b}$$

在采样周期$(0,T]$内求解方程（3-75），可得其通解如下：

$$\boldsymbol{\alpha}(t) = \boldsymbol{\alpha}_0 \mathrm{e}^{(\boldsymbol{P}t)} + \int_0^t \mathrm{e}^{[(t-s)\boldsymbol{P}]}\boldsymbol{W}(s)\mathrm{d}s \tag{3-77}$$

式中，$\boldsymbol{\alpha}_0$ 为 $\boldsymbol{\alpha}(t)$的初值，具体形式如下：

$$\boldsymbol{\alpha}_0 = [\theta(0) \quad \dot{\theta}(0)]^{\mathrm{T}} \tag{3-78}$$

式中，$\theta(0)$和 $\dot{\theta}(0)$分别代表每个采样周期时间段$(0,T]$内负载摆角及角速度的初值。将式（3-76）和式（3-78）代入式（3-77）可得

$$\boldsymbol{\alpha}(t) = \begin{bmatrix} \theta(0)\cos\sqrt{\dfrac{g}{l}}t + \dot{\theta}(0)\sqrt{\dfrac{l}{\mathrm{g}}}\sin\sqrt{\dfrac{g}{l}}t \\ -\theta(0)\sqrt{\dfrac{g}{l}}\sin\sqrt{\dfrac{g}{l}}t + \dot{\theta}(0)\cos\sqrt{\dfrac{g}{l}}t \end{bmatrix} + \int_0^t \begin{bmatrix} -\sqrt{\dfrac{1}{gl}}\sin\sqrt{\dfrac{g}{l}}(t-s)\ddot{x}(s) \\ -\dfrac{1}{l}\cos\sqrt{\dfrac{g}{l}}(t-s)\ddot{x}(s) \end{bmatrix}\mathrm{d}s \tag{3-79}$$

由式（3-79）可得 $\theta(t)$的表达式为

$$\theta(t)=\theta(0)\cos\sqrt{\frac{g}{l}}t+\sqrt{\frac{l}{g}}\dot{\theta}(0)\sin\sqrt{\frac{g}{l}}t+\int_0^t\left(-\sqrt{\frac{1}{gl}}\right)\sin\sqrt{\frac{g}{l}}(t-s)\ddot{x}(s)\mathrm{d}s \tag{3-80}$$

根据三角函数性质，可将式（3-80）转化为如下形式：

$$\theta(t)=\sqrt{\theta^2(0)+\frac{l}{g}\dot{\theta}^2(0)}\sin\left(\sqrt{\frac{g}{l}}t+\phi\right)+\int_0^t\left(-\sqrt{\frac{1}{gl}}\right)\sin\sqrt{\frac{g}{l}}(t-s)\ddot{x}(s)\mathrm{d}s \tag{3-81}$$

式中，ϕ 的值由如下等式确定：

$$\tan\phi=\sqrt{\frac{g}{l}}\frac{\theta(0)}{\dot{\theta}(0)} \tag{3-82}$$

假设$|\ddot{x}|\leqslant a_{\max}$，由于$|\sin\theta|\leqslant 1$，根据式（3-81）可得如下不等式：

$$|\theta|\leqslant\sqrt{\theta^2(0)+\frac{l}{g}\dot{\theta}^2(0)}+\sqrt{\frac{1}{gl}}a_{\max}T \tag{3-83}$$

假设$|\theta|\leqslant\theta_{\max}$，可得如下不等式关系：

$$a_{\max}\leqslant\frac{\sqrt{gl}}{T}\left[\theta_{\max}-\sqrt{\theta^2(0)+\frac{l}{g}\dot{\theta}^2(0)}\right] \tag{3-84}$$

当 $\theta_{\max}$ 确定后，根据式（3-84）可以选择 $a_{\max}$ 的值如下：

$$a_{\max}=\frac{\sqrt{gl}}{T}\left[\theta_{\max}-\sqrt{\theta^2(0)+\frac{l}{g}\dot{\theta}^2(0)}\right] \tag{3-85}$$

由此可得出结论：若控制量 u 满足不等式约束（3-74），则可使得摆角约束（3-71）得到满足。这样就可直接将不等式（3-74）写成标准形式：

$$\boldsymbol{C}_u\Delta\boldsymbol{U}\leqslant\boldsymbol{b} \tag{3-86}$$

式中，$\boldsymbol{C}_u$ 和 $\boldsymbol{b}$ 的形式如下：

$$\boldsymbol{C}_u=\begin{bmatrix}1&0&\cdots&0\\0&1&\cdots&0\\\vdots&\vdots&\ddots&\vdots\\0&0&\cdots&1\\-1&0&\cdots&0\\0&-1&\cdots&0\\\vdots&\vdots&\ddots&\vdots\\0&0&\cdots&-1\end{bmatrix} \tag{3-87a}$$

$$\boldsymbol{b}=\begin{bmatrix} g(a_{\max}+g\theta_{\max})/l-u(k-1) \\ \vdots \\ g(a_{\max}+g\theta_{\max})/l-u(k+N_{\mathrm{c}}-2) \\ \vdots \\ u(k-1)-g(a_{\min}+g\theta_{\min})/l \\ \vdots \\ u(k+N_{\mathrm{c}}-2)-g(a_{\min}+g\theta_{\min})/l \end{bmatrix} \tag{3-87b}$$

根据预测方程（3-63）可将目标函数式（3-70）转化为标准形式：

$$J=\Delta\boldsymbol{U}^{\mathrm{T}}\boldsymbol{\Psi}\Delta\boldsymbol{U}+\Delta\boldsymbol{U}^{\mathrm{T}}\boldsymbol{\Omega} \tag{3-88}$$

$\boldsymbol{\Psi}$ 和 $\boldsymbol{\Omega}$ 的表达式如下：

$$\begin{aligned} &\boldsymbol{\Psi}=\boldsymbol{\Phi}^{\mathrm{T}}\bar{\boldsymbol{Q}}\boldsymbol{\Phi}+\bar{\boldsymbol{R}} \\ &\boldsymbol{\Omega}=2\boldsymbol{\Phi}^{\mathrm{T}}\bar{\boldsymbol{Q}}^{\mathrm{T}}[\boldsymbol{R}_s(k)-z_p(k)\boldsymbol{M}] \end{aligned} \tag{3-89}$$

因此，将式（3-88）与式（3-86）联立便得到如下具有标准 QP 形式的优化问题。

问题 3.2

$$\min_{\Delta\boldsymbol{U}} J=\Delta\boldsymbol{U}^{\mathrm{T}}\boldsymbol{\Psi}\Delta\boldsymbol{U}+\Delta\boldsymbol{U}^{\mathrm{T}}\boldsymbol{\Omega} \tag{3-90}$$

$$\text{s.t. } \boldsymbol{C}_u\Delta\boldsymbol{U}\leqslant\boldsymbol{b}$$

通过求解上述优化问题可得最优控制增量序列 $\Delta\boldsymbol{U}$，取 $\Delta\boldsymbol{U}$ 的第一个元素作为 k 时刻微分平坦空间的输入信号，即

$$u(k)=u(k-1)+\Delta u(k)=u(k-1)+(1,0,\cdots,0)\Delta\boldsymbol{U}^{\mathrm{T}} \tag{3-91}$$

根据式（3-56）可得到桥式起重机系统式（3-31）在 k 时刻的控制输入如下：

$$F(k)=\frac{Ml}{g}z^{(4)}(k)+\frac{D_x l}{g}z^{(3)}(k)+(M+m)z^{(2)}(k)+D_x z^{(1)}(k) \tag{3-92}$$

随着时间 k 的向前推移，在每个采样周期内重复求解问题 3.2，由此实现对系统式（3-31）的滚动优化控制。

3.3.4 仿真研究

为了验证上述方法的有效性，在 MATLAB 环境下进行仿真验证。仿真中选取文献[60]中的参数：起重机的台车质量 M=7kg，负载质量 m=1.025kg，吊

绳的长度 l=0.75m，重力加速度 g=9.8m/s^2；采样周期 T=0.001s，柔化因子 c 中的参数 c_0=0.4，λ=0.8；台车的目标位置选为 x_d=0.6m，负载摆角约束范围为$|\theta|\leqslant 2°$；另外，系统状态的初始值设为 $\boldsymbol{x}_m=(0,0,0,0)^{\mathrm{T}}$；输出加权矩阵 $\boldsymbol{Q}=10\boldsymbol{I}$，控制加权矩阵为 $\boldsymbol{R}$=0.1。下面通过两组仿真对本节方法的控制性能进行分析。

首先，图 3-1 给出了本节方法与无约束 MPC 方法的仿真对比。

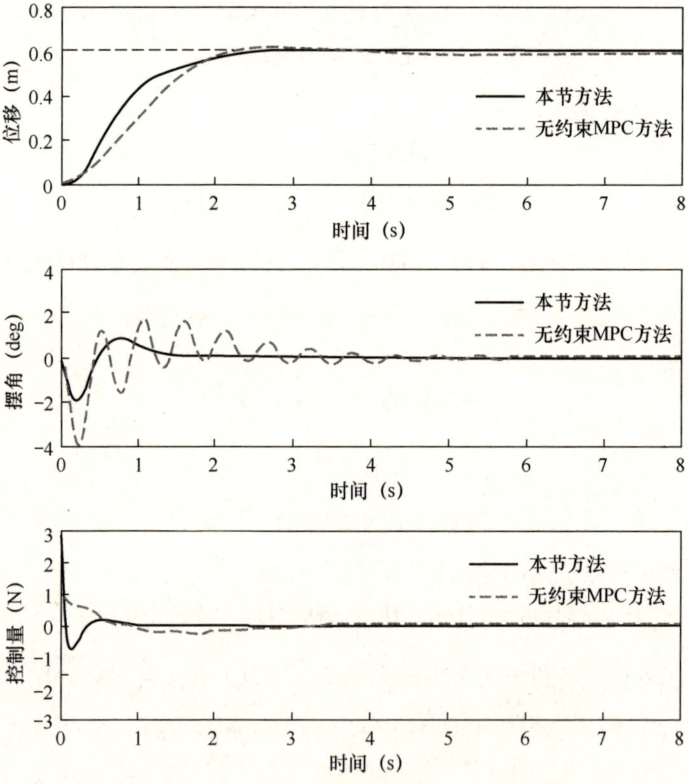

图 3-1　本节方法与无约束 MPC 方法的仿真对比

从图 3-1 中可以看出，无约束 MPC 方法由于没有加入负载摆角约束，导致在台车的运动过程中，负载摆动的最大角度达到了 4°，且在 6s 之后才稳定下来。而本节方法由于加入了负载摆角的约束条件，负载摆动幅度被限制在 2° 以内，且在 2s 之后就收敛到平衡点，有更好的消摆效果。

将本节方法与文献[68]中的方法做比较，本节方法与文献[68]中的方法的仿真对比如图 3-2 所示。

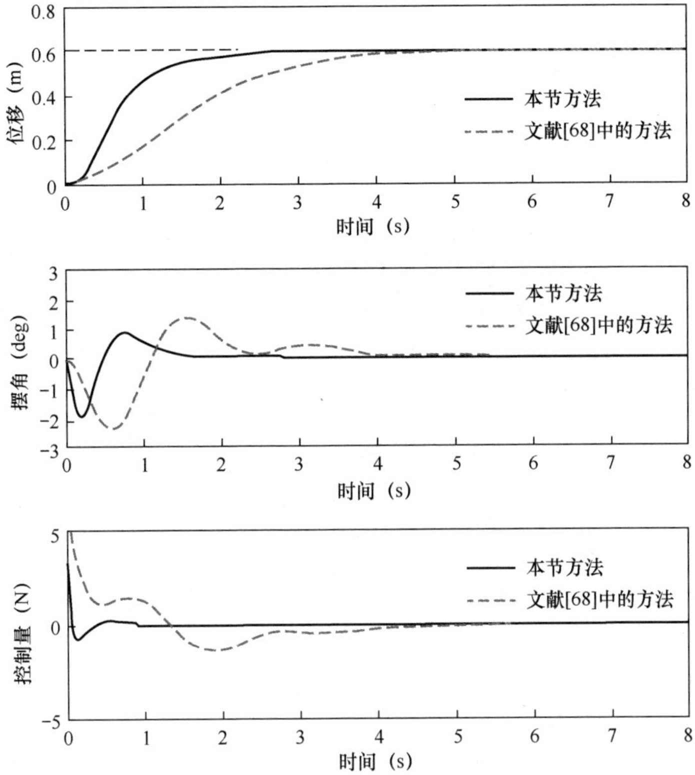

图 3-2　本节方法与文献[68]中的方法的仿真对比

从图 3-2 中可以看出，本节方法控制下的台车在 3.2s 时到达目标位置，是三种方法中用时最短的。与此同时，负载的摆动幅度因约束条件的存在而被限制在 2° 以内，且最大摆角是三种方法中最小的。在台车的定位误差方面，本节方法同样是三种方法中误差最小的。

3.4 基于二维微分平坦输出的桥式起重机模型预测控制

3.4.1　模型变换

考虑桥式起重机的非线性模型：

$$(M+m)\ddot{x}+ml\ddot{\theta}\cos\theta-ml\dot{\theta}^2\sin\theta=F_x-F_f \tag{3-93a}$$

$$ml^2\ddot{\theta}+ml\ddot{x}\cos\theta+mgl\sin\theta=0 \tag{3-93b}$$

为了更精确地描述台车在水平方向上所受到的摩擦力情况，取文献[135]中的摩擦力模型如下：

$$F_f=k_{r1}\tanh\left(\frac{\dot{x}}{\varepsilon}\right)+k_{r2}|\dot{x}|\dot{x} \tag{3-94}$$

k_{r1}、k_{r2} 和 ε 为非线性摩擦力的相关系数，设负载在二维平面上的坐标为(z_x, z_y)，由图 2-2 可知其表达式如下：

$$z_x=x+l\sin\theta \tag{3-95a}$$

$$z_y=-l\cos\theta \tag{3-95b}$$

求出式（3-95a）和式（3-95b）关于时间的二阶导数：

$$\ddot{z}_x=\ddot{x}+l\ddot{\theta}\cos\theta-l\dot{\theta}^2\sin\theta \tag{3-96a}$$

$$\ddot{z}_y=l\ddot{\theta}\sin\theta+l\dot{\theta}^2\cos\theta \tag{3-96b}$$

对式（3-96a）和式（3-96b）中的 $\ddot{z}_x$ 和 $\ddot{z}_y$ 分别乘以 $\cos\theta$ 和 $\sin\theta$，并将两式相加可得

$$\ddot{z}_x\cos\theta+\ddot{z}_y\sin\theta=\ddot{x}\cos\theta+l\ddot{\theta} \tag{3-97}$$

由式（3-93b）可得如下关系：

$$\ddot{x}\cos\theta=-l\ddot{\theta}-g\sin\theta \tag{3-98}$$

联立式（3-97）和式（3-98）可得

$$\ddot{z}_x\cos\theta+(\ddot{z}_y+g)\sin\theta=0 \tag{3-99}$$

由式（3-99）可得

$$\tan\theta=-\frac{\ddot{z}_x}{\ddot{z}_y+g} \tag{3-100}$$

又由式（3-95a）可得

$$\tan\theta=-\frac{z_x-x}{z_y} \tag{3-101}$$

由式（3-100）和式（3-101）联立解得 x 和 θ 关于微分平坦输出量 z_x 和 z_y 的表达式为

$$\begin{cases} x = z_x - \dfrac{\ddot{z}_x z_y}{\ddot{z}_y + g} \\ \theta = -\arctan\left(\dfrac{\ddot{z}_x}{\ddot{z}_y + g}\right) \end{cases} \tag{3-102}$$

通过输入变换 $u_1 = z_x^{(3)}$，$u_2 = z_y^{(3)}$，可将平坦输出空间线性化：

$$\dot{\boldsymbol{z}}_c = \begin{bmatrix} 0 & 1 & 0 & 0 & 0 & 0 \\ 0 & 0 & 1 & 0 & 0 & 0 \\ 0 & 0 & 0 & 0 & 0 & 0 \\ 0 & 0 & 0 & 0 & 1 & 0 \\ 0 & 0 & 0 & 0 & 0 & 1 \\ 0 & 0 & 0 & 0 & 0 & 0 \end{bmatrix} \boldsymbol{z}_c + \begin{bmatrix} 0 & 0 \\ 0 & 0 \\ 1 & 0 \\ 0 & 0 \\ 0 & 0 \\ 0 & 1 \end{bmatrix} \boldsymbol{u} \tag{3-103}$$

其中，状态变量 $\boldsymbol{z}_c = (z_x, \dot{z}_x, \ddot{z}_x, z_y, \dot{z}_y, \ddot{z}_y)^{\mathrm{T}}$，控制量 $\boldsymbol{u} = (z_x^{(3)}, z_y^{(3)})^{\mathrm{T}}$。将式（3-103）写成离散增量模型形式：

$$\begin{aligned} \boldsymbol{z}(k+1) &= \boldsymbol{A}\boldsymbol{z}(k) + \boldsymbol{B}\Delta\boldsymbol{u}(k) \\ \boldsymbol{h}(k) &= \boldsymbol{C}\boldsymbol{z}(k) \end{aligned} \tag{3-104}$$

其中，$\boldsymbol{A}$、$\boldsymbol{B}$、$\boldsymbol{C}$ 和 $\boldsymbol{z}(k)$的形式与式（3-3）一致。

3.4.2 模型预测控制器设计

假设预测时域为 $N_{\mathrm{p}} \in \mathrm{R}$，控制时域为 $N_{\mathrm{c}} \in \mathrm{R}$（$N_{\mathrm{c}} \leqslant N_{\mathrm{p}}$），以当前时刻 k 为时间起点，根据式（3-104）可得系统式（3-103）的 N_{p} 步预测输出量如下：

$$\boldsymbol{H} = \boldsymbol{M}_z \boldsymbol{z}(k) + \boldsymbol{\Phi}_z \Delta\boldsymbol{U} \tag{3-105}$$

其中，$\boldsymbol{H} \in \mathbf{R}^{4N_{\mathrm{p}} \times 1}$，$\Delta\boldsymbol{U} \in \mathbf{R}^{2N_{\mathrm{c}} \times 1}$，$\boldsymbol{M}_z \in \mathbf{R}^{4N_{\mathrm{p}} \times 4}$ 和 $\boldsymbol{\Phi}_z \in \mathbf{R}^{4N_{\mathrm{p}} \times 2N_{\mathrm{c}}}$ 的具体形式如下：

$$\boldsymbol{H} = \begin{bmatrix} \boldsymbol{h}(k+1 \mid k) \\ \boldsymbol{h}(k+2 \mid k) \\ \vdots \\ \boldsymbol{h}(k+N_{\mathrm{p}} \mid k) \end{bmatrix} \tag{3-106}$$

$$\Delta\boldsymbol{U} = \begin{bmatrix} \Delta\boldsymbol{u}(k) \\ \Delta\boldsymbol{u}(k+1) \\ \vdots \\ \Delta\boldsymbol{u}(k+N_{\mathrm{c}}-1) \end{bmatrix} \tag{3-107}$$

$$\boldsymbol{M}_z=\begin{bmatrix}\boldsymbol{CA}\\ \vdots \\ \boldsymbol{CA}^{N_\mathrm{p}}\end{bmatrix} \tag{3-108}$$

$$\boldsymbol{\Phi}_z=\begin{bmatrix}\boldsymbol{CB} & \boldsymbol{0} & \cdots & \boldsymbol{0}\\ \boldsymbol{CAB} & \boldsymbol{CB} & \cdots & \boldsymbol{0}\\ \vdots & \vdots & \ddots & \vdots \\ \boldsymbol{CA}^{N_\mathrm{p}-1}\boldsymbol{B} & \boldsymbol{CA}^{N_\mathrm{p}-2}\boldsymbol{B} & \cdots & \boldsymbol{CA}^{N_\mathrm{p}-N_\mathrm{c}}\boldsymbol{B}\end{bmatrix} \tag{3-109}$$

模型式（3-104）的状态变量 $\boldsymbol{z}$ 在时间趋于无穷大时需要满足如下条件：

$$\begin{cases} z_x \to x_d,\ \dot{z}_x \to 0,\ \ddot{z}_x \to 0,\ \dddot{z}_x \to 0 \\ z_y \to -l_d,\ \dot{z}_y \to 0,\ \ddot{z}_y \to 0,\ \dddot{z}_y \to 0 \end{cases} \tag{3-110}$$

从而可设系统的预测输出的参考值为

$$\boldsymbol{h}_d=\left(x_d\ \ 0\ \ 0\ -l_d\ \ 0\ \ 0\right)^\mathrm{T} \tag{3-111}$$

其中，x_d 表示桥式起重机的台车从初始位置运动至目标位置所需的位移。为了使台车的运动更加平滑，基于式（3-111），选择参考轨迹[61]如下：

$$\boldsymbol{r}_z(k)=c\boldsymbol{h}(k-1)+(c-1)\boldsymbol{h}_d \tag{3-112}$$

式中，$\boldsymbol{h}(k-1)$为系统在 $k-1$ 时刻的实际输出；c 为柔化因子，它是一个随时间成指数衰减的量，其表达式为

$$c=c_0\exp(-\lambda(kT)^2) \tag{3-113}$$

其中，c_0 为初始值，取值范围为[0,1]；λ 是指数收敛常数。由式（3-112）可得出系统在预测时域$[k+1,k+N_\mathrm{p}]$内的输出参考值为

$$\boldsymbol{R}_z(k)=\overbrace{\left[\boldsymbol{r}_z^\mathrm{T}(k),\boldsymbol{r}_z^\mathrm{T}(k),\cdots,\boldsymbol{r}_z^\mathrm{T}(k)\right]}^{N_\mathrm{p}} \tag{3-114}$$

由此得到如下目标函数：

$$J=(\boldsymbol{H}-\boldsymbol{R}_z)^\mathrm{T}\bar{\boldsymbol{Q}}(\boldsymbol{H}-\boldsymbol{R}_z)+\Delta\boldsymbol{U}^\mathrm{T}\bar{\boldsymbol{R}}\Delta\boldsymbol{U} \tag{3-115}$$

为了保证闭环系统的稳定性，在式（3-115）中加入终端代价函数，即

$$J=\boldsymbol{Z}^\mathrm{T}\bar{\boldsymbol{P}}\boldsymbol{Z}+(\boldsymbol{H}-\boldsymbol{R}_z)^\mathrm{T}\bar{\boldsymbol{Q}}(\boldsymbol{H}-\boldsymbol{R}_z)+\Delta\boldsymbol{U}^\mathrm{T}\bar{\boldsymbol{R}}\Delta\boldsymbol{U} \tag{3-116}$$

其中，$\bar{\boldsymbol{W}}$ 、$\boldsymbol{Z}$ 分别表示如下:

$$\bar{\boldsymbol{W}}=\mathrm{diag}[\boldsymbol{W},\boldsymbol{W},\cdots,\boldsymbol{W}] \tag{3-117a}$$

$$Z=\begin{bmatrix} z(k+1|k) \\ z(k+2|k) \\ \vdots \\ z(k+N_p|k) \end{bmatrix} \tag{3-117b}$$

$\boldsymbol{W}\in\mathbf{R}^{4\times4}$ 表示终端域矩阵，式（3-116）中各加权矩阵的形式与式（3-70）相同。将式（3-105）代入式（3-116），可得

$$J=\Delta\boldsymbol{U}^{\mathrm{T}}\boldsymbol{\Psi}\Delta\boldsymbol{U}+\Delta\boldsymbol{U}^{\mathrm{T}}\boldsymbol{\Omega} \tag{3-118}$$

式中，$\boldsymbol{\Psi}$ 与 $\boldsymbol{\Omega}$ 的表达式如下：

$$\begin{cases} \boldsymbol{\Psi}=\boldsymbol{\Phi}^{\mathrm{T}}\bar{\boldsymbol{W}}\boldsymbol{\Phi}+\boldsymbol{\Phi}_z^{\mathrm{T}}\bar{\boldsymbol{Q}}\boldsymbol{\Phi}_z+\bar{\boldsymbol{R}} \\ \boldsymbol{\Omega}=2\boldsymbol{\Phi}_z^{\mathrm{T}}\bar{\boldsymbol{Q}}^{\mathrm{T}}(\boldsymbol{R}_z(k)-\boldsymbol{M}_z z(k))-2\boldsymbol{\Phi}^{\mathrm{T}}\bar{\boldsymbol{W}}\boldsymbol{M}z(k) \end{cases} \tag{3-119}$$

去掉 $\boldsymbol{M}_z$、$\boldsymbol{\Phi}_z$ 中的输出矩阵 $\boldsymbol{C}$，即可得到上式中的 $\boldsymbol{M}$ 和 $\boldsymbol{\Phi}$。

为了抑制负载的摆动，需要对摆角施加约束条件：

$$|\theta|\leqslant\theta_{\max} \tag{3-120}$$

无法将式（3-120）直接加入基于模型式（3-104）的模型预测控制在线优化计算中，需要利用负载摆角与微分平坦输出量的映射关系，在微分平坦输出空间建立能够间接满足式（3-120）的约束条件。

设 $z_x^{(3)}=u_1$，$z_y^{(3)}=u_2$，台车加速度范围为 $|\ddot{x}|\leqslant a_{\max}$，根据式（2-16b）、式（3-96）和式（3-120）可得

$$\begin{cases} |\ddot{z}_x|\leqslant g\theta_{\max} \\ |\ddot{z}_y|\leqslant a_{\max}\theta_{\max}+g\theta_{\max}^2 \end{cases} \tag{3-121}$$

式中，$a_{\max}$ 按式（3-85）的结果来取值。为了方便，将式（3-121）写成如下形式：

$$\begin{cases} |\ddot{z}_x|\leqslant\eta_{1\max} \\ |\ddot{z}_y|\leqslant\eta_{2\max} \end{cases} \tag{3-122}$$

式（3-122）等价于

$$\boldsymbol{E}z(k)\leqslant\boldsymbol{\varphi} \tag{3-123}$$

式中，$\boldsymbol{E}$、$\boldsymbol{\varphi}$ 的形式如下：

$$\boldsymbol{E}=\begin{bmatrix}0&0&1&0&0&0\\0&0&0&0&0&1\\0&0&-1&0&0&0\\0&0&0&0&0&-1\end{bmatrix}\qquad \boldsymbol{\varphi}=\begin{bmatrix}\eta_{1\max}\\\eta_{2\max}\\\eta_{1\max}\\\eta_{2\max}\end{bmatrix}\tag{3-124}$$

根据状态方程式（3-103）得到关于控制增量的不等式：

$$\boldsymbol{EAz}(k)+\boldsymbol{EBu}(k)\leqslant\boldsymbol{\varphi}\tag{3-125}$$

由此可得到控制量的不等式为

$$\begin{cases}|u_1|\leqslant u_{1\max}\\|u_2|\leqslant u_{2\max}\end{cases}\tag{3-126}$$

由增量模型式（3-104）可将式（3-125）写成如下标准形式：

$$\boldsymbol{D}\Delta\boldsymbol{U}\leqslant\boldsymbol{\gamma}\tag{3-127}$$

式中，$\boldsymbol{D}$ 和 $\Delta\boldsymbol{U}$ 的形式如下：

$$\boldsymbol{D}=\begin{bmatrix}\boldsymbol{T}\\-\boldsymbol{T}\end{bmatrix}\qquad \Delta\boldsymbol{U}=\begin{bmatrix}\Delta\boldsymbol{U}_{\max}\\\Delta\boldsymbol{U}_{\max}\end{bmatrix}\tag{3-128}$$

其中，

$$\boldsymbol{T}=\begin{bmatrix}\boldsymbol{I}_{2\times2}&\boldsymbol{0}&\cdots&\boldsymbol{0}\\\boldsymbol{0}&\boldsymbol{I}_{2\times2}&\cdots&\boldsymbol{0}\\\vdots&\vdots&\ddots&\vdots\\\boldsymbol{0}&\boldsymbol{0}&\cdots&\boldsymbol{I}_{2\times2}\end{bmatrix}\tag{3-129}$$

$$\Delta\boldsymbol{U}_{\max}=\begin{bmatrix}u_{1\max}-u_1(k-1)\\u_{2\max}-u_2(k-1)\\\vdots\\u_{1\max}-u_1(k+N_c-2)\\u_{2\max}-u_2(k+N_c-2)\end{bmatrix}\tag{3-130}$$

联立式（3-118）和式（3-127）可得到如下约束优化问题。

问题 3.3

$$\begin{gathered}J=\Delta\boldsymbol{U}^{\mathrm{T}}\boldsymbol{\Psi}\Delta\boldsymbol{U}+\Delta\boldsymbol{U}^{\mathrm{T}}\boldsymbol{\Omega}\\\boldsymbol{D}\Delta\boldsymbol{U}\leqslant\boldsymbol{\gamma}\end{gathered}\tag{3-131}$$

问题 3.3 即模型预测控制在每个采样周期内所要求解的 QP 问题，求解该问题可得到控制序列 $\Delta\boldsymbol{U}$，从而可知系统式（3-103）在 k 时刻的控制量为

$$\boldsymbol{u}(k)=\boldsymbol{u}(k-1)+(1,0,\cdots,0)\Delta\boldsymbol{U}^{\mathrm{T}}\tag{3-132}$$

设桥式起重机的控制力 $F=F_x-F_f$，根据式（3-102）可得到系统式（3-93）在 k 时刻的控制输入为

$$F(k)=(M+m)\frac{\mathrm{d}^2}{\mathrm{d}t^2}\left(z_x(k)-\frac{\ddot{z}_x(k)z_y(k)}{\ddot{z}_y(k)+g}\right)+k_{r2}\frac{\mathrm{d}}{\mathrm{d}t}\left(z_x(k)-\frac{\ddot{z}_x(k)z_y(k)}{\ddot{z}_y(k)+g}\right)\left|\frac{\mathrm{d}}{\mathrm{d}t}\left(z_x(k)-\frac{\ddot{z}_x(k)z_y(k)}{\ddot{z}_y(k)+g}\right)\right|+$$
$$\frac{k_{r1}}{\varepsilon}\tanh\left(\frac{\mathrm{d}}{\mathrm{d}t}\left(z_x(k)-\frac{\ddot{z}_x(k)z_y(k)}{\ddot{z}_y(k)+g}\right)\right)-$$
$$ml\cos\left(\arctan\left(z_x(k)-\frac{\ddot{z}_x(k)z_y(k)}{\ddot{z}_y(k)+g}\right)\right)\times\left(\frac{\mathrm{d}^2}{\mathrm{d}t^2}\left(\arctan\left(z_x(k)-\frac{\ddot{z}_x(k)z_y(k)}{\ddot{z}_y(k)+g}\right)\right)+\right.$$
$$\left.ml\sin\left(\arctan\left(z_x(k)-\frac{\ddot{z}_x(k)z_y(k)}{\ddot{z}_y(k)+g}\right)\right)\times\frac{\mathrm{d}}{\mathrm{d}t}\left(\arctan\left(\frac{\ddot{z}_x(k)}{\ddot{z}_y(k)+g}\right)\right)\right)^2 \tag{3-133}$$

在 k+1 时刻重复求解优化问题 3.3，从而实现对系统的滚动优化控制。

3.4.3 仿真研究

为了验证上述方法的控制性能，利用 MATLAB 软件进行仿真。仿真中选取文献[61]中的参数：起重机的台车质量 M=6.5kg，负载质量 m=1kg，重力加速度 g=9.8m/s^2，采样周期 T=0.001s，$N_\mathrm{p}=N_\mathrm{c}$=100，柔化因子 c 中的参数为 c_0 =0.4，λ=0.8，台车的目标位置选为 x_d=0.6m，负载的摆角约束设为 $|\theta|\leqslant 2°$。另外，输出加权矩阵取 $\boldsymbol{Q}=10\boldsymbol{I}_{4\times4}$，控制加权矩阵为 $\boldsymbol{R}=0.1\boldsymbol{I}_{2\times2}$，终端域矩阵为 $\boldsymbol{W}=\boldsymbol{I}_{4\times4}$，台车在水平方向上所受摩擦力的相关系数为 $k_{\mathrm{r}1}=k_{\mathrm{r}2}$=0.1，$\varepsilon$=1。下面通过与文献[61]中方法的仿真对比，对本节方法的控制性能进行分析。本节方法和文献[61]中方法的仿真对比如图 3-3 所示，两种方法的性能指标对比如表 3-1 所示。

由图 3-3 及表 3-1 可以看出，本节方法控制下的台车在 3.14s 后就到达了目标位置，负载的最大摆动幅度小于 1°，而文献[61]中的方法的定位时间更长，负载的最大摆动幅度超过了 1°。因此，无论是定位的快速性，还是抑制负载摆动的能力，本节方法均优于文献[61]中的方法。

下面对本节方法进行抗干扰性能方面的测试，在 5～6s 的时间段内向系统的控制输入施加持续 1s 的随机干扰信号，并与文献[61]中的方法进行对比，两种方法在随机扰动下的抗干扰性能对比如图 3-4 所示，两种方法在随机扰动下的抗干扰性能量化指标如表 3-2 所示。

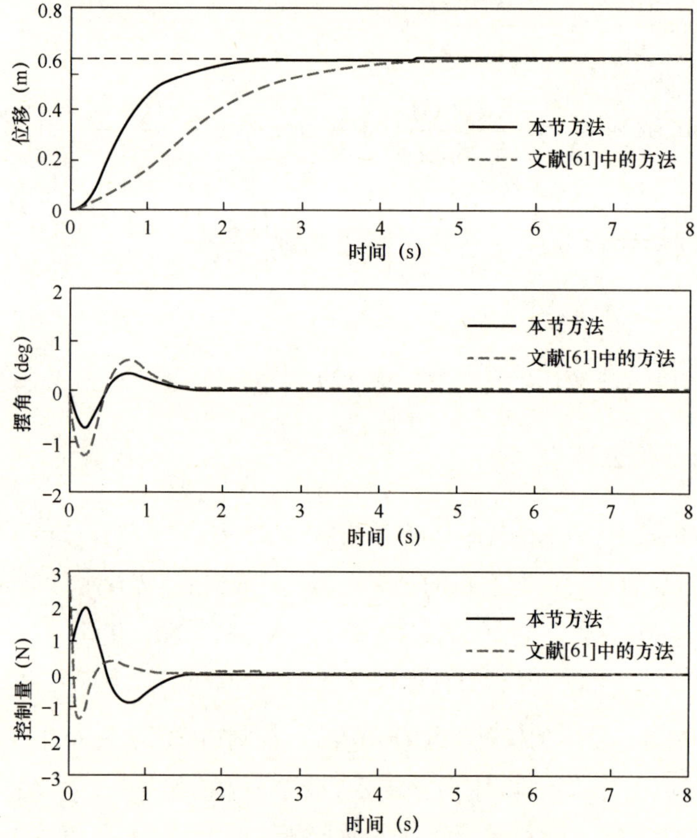

图 3-3　本节方法和文献[61]中的方法的仿真对比

表 3-1　两种方法的性能指标对比

方　法	最大摆角（deg）	定位误差（m）	时间（s）
本节方法	0.72	0.001	3.14
文献[61]中的方法	1.36	0.005	5.38

由图 3-4 和表 3-2 可知，在随机扰动结束后，本节方法能够使得台车的位移、负载摆角曲线经过 0.42s 恢复到平衡点，且在干扰存在期间，曲线的波动

幅度较小，而文献[61]中的方法控制下的台车位移曲线恢复到平衡点所用的时间明显更长，负载摆角曲线也出现了较大的波动。因此，本节方法具有更强的抗干扰能力。

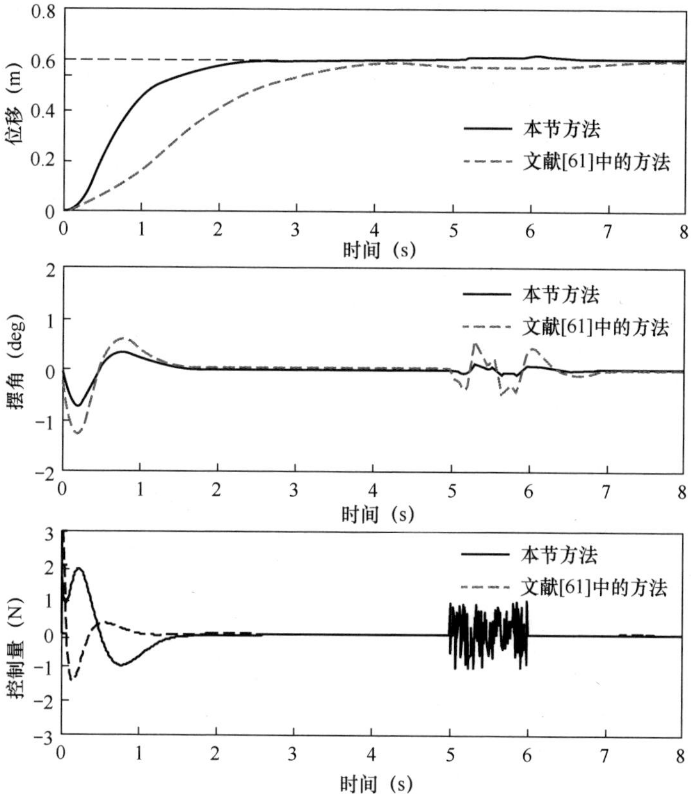

图 3-4 两种方法在随机扰动下的抗干扰性能对比

表 3-2 两种方法在随机扰动下的抗干扰性能量化指标

方 法	干扰引起的最大摆角（deg）	位移的过渡时间（s）	摆角的过渡时间（s）
本节方法	0.18	1.78	1.42
文献[61]中的方法	0.75	3.01	2.27

3.5 本章小结

为了解决二维桥式欠驱动起重机的定位消摆问题，分别针对起重机系统的线性模型和非线性模型，提出了基于微分平坦理论的模型预测控制方法，构造了桥式起重机系统的微分平坦输出量，将原系统变换为以平坦输出量及其有限阶导数作为状态变量的线性系统，同时把负载摆角约束转化为该系统的控制量约束，利用约束模型预测控制算法进行在线优化控制。本章方法在实现桥式起重机台车定位的同时，使负载摆角始终处于安全范围内。

第 4 章

桥式起重机系统的状态反馈控制

4.1 引言

为了提高系统的定位防摆控制性能，学者们将多种控制方法应用于起重机系统，如输入整形[136]、轨迹规划[137]、PID 控制[138]、内模控制[166]，但这些方法是基于桥式起重机线性模型设计的控制方法，当系统远离平衡点时其控制性能有待进一步提高。滑模型控制[139]、自适应控制[75]、能量和无源性控制[140]、非线性耦合控制[141]和模型预测控制[60]等非线性控制方法是基于非线性数学模型设计的，这些方法大多数设计过程过于复杂，不仅计算量太大，而且还需要大量的非线性理论知识。

基于非线性系统的 T-S 模糊模型，是一系列线性子系统的加权和，可以很方便地使用线性系统理论对非线性系统设计控制器。目前，对于起重机系统，采用 T-S 模糊建模和基于该模型的控制方法研究较少。文献[142]中，通过局部近似法获得了起重机的 T-S 模糊模型，并根据此模型设计了保成本控制器。基于局部近似模型设计的控制器，模糊规则比较少，但不能保证系统的全局稳定性。

针对以上问题，本章首先基于 2.4.1 节建立的桥式起重机 T-S 模糊模型式（2-49），提出具有并行分布式补偿（PDC）结构的状态反馈控制器设计方法，利用带衰减率的 LMI 计算反馈增益矩阵，达到桥式起重机系统定位防摆控制的目的；其次，为了减小小车定位的稳态误差，将位移偏差信号进行积分并作为一个辅助状态变量，和系统原有的状态变量一起构造一个增维的 T-S

模糊系统，基于此增维系统设计控制器，并对系统进行稳定性证明；最后，通过 MATLAB 仿真对提出的控制方法进行了有效性验证。

4.2 线性矩阵不等式和 Lyapunov 稳定理论

线性矩阵不等式（Linear Matrix Inequality，LMI）是解决控制工程问题的一个重要工具，目前在控制理论中的应用越来越广泛。稳定性是系统能够正常工作的前提条件，是控制系统设计时需要考虑的一个关键特性。

4.2.1 线性矩阵不等式的定义

线性矩阵不等式的一般表达式如下：

$$\boldsymbol{F}(\boldsymbol{x}) = \boldsymbol{F}_0 + x_1\boldsymbol{F}_1 + \cdots + x_m\boldsymbol{F}_m > 0 \tag{4-1}$$

式中，$>$ 表示矩阵 $\boldsymbol{F}(\boldsymbol{x})$ 是正定的；x_i 是决策变量；$\boldsymbol{x} = [x_1, \cdots, x_m]^{\mathrm{T}}$ 是决策向量；$\boldsymbol{F}_i = \boldsymbol{F}_i^{\mathrm{T}} \in \mathbf{R}^{n\times n}$ 是常对称矩阵。

在自动控制应用中一般不采用式（4-1）的形式，如在控制系统中常用的 Lyapunov 矩阵不等式表示为

$$\boldsymbol{A}^{\mathrm{T}}\boldsymbol{X} + \boldsymbol{X}\boldsymbol{A} + \boldsymbol{Q} < 0 \tag{4-2}$$

式中，$\boldsymbol{X} \in \mathbf{R}^{n\times n}$ 是未知矩阵；$\boldsymbol{A} \in \mathbf{R}^{n\times n}$ 是已知常数矩阵；$\boldsymbol{Q} \in \mathbf{R}^{n\times n}$ 是对称矩阵。

式（4-2）可以转换成式（4-1）的一般形式。假设 $\boldsymbol{S} \in \mathbf{R}^{n\times n}$ 是对称矩阵，$e_1, e_2, \cdots, e_m$ $\left(m = \dfrac{n(n-1)}{2}\right)$ 是 $\boldsymbol{S}$ 中的一个基底，则存在 $x_1, x_2, \cdots, x_m$，且对任意的 $\boldsymbol{X} \in \mathbf{R}^{n\times n}$，使得 $\boldsymbol{X} = \sum_{i=1}^{m} x_i e_i$，代入式（4-2）可得

$$\boldsymbol{A}^{\mathrm{T}}\left(\sum_{i=1}^{m} x_i e_i\right) + \left(\sum_{i=1}^{m} x_i e_i\right)\boldsymbol{A} + \boldsymbol{Q} = x_1(\boldsymbol{A}^{\mathrm{T}}e_1 + e_1\boldsymbol{A}) + \cdots + x_m(\boldsymbol{A}^{\mathrm{T}}e_m + e_m\boldsymbol{A}) + \boldsymbol{Q} < 0 \tag{4-3}$$

这样 Lyapunov 矩阵不等式（4-2）就通过 LMI 的普遍形式式（4-1）表示出来了。

4.2.2 线性矩阵不等式的性质

许多控制问题形式上不是 LMI 问题，但是通过一些相应的处理，可以利用矩阵 Schur 补性质和引理表示成 LMI 的形式。

矩阵 Schur 补性质 设$\boldsymbol{S}$是一个对称矩阵，$\boldsymbol{S}=\boldsymbol{S}^{\mathrm{T}}\in\mathbf{R}^{n\times n}$，将$\boldsymbol{S}$分块为

$$\boldsymbol{S}=\begin{bmatrix}\boldsymbol{S}_{11} & \boldsymbol{S}_{12}\\ \boldsymbol{S}_{21} & \boldsymbol{S}_{22}\end{bmatrix} \tag{4-4}$$

式中，若$\boldsymbol{S}_{11}\in\mathbf{R}^{r\times r}$为非奇异的，则$\boldsymbol{S}_{22}-\boldsymbol{S}_{12}^{\mathrm{T}}\boldsymbol{S}_{11}^{-1}\boldsymbol{S}_{12}$称为$\boldsymbol{S}_{11}$在$\boldsymbol{S}$中的 Schur 补。

引理 4.1 对任意给定的n维对称矩阵$\boldsymbol{S}=\begin{bmatrix}\boldsymbol{S}_{11} & \boldsymbol{S}_{12}\\ \boldsymbol{S}_{21} & \boldsymbol{S}_{22}\end{bmatrix}$，其中$\boldsymbol{S}_{11}\in\mathbf{R}^{r\times r}$，则以下三个条件是等价的：

（1）$\boldsymbol{S}<0$；

（2）$\boldsymbol{S}_{11}<0$，$\boldsymbol{S}_{22}-\boldsymbol{S}_{12}^{\mathrm{T}}\boldsymbol{S}_{11}^{-1}\boldsymbol{S}_{12}<0$；

（3）$\boldsymbol{S}_{22}<0$，$\boldsymbol{S}_{11}-\boldsymbol{S}_{12}\boldsymbol{S}_{22}^{-1}\boldsymbol{S}_{12}^{\mathrm{T}}<0$。

4.2.3 Lyapunov 稳定性

假设$x_e=0$是自治系统$\dot{x}=f(x,t)$，$x(t_0)=x(0)$，$t\in[t_0,\infty)$的平衡状态，则有以下三种情况。

（1）任意给定一个实数$\varepsilon>0$，如果存在一个$\delta(\varepsilon,t_0)>0$，使得从任一初始状态$x_0$出发的运动$\phi(t;x_0,t_0)$能够满足$\|\phi(t;x_0,t_0)-x_e\|\leqslant\varepsilon,\forall t\geqslant t_0$，$\|x_0-x_e\|\leqslant\delta(\varepsilon,t_0)$，则平衡状态$x_e=0$在时刻$t_0$为 Lyapunov 意义下的稳定状态。

（2）满足上述（1）条件的情况下，如果$T(\mu,\delta,\varepsilon)>0$，$\mu$为大于 0 的任意实数，从任一初始状态$x_0$出发的运动$\phi(t;x_0,t_0)$同时满足以下两个不等式

$$\|x_0-x_e\|\leqslant\delta(\varepsilon,t_0)$$

$$\|\phi(t;x_0,t_0)-x_e\|\leqslant\mu,\forall t\geqslant t_0+T(\mu,\delta,t_0)$$

其中，x_0满足不等式$\|x_0-x_e\|\leqslant\delta(\varepsilon,t_0)$，则称平衡状态$x_e=0$在$t_0$时刻渐近稳定。

（3）如果对于大于 0 的实数ε不论如何取值，实数$\delta(\varepsilon,t_0)>0$都不存在，

从状态 x_0 出发的运动 $\phi(t;x_0,t_0)$ 满足以下条件

$$\|\phi(t;x_0,t_0)-x_e\| \leqslant \varepsilon, \forall t \geqslant t_0$$

其中，x_0 满足 $\|x_0-x_e\| \leqslant \delta(\varepsilon,t_0)$，则称平衡状态 $x_e=0$ 在 t_0 时刻为不稳定状态。

定理 4.1 设 $x=0$ 为非线性系统 $\dot{x}=f(x)$ 的一个平衡状态，构造一个标量函数 $V(x,t)$，且 $V(x,t)$ 的连续一阶偏导数存在，如果 $V(x,t)$ 存在且满足以下两个条件：

（1）$V(x,t)$ 正定；

（2）沿系统的任意轨线，$V(x,t)$ 关于时间 t 的导数 $\mathrm{d}V(x,t)/\mathrm{d}t$ 是负定的。

则系统在 $x=0$ 处的平衡状态为渐近稳定状态。$V(x,t)$ 满足条件（1）和（2）时，称其为系统 $\dot{x}=f(x)$ 的一个 Lyapunov 函数。

4.3 状态反馈控制器

本节基于式（2-59）给出的 T-S 模糊模型，设计并行分布补偿（PDC）结构的状态反馈控制器，利用带衰减率的 LMI 方法计算控制器增益。

从式（2-59）可以知道，采用虚拟控制变量方法得到的单摆效应桥式起重机 T-S 模糊模型由 8 个线性模型加权求和得到，为了简单起见，可以把式（2-59）重新写成下面的形式：

$$\dot{\boldsymbol{x}}(t)=\sum_{i=1}^{r} h_i(\boldsymbol{z}(t))[\boldsymbol{A}_i \mathrm{x}(t)+\boldsymbol{B}_i \boldsymbol{u}(t)],\ \ i=1,2,\cdots,r; r=8 \tag{4-5}$$

式中，

$$\sum_{i=1}^{r} h_i(\boldsymbol{z}(t))=\sum_{i=1}^{r} w_i(\boldsymbol{z}(t)) \Big/ \sum_{i=1}^{r} w_i(\boldsymbol{z}(t)) \tag{4-6}$$

$w_i(\boldsymbol{z}(t))$ 是第 i 条规则的隶属度，$\boldsymbol{z}(t)$ 是前件变量，$\boldsymbol{A}_i$ 和 $\boldsymbol{B}_i$ 分别是子系统的状态矩阵和控制矩阵，$h_i(\boldsymbol{z}(t))$ 满足

$$\sum_{i=1}^{r} h_i(\boldsymbol{z}(t))=1 \tag{4-7}$$

4.3.1 PDC 结构状态反馈控制器设计

设状态变量为

$$\boldsymbol{x}_m = \begin{bmatrix} x_1 - x_d & x_2 & x_3 & x_4 \end{bmatrix}^{\mathrm{T}} \tag{4-8}$$

式中，x_d 为期望位置；x_1 为小车位置；x_2 为小车速度；x_3 为负载摆角；x_4 为摆角速度。

状态反馈控制器采用 PDC 结构，控制规则和模型规则有相同的前件变量。由式（2-60）描述的模型规则可知，第 i 个子系统对应设计的控制器控制规则如下：

If $z_{11}(t)$ is $M_{1j}, z_{12}(t)$ is N_{1l} and $z_{13}(t)$ is R_{1k}，j=1,2;l=1,2;k=1,2

Then $u_i(t) = -K_i\boldsymbol{x}_m$，$i = 1,2,\cdots,r; r = 8$

系统控制器的输出为

$$\boldsymbol{u}(t) = -\sum_{i=1}^{8} h_i(z(t))\boldsymbol{K}_i\boldsymbol{x}_m \tag{4-9}$$

式中，$\boldsymbol{K}_i$ 是反馈增益矩阵；$\boldsymbol{u}(t)$ 是一个虚拟控制变量，不能作为控制信号直接应用于起重机系统，需要将式（4-9）代入式（2-45），计算出实际加到起重机系统上的控制力 $\boldsymbol{F}_x(t)$。

将式（4-9）代入式（4-5），得到的闭环系统方程如下：

$$\begin{aligned}\dot{\boldsymbol{x}} &= \sum_{i=1}^{8}\sum_{j=1}^{8} h_i(z(t))h_j(z(t))\boldsymbol{G}_{ij}\boldsymbol{x}_m(t) \\ &= \sum_{i=1}^{8} h_i(z(t))h_i(z(t))\boldsymbol{G}_{ii}\boldsymbol{x}_m(t) + 2\sum_{i=1}^{8}\sum_{i<j} h_i(z(t))h_j(z(t))\left\{\frac{\boldsymbol{G}_{ij}+\boldsymbol{G}_{ji}}{2}\right\}\boldsymbol{x}_m(t)\end{aligned} \tag{4-10}$$

式中，$\boldsymbol{G}_{ij} = \boldsymbol{A}_i - \boldsymbol{B}_i\boldsymbol{K}_j$。

为了进一步提高控制系统的动态性能，本章采用具有衰减率 α 的 LMI 方法计算反馈增益矩阵，系统响应速度与衰减率 α 密切相关。下面给出两个用于计算状态反馈增益的定理。

定理 4.2[75] 对于模糊控制系统式（4-10），如果存在正定矩阵 $\boldsymbol{P}$，使得以下不等式成立：

$$\boldsymbol{G}_{ii}^{\mathrm{T}}\boldsymbol{P} + \boldsymbol{P}\boldsymbol{G}_{ii} < 0 \tag{4-11}$$

$$\left(\frac{\boldsymbol{G}_{ij}+\boldsymbol{G}_{ji}}{2}\right)^{\mathrm{T}}\boldsymbol{P}+\boldsymbol{P}\left(\frac{\boldsymbol{G}_{ij}+\boldsymbol{G}_{ji}}{2}\right)\leqslant 0 \quad i<j\text{, s.t. } h_i\cap h_j\neq\varnothing \tag{4-12}$$

则此模糊系统全局渐近稳定。

证明：考虑 Lyapunov 函数，有

$$\begin{aligned}\dot{V}(\boldsymbol{x}(t))&=\sum_{i=1}^{r}\sum_{j=1}^{r}h_i(z(t))h_j(z(t))\boldsymbol{x}^{\mathrm{T}}(t)\times[(\boldsymbol{A}_i-\boldsymbol{B}_i\boldsymbol{F}_j)^{\mathrm{T}}\boldsymbol{P}+\boldsymbol{P}(\boldsymbol{A}_i-\boldsymbol{B}_i\boldsymbol{F}_j)]\boldsymbol{x}(t)\\&=\sum_{i=1}^{r}h_i^2(z(t))\boldsymbol{x}^{\mathrm{T}}(t)(\boldsymbol{G}_{ii}^{\mathrm{T}}\boldsymbol{P}+\boldsymbol{P}\boldsymbol{G}_{ii})\boldsymbol{x}(t)+\sum_{i=1}^{r}\sum_{i<j}2h_i(z(t))h_j(z(t))\boldsymbol{x}^{\mathrm{T}}(t)\times\\&\quad\left[\left(\frac{\boldsymbol{G}_{ij}+\boldsymbol{G}_{ji}}{2}\right)^{\mathrm{T}}\boldsymbol{P}+\boldsymbol{P}\left(\frac{\boldsymbol{G}_{ij}+\boldsymbol{G}_{ji}}{2}\right)\right]\boldsymbol{x}(t)\end{aligned}$$

如果式（4-11）和式（4-12）保持不变，则当 $\boldsymbol{x}(t)\neq 0$ 时，$\dot{V}(\boldsymbol{x}(t))<0$ 。

由于存在未知矩阵/向量变量的乘积，上述不等式不属于 LMI 形式。将式（4-11）和式（4-12）的左、右分别乘以 $\boldsymbol{P}^{-1}$，设 $\boldsymbol{X}=\boldsymbol{P}^{-1}$ 和 $\boldsymbol{Q}_i=\boldsymbol{K}_i\boldsymbol{X}$，可以得到以下两个 LMI：

$$\boldsymbol{X}\boldsymbol{A}_i^{\mathrm{T}}+\boldsymbol{A}_i\boldsymbol{X}-\boldsymbol{Q}_i^{\mathrm{T}}\boldsymbol{B}_i^{\mathrm{T}}-\boldsymbol{B}_i\boldsymbol{Q}_i<0 \tag{4-13}$$

$$\boldsymbol{X}\boldsymbol{A}_i^{\mathrm{T}}+\boldsymbol{A}_i\boldsymbol{X}+\boldsymbol{X}\boldsymbol{A}_j^{\mathrm{T}}+\boldsymbol{A}_j\boldsymbol{X}-\boldsymbol{Q}_i^{\mathrm{T}}\boldsymbol{B}_j^{\mathrm{T}}-\boldsymbol{B}_i\boldsymbol{Q}_j-\boldsymbol{Q}_j^{\mathrm{T}}\boldsymbol{B}_i^{\mathrm{T}}-\boldsymbol{B}_j\boldsymbol{Q}_i\leqslant 0 \tag{4-14}$$

定理 4.3[75] 当 $\boldsymbol{x}(t)$ 满足 $\dot{V}(\boldsymbol{x}(t))<-2\alpha V(\boldsymbol{x}(t))$ 时，以下两个不等式成立：

$$\boldsymbol{G}_{ii}^{\mathrm{T}}\boldsymbol{P}+\boldsymbol{P}\boldsymbol{G}_{ii}+2\alpha\boldsymbol{P}<0 \quad \alpha>0 \tag{4-15}$$

$$\left(\frac{\boldsymbol{G}_{ij}+\boldsymbol{G}_{ji}}{2}\right)^{\mathrm{T}}\boldsymbol{P}+\boldsymbol{P}\left(\frac{\boldsymbol{G}_{ij}+\boldsymbol{G}_{ji}}{2}\right)+2\alpha\boldsymbol{P}\leqslant 0 \quad i<j\text{, s.t. } h_i\cap h_j\neq\varnothing \tag{4-16}$$

证明：考虑 Lyapunov 函数和式（4-10），该条件可以写成

$$\begin{aligned}\dot{V}(\boldsymbol{x}(t))+2\alpha V(\boldsymbol{x}(t))&=\sum_{i=1}^{r}\sum_{j=1}^{r}h_i(z(t))h_j(z(t))\boldsymbol{x}^{\mathrm{T}}(t)\times[(\boldsymbol{A}_i-B_i\boldsymbol{F}_j)^{\mathrm{T}}\boldsymbol{P}+\boldsymbol{P}(\boldsymbol{A}_i-B_i\boldsymbol{K}_j)]\boldsymbol{x}(t)+\\&\quad 2\alpha\sum_{i=1}^{r}\sum_{j=1}^{r}h_i(z(t))h_j(z(t))\boldsymbol{x}^{\mathrm{T}}(t)\boldsymbol{P}\boldsymbol{x}(t)\\&=\sum_{i=1}^{r}h_i^2(z(t))\boldsymbol{x}^{\mathrm{T}}(t)(\boldsymbol{G}_{ii}^{\mathrm{T}}\boldsymbol{P}+\boldsymbol{P}\boldsymbol{G}_{ii})\boldsymbol{x}(t)+\sum_{i=1}^{r}\sum_{i<j}2h_i(z(t))h_j(z(t))\boldsymbol{x}^{\mathrm{T}}(t)\times\\&\quad\left[\left(\frac{\boldsymbol{G}_{ij}+\boldsymbol{G}_{ji}}{2}\right)\boldsymbol{P}+\boldsymbol{P}\left(\frac{\boldsymbol{G}_{ij}+\boldsymbol{G}_{ji}}{2}\right)^{\mathrm{T}}\right]\boldsymbol{x}(t)+\end{aligned}$$

$$2\alpha\sum_{i=1}^{r}h_i^2(z(t))\boldsymbol{x}^{\mathrm{T}}(t)\boldsymbol{P}\boldsymbol{x}(t)+2\alpha\sum_{i=1}^{r}\sum_{i<j}2h_i(z(t))h_j(z(t))\boldsymbol{x}^{\mathrm{T}}(t)\boldsymbol{P}\boldsymbol{x}(t)$$

$$=\sum_{i=1}^{r}h_i^2(z(t))\boldsymbol{x}^{\mathrm{T}}(t)(\boldsymbol{G}_{ii}^{\mathrm{T}}\boldsymbol{P}+\boldsymbol{P}\boldsymbol{G}_{ii}+2\alpha)\boldsymbol{x}(t)+$$

$$\sum_{i=1}^{r}\sum_{i<j}2h_i(z(t))h_j(z(t))\boldsymbol{x}^{\mathrm{T}}(t)\times$$

$$\left[\left(\frac{\boldsymbol{G}_{ij}+\boldsymbol{G}_{ji}}{2}\right)^{\mathrm{T}}\boldsymbol{P}+\boldsymbol{P}\left(\frac{\boldsymbol{G}_{ij}+\boldsymbol{G}_{ji}}{2}\right)+2\alpha\right]\boldsymbol{x}(t)$$

如果式（4-15）和式（4-16）保持不变，有

$$\dot{V}(\boldsymbol{x}(t))+2\alpha V(\boldsymbol{x}(t))<0$$

即

$$\dot{V}(\boldsymbol{x}(t))<-2\alpha V(\boldsymbol{x}(t))$$

同理，将式（4-15）和式（4-16）的左和右分别乘以 $\boldsymbol{P}^{-1}$，设 $\boldsymbol{X}=\boldsymbol{P}^{-1}$ 和 $\boldsymbol{Q}_i=\boldsymbol{K}_i\boldsymbol{X}$，可以得到带衰减率 α 的两个 LMI 形式：

$$\boldsymbol{X}\boldsymbol{A}_i^{\mathrm{T}}+\boldsymbol{A}_i\boldsymbol{X}-\boldsymbol{Q}_i^{\mathrm{T}}\boldsymbol{B}_i^{\mathrm{T}}-\boldsymbol{B}_i\boldsymbol{Q}_i+2\alpha\boldsymbol{X}<0 \tag{4-17}$$

$$\boldsymbol{X}\boldsymbol{A}_i^{\mathrm{T}}+\boldsymbol{A}_i\boldsymbol{X}+\boldsymbol{X}\boldsymbol{A}_j^{\mathrm{T}}+\boldsymbol{A}_j\boldsymbol{X}-\boldsymbol{Q}_i^{\mathrm{T}}\boldsymbol{B}_j^{\mathrm{T}}-\boldsymbol{B}_i\boldsymbol{Q}_j-\boldsymbol{Q}_j^{\mathrm{T}}\boldsymbol{B}_i^{\mathrm{T}}-\boldsymbol{B}_j\boldsymbol{Q}_i+4\alpha\boldsymbol{X}\leqslant 0 \tag{4-18}$$

通过式（4-17）和式（4-18）的 LMI 求解未知矩阵 $\boldsymbol{X}$ 与 $\boldsymbol{Q}_i$，增益 $\boldsymbol{K}_i$ 和矩阵 $\boldsymbol{P}$ 计算如下：

$$\boldsymbol{K}_i=\boldsymbol{Q}_i\boldsymbol{X}^{-1},\quad \boldsymbol{P}=\boldsymbol{X}^{-1} \tag{4-19}$$

4.3.2 仿真研究

为了验证本章提出控制方法的控制性能，在 MATLAB/Simulink 环境中进行了仿真研究。控制算法框图如图 4-1 所示。

在仿真过程中，系统参数选择如下：

$$m=4\text{kg},\ l=0.75\text{m},\ M=8.5\text{kg},\ \mu=0.2\text{kg/s},\ g=9.8\text{m/s}^2$$

小车的期望位置是 $x_d=0.6\text{m}$。为了测试系统抑制扰动的性能，在系统稳定的情况下，加入幅度为 1.5N 的脉冲干扰 $d(t)$，给出约束 $-\frac{\pi}{3}(\text{rad})\leqslant\theta(t)\leqslant\frac{\pi}{3}(\text{rad})$ 和 $-\frac{\pi}{4}(\text{rad/s})\leqslant\dot{\theta}(t)\leqslant\frac{\pi}{4}(\text{rad/s})$。

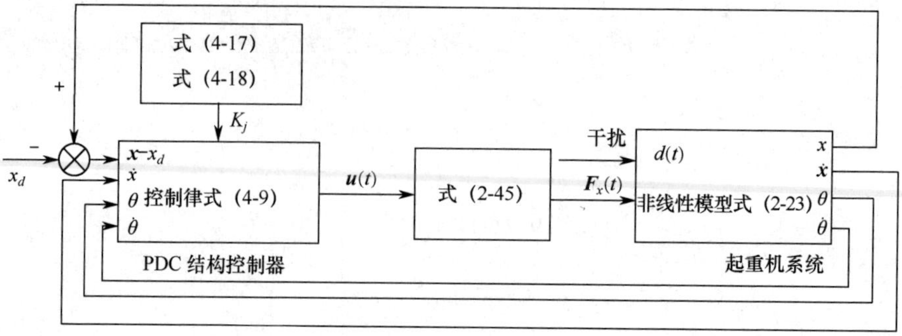

图 4-1　控制算法框图

式（2-61）中的 T-S 模型的子系统状态矩阵和控制矩阵分别为

$$\boldsymbol{A}_1=\begin{bmatrix}0&1&0&0\\0&-0.0174&0&0\\0&0&0&1\\0&0.0232&-13.0667&0\end{bmatrix},\quad \boldsymbol{B}_1=\begin{bmatrix}0\\1\\0\\-1.3333\end{bmatrix}$$

$$\boldsymbol{A}_2=\begin{bmatrix}0&1&0&0\\0&-0.0235&0&0\\0&0&0&1\\0&0.0314&-13.0667&0\end{bmatrix},\quad \boldsymbol{B}_2=\begin{bmatrix}0\\1\\0\\-1.3333\end{bmatrix}$$

$$\boldsymbol{A}_3=\begin{bmatrix}0&1&0&0\\0&-0.0174&0&0\\0&0&0&1\\0&0.0116&-13.0667&0\end{bmatrix},\quad \boldsymbol{B}_3=\begin{bmatrix}0\\1\\0\\-0.6667\end{bmatrix}$$

$$\boldsymbol{A}_4=\begin{bmatrix}0&1&0&0\\0&-0.0235&0&0\\0&0&0&1\\0&0.0157&-13.0667&0\end{bmatrix},\quad \boldsymbol{B}_4=\begin{bmatrix}0\\1\\0\\-0.6667\end{bmatrix}$$

$$\boldsymbol{A}_5=\begin{bmatrix}0&1&0&0\\0&-0.0174&0&0\\0&0&0&1\\0&0.0232&-10.8060&0\end{bmatrix},\quad \boldsymbol{B}_5=\begin{bmatrix}0\\1\\0\\-1.3333\end{bmatrix}$$

$$\boldsymbol{A}_6=\begin{bmatrix}0&1&0&0\\0&-0.0235&0&0\\0&0&0&1\\0&0.0314&-10.8060&0\end{bmatrix},\quad \boldsymbol{B}_6=\begin{bmatrix}0\\1\\0\\-1.3333\end{bmatrix}$$

$$\boldsymbol{A}_7=\begin{bmatrix}0&1&0&0\\0&-0.0174&0&0\\0&0&0&1\\0&0.0116&-10.8060&0\end{bmatrix},\quad \boldsymbol{B}_7=\begin{bmatrix}0\\1\\0\\-0.6667\end{bmatrix}$$

$$A_8=\begin{bmatrix}0 & 1 & 0 & 0\\0 & -0.0235 & 0 & 0\\0 & 0 & 0 & 1\\0 & 0.0157 & -10.8060 & 0\end{bmatrix},\quad B_8=\begin{bmatrix}0\\1\\0\\-0.6667\end{bmatrix}$$

为了充分分析系统的性能，进行了四组仿真研究。

1. 不同衰减率 α

衰减率 α 影响系统的响应速度，图 4-2 显示了不同衰减率 α 的响应曲线。

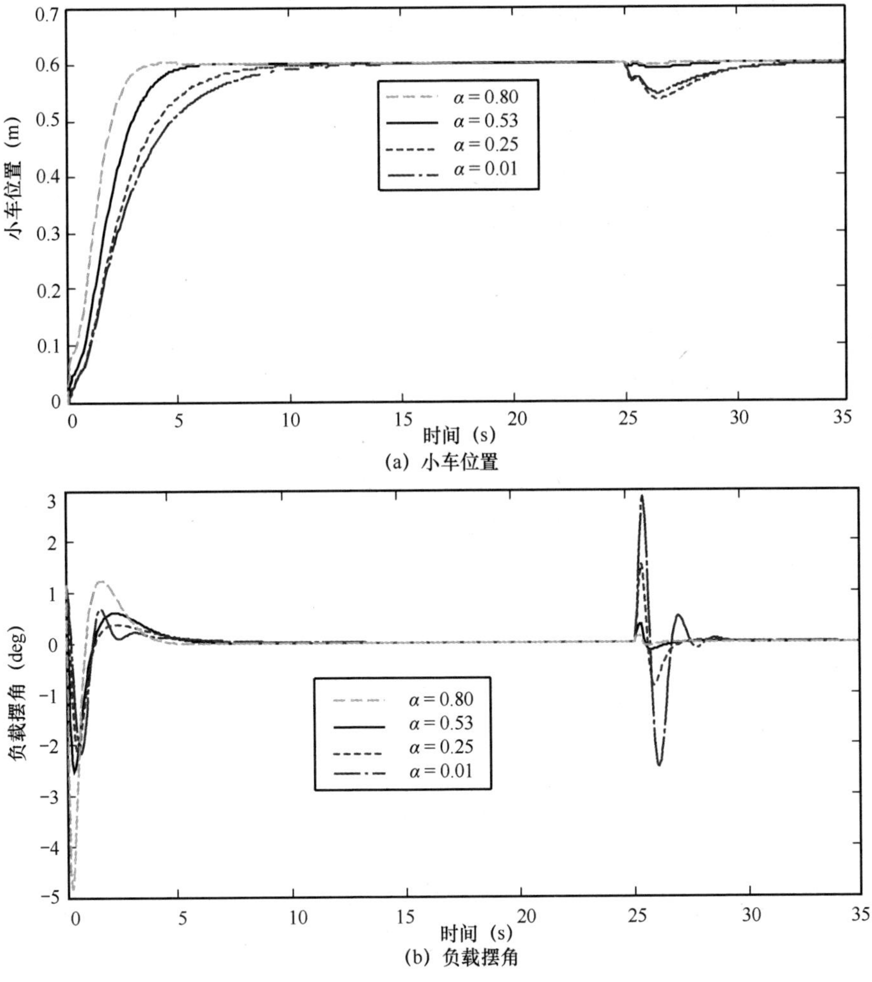

(a) 小车位置

(b) 负载摆角

图 4-2　不同衰减率 α 的响应曲线

由图 4-2 可知，衰减率 α 越大，位移响应速度越快，抗干扰性能力越强，但负载摆角越大。综合考虑，本节选择了$\alpha = 0.53$，利用 LMI，确定对称正定矩阵$\boldsymbol{P}$和反馈增益矩阵$\boldsymbol{K}_j$。

$$\boldsymbol{P} = \begin{bmatrix} 476.8731 & -282.7155 & -4.7293 & -28.8706 \\ -282.7155 & 336.3575 & 33.9309 & -52.7959 \\ -4.7293 & 33.9309 & 6.0796 & -12.7358 \\ -28.8706 & -52.7959 & -12.7358 & 95.9853 \end{bmatrix}$$

增益矩阵$\boldsymbol{K}_j$为

$$\boldsymbol{K}_1 = [17.7510 \quad 32.9458 \quad -175.0808 \quad -1.7266]$$

$$\boldsymbol{K}_2 = [17.7554 \quad 32.9467 \quad -175.1205 \quad -1.7257]$$

$$\boldsymbol{K}_3 = [18.5326 \quad 34.7355 \quad -190.4480 \quad -4.2406]$$

$$\boldsymbol{K}_4 = [18.5275 \quad 34.7206 \quad -190.4016 \quad -4.2411]$$

$$\boldsymbol{K}_5 = [19.1524 \quad 35.4767 \quad -188.3394 \quad -1.3522]$$

$$\boldsymbol{K}_6 = [19.1548 \quad 35.4745 \quad -188.3598 \quad -1.3512]$$

$$\boldsymbol{K}_7 = [20.9061 \quad 39.0106 \quad -212.2236 \quad -3.5317]$$

$$\boldsymbol{K}_8 = [20.8061 \quad 38.9868 \quad -212.1307 \quad -3.5330]$$

2. 比较研究

首先，将本节带衰减率 LMI 方法和文献[143]中的 LQR 方法进行比较研究，不同控制方法的比较结果如图 4-3 所示。

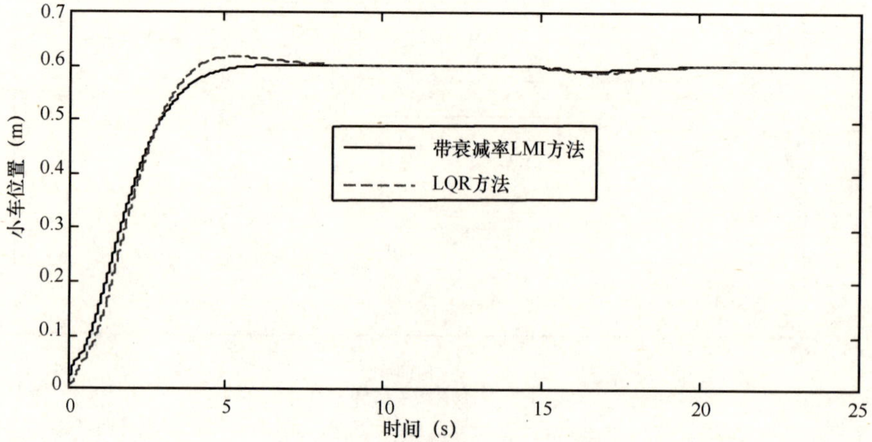

(a) 小车位置

图 4-3　不同控制方法的比较结果

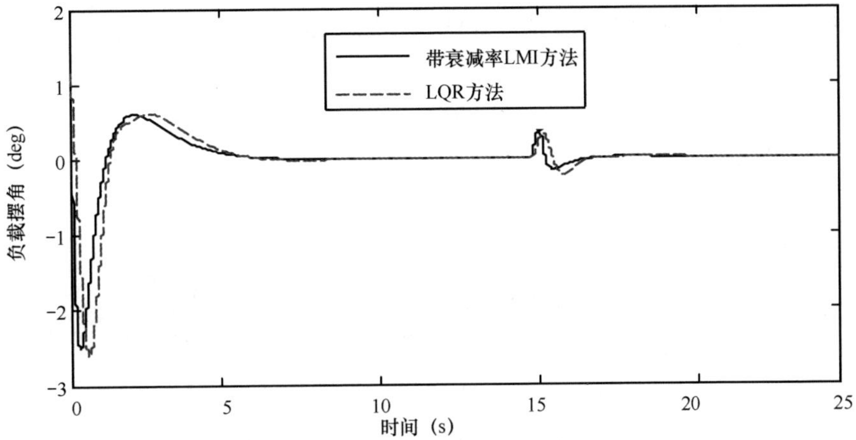

(b) 负载摆角

图 4-3 不同控制方法的比较结果（续）

仿真结果表明，这两种方法都可以确保系统在目标位置处没有负载的残余摆动。然而，与文献[143]提出的 LQR 方法相比，本节提出的方法具有更好的定位性能和抗干扰性能。表 4-1 给出了两种控制方法的量化结果。

表 4-1 两种控制方法的量化结果

(a) 给定作用下的过渡过程

方 法	小车运行时间（s）	负载最大摆角（deg）	超调量（%）
带衰减率 LMI 方法	7.0	2.535	0
LQR 方法	9.3	2.600	2.6

(b) 脉冲干扰作用下的暂态过程

方法	小车位置变化（m）	过渡时间（s）	负载最大摆角（deg）
带衰减率 LMI 方法	0.007	3.0	0.351
LQR 方法	0.014	5.3	0.332

从表 4-1 中可以看出，当使用本节方法时，小车运行时间比 LQR 方法少 2.3s，负载最大摆角也小，在脉冲干扰作用下，小车位置变化量是采用 LQR 方法的一半，过渡时间也少 2.3s。

其次，比较了基于扇区非线性模型设计的 8 规则控制器和基于局部近似模型设计的 2 规则控制器[144]的控制效果。文献[144]中起重机的非线性模型分别在 0° 和±45° 处线性化，线性化状态空间模型的系统状态矩阵和控制矩阵如下：

$$\boldsymbol{A}_1=\begin{bmatrix}0 & 1 & 0 & 0\\ 0 & -0.0235 & 4.6118 & 0\\ 0 & 0 & 0 & 1\\ 0 & 0.0314 & -19.2157 & 0\end{bmatrix},\quad \boldsymbol{B}_1=\begin{bmatrix}0\\ 0.1176\\ 0\\ -0.1569\end{bmatrix}$$

$$\boldsymbol{A}_2=\begin{bmatrix}0 & 1 & 0 & 0\\ 0 & -0.0190 & -0.7111 & 0\\ 0 & 0 & 0 & 1\\ 0 & 0.0180 & -6.8091 & 0\end{bmatrix},\quad \boldsymbol{B}_2=\begin{bmatrix}0\\ 0.0952\\ 0\\ -0.0898\end{bmatrix}$$

利用 LMI，可以得到以下反馈增益矩阵：

$$\boldsymbol{K}_1=[24.4625\quad 30.4433\quad -63.5695\quad -14.4929]$$

$$\boldsymbol{K}_2=[37.9780\quad 47.7883\quad -183.1461\quad -18.1274]$$

图 4-4 给出了 8 规则控制器和 2 规则控制器的仿真结果，其性能指标比较如表 4-2 所示。

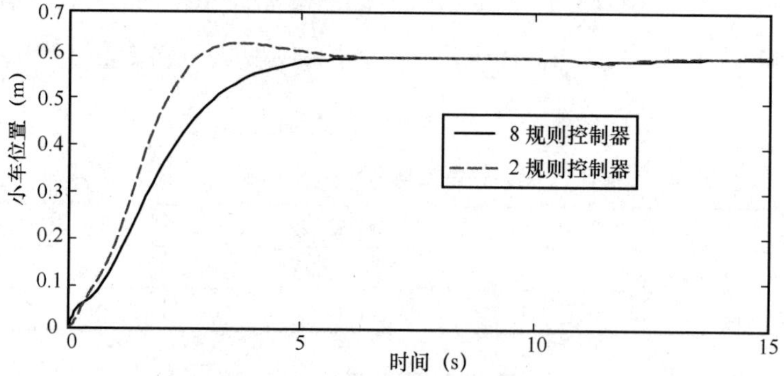

(a) 小车位置

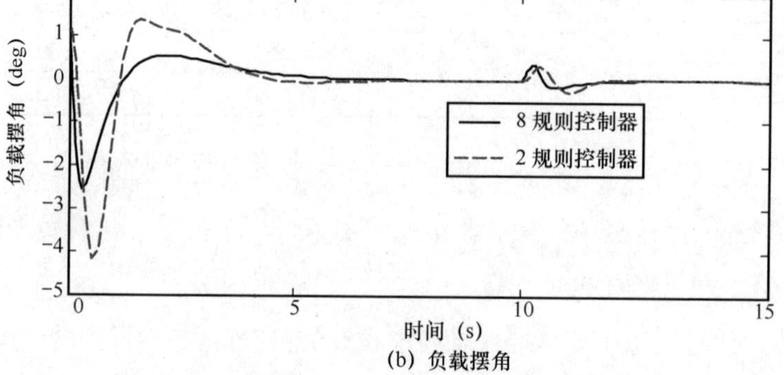

(b) 负载摆角

图 4-4　8 规则控制器和 2 规则控制器的仿真结果

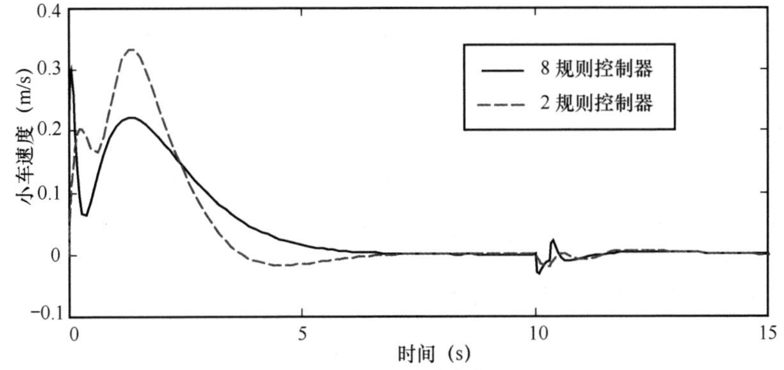

（c）小车速度

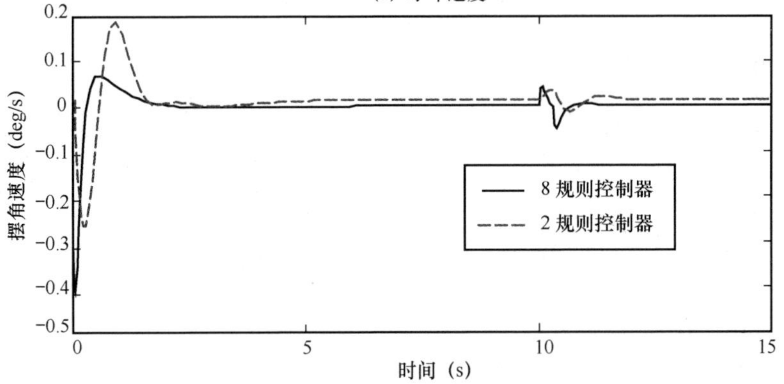

（d）摆角速度

图 4-4　8 规则控制器和 2 规则控制器的仿真结果（续）

表 4-2　性能指标比较

（a）给定作用下的过渡过程

方　法	小车运行时间（s）	最大负载摆角（deg）	超调量（%）	小车最大速度（m/s）
8 规则控制器	7.0	2.535	0	0.22
2 规则控制器	8.2	4.182	4.8	0.33

（b）脉冲干扰作用下的暂态过程

方　法	小车位置变化（m）	过渡时间（s）	负载最大摆角（deg）
8 规则控制器	0.007	3.0	0.351
2 规则控制器	0.005	3.4	0.355

从图 4-4 和表 4-2 中可以看出，两种方法的抗干扰性能近似相等，但在给定输入下的瞬态过程是不同的。本节给出的 8 规则控制器可使小车以更快的速度到达期望位置，且不出现超调，负载最大摆角也比文献[144]中的 2 规则控制

器小很多，采用 8 规则控制器的小车最大速度也较小。

3. 不同目标位置

选择四种不同的目标位置 $x_d = 0.4\text{m}$，$x_d = 0.6\text{m}$，$x_d = 0.8\text{m}$ 和 $x_d = 1.0\text{m}$。图 4-5 给出了四种不同目标位置的响应曲线。

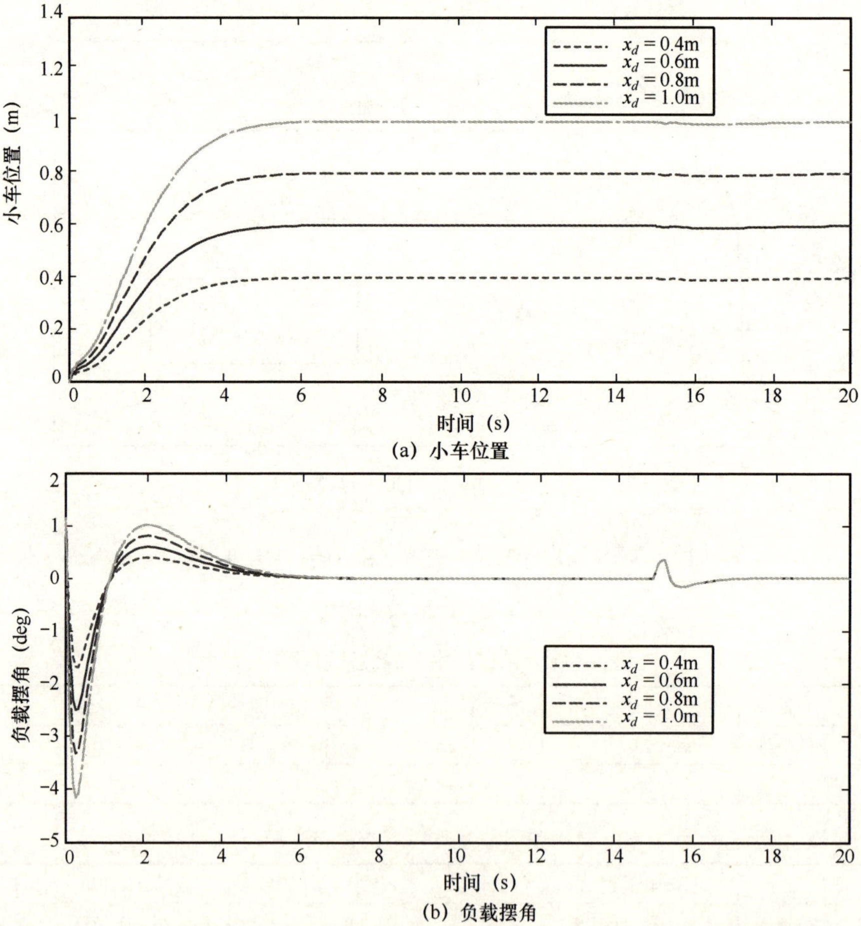

图 4-5　四种不同目标位置的响应曲线

从图 4-5 中可以看出，当期望的位置改变时，抗干扰性能不会显著改变。负载摆角变化被控制在[−5°,5°]，在目标位置不存在残余摆角。

4. 负载质量和吊绳长度变化的鲁棒性研究

在实际应用中，不同的运输任务需要改变负载质量或吊绳长度。为了测试系统的鲁棒性，负载质量从 2kg 变化到 8kg，吊绳长度从 0.5m 变化到 0.85m。图 4-6 和图 4-7 分别给出不同小车质量和不同吊绳长度的响应曲线。

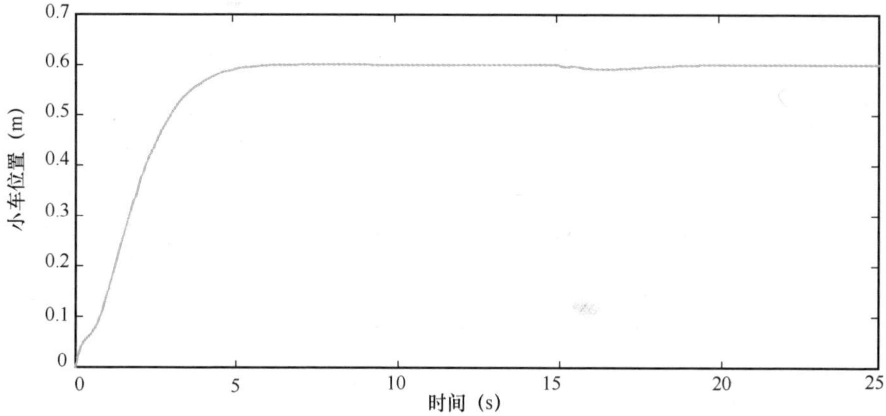

(a) 小车位置

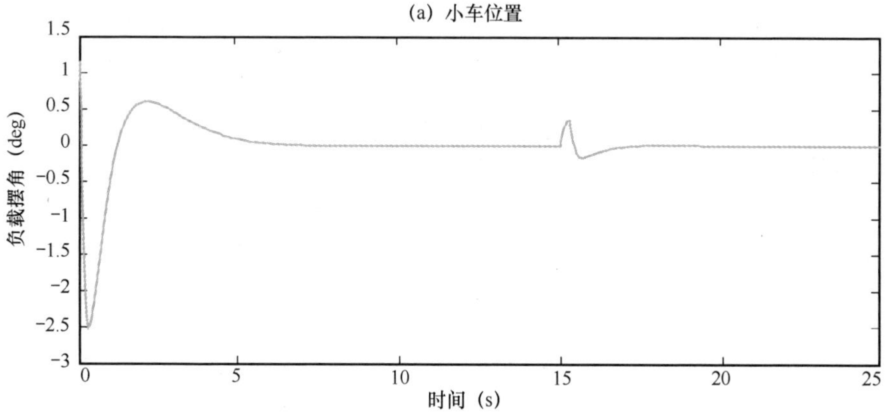

(b) 负载摆角

图 4-6　不同小车质量的响应曲线

从图 4-6 中可以看出，当负载质量 m 发生变化时，小车位移和负载摆角的性能几乎都没有改变。

从图 4-7 中可以看出，当吊绳长度增加时，小车的位移响应曲线变化不大，虽然负载的摆角有所增加，但它被控制在允许的范围内。从图 4-6 和图 4-7 中也可以看出，当负载质量和吊绳长度发生变化时，控制系统抗干扰性能不会改变。结果表明，本章提出的方法对吊绳长度和负载质量变化具有较强的鲁棒性，在实际应用中具有重要意义。

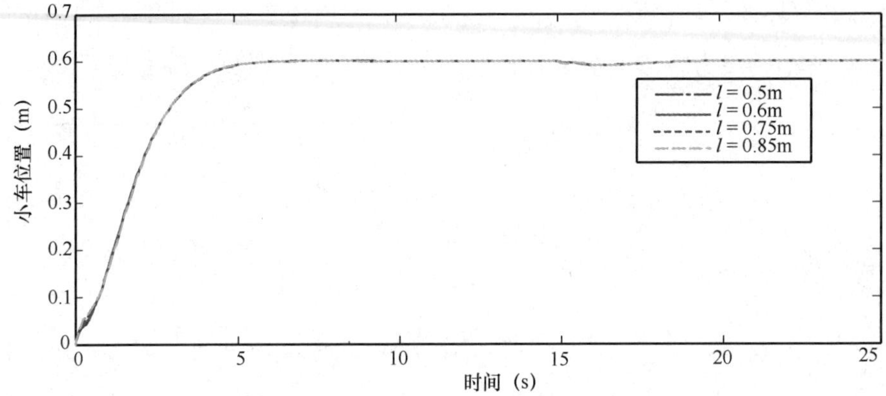

(a) 小车位置

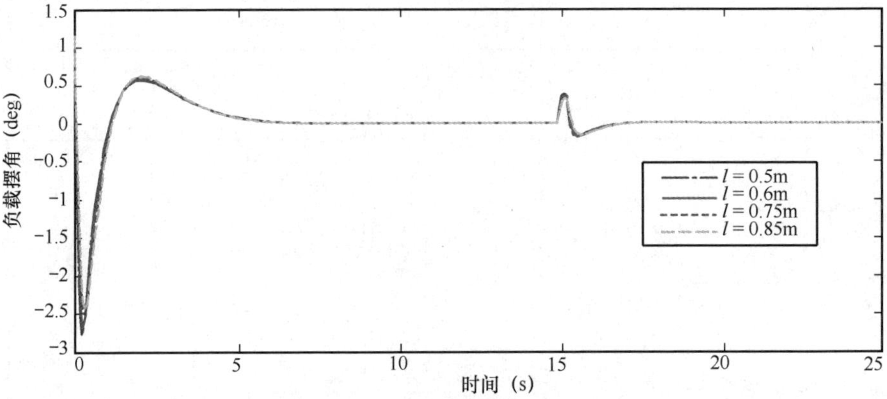

(b) 负载摆角

图 4-7　不同吊绳长度的响应曲线

4.3.3　实验研究

本节给出控制系统模拟实验平台结构、控制系统组成结构及实验结果分析。

1. 桥式起重机控制系统模拟实验平台

桥式起重机控制系统模拟实验平台如图 4-8 所示。

桥式起重机模拟实验平台由控制箱、桥式起重机系统模型、上位机（计算机）等构成。控制箱内装有一个运动控制模块、三个伺服驱动模块和一个电源模块，其内部模块如图 4-9 所示。控制箱和起重机之间的数据交换是通过两条信号线完成的，和上位机之间的数据交换是通过一条网线进行的，实验箱接 220V 交流电源，上位机可安装 Visual C++ 6.0 和 MATLAB R2017b 等软件。小车可以沿着桥架上的导轨运行，也可以随着桥架一起沿着垂直桥架的方向运行，同时还可以独立地控制重物升降；三个独立的电机分别控制小车在三个方向上的运动，小车下面吊有重物的吊绳是柔软的。

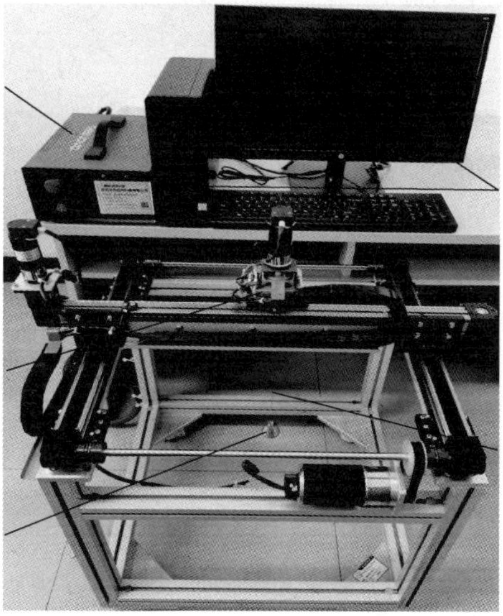

图 4-8 桥式起重机控制系统模拟实验平台

本实验平台中桥式起重机模型机械结构采用铝合金材料以保障使用的可靠性，采用计算机作为上位机可以提升系统的扩展性，直流伺服电机与运动控制板卡的使用可以保证控制的精度，采用以太网通信技术以提高指令下发的速度。该实验平台可以方便、快捷地验证一些先进控制算法在桥式起重机系统中的应用效果。

起重机实验平台软件系统主要包括 Windows10 操作系统、MATLAB R2017a、铭朗伺服运控管理系统 V1_31 等。

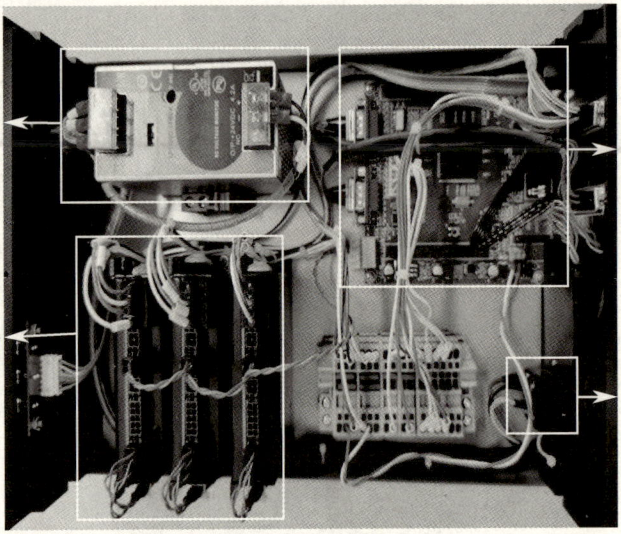

图 4-9　控制箱内部模块

本实验平台中，桥式起重机模型的物理参数如表 4-3 所示。

表 4-3　桥式起重机模型的物理参数

参　数	数　值	参　数	数　值
小车质量	1.55kg	X 轴有效行程	400mm
桥架质量	5.8kg	Y 轴有效行程	400mm
重物质量	0.22kg	X 轴摩擦系数	0.04～0.05
摆线长度	0.3m	Y 轴摩擦系数	0.04～0.05

2. 桥式起重机控制系统组成结构

桥式起重机控制系统组成结构如图 4-10 所示。

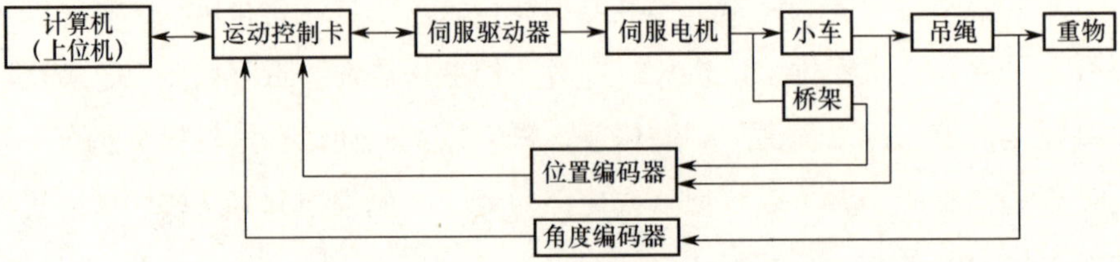

图 4-10　桥式起重机控制系统组成结构

图 4-10 中计算机的主要作用是提供小车的目标位置值，用于编程以实现

控制算法，并显示各项参数的变化情况；运动控制卡用于规划计算机下发的指令；伺服驱动器的作用是将运动控制卡的规划值进行转换放大，转化为伺服电机可接受的控制信号；位置编码器分别测量各轴的实际位置，负载摆角信号是通过两个相互垂直的编码器来测量，位置信号和摆角信号均通过运动控制卡反馈到计算机中。桥式起重机控制系统的工作原理是：计算机首先从运动控制卡中实时读取小车位置和负载摆角信号，进行控制算法的处理，得到一个控制信号，并将其发送给运动控制卡；运动控制卡对该信号进行精确规划，并把结果发送到伺服驱动器；伺服驱动器对控制卡输出的信号进行相应处理后，发送给伺服电机，使电机带动桥架、小车运动，实现桥式起重机的小车定位和负载防摆控制。

3. 实验结果及分析

下面通过两组实验验证 8 规则普通 PDC 状态反馈控制方法的实际性能。第一组实验是将本方法与文献中已有的方法进行比较；第二组实验是验证本方法抵抗外部干扰的性能。

实验中小车的目标位置取为 $x_d = 0.2\text{m}$，吊绳长度取为 $l = 0.3\text{m}$。

第一组实验 将 8 规则普通 PDC 状态反馈控制方法与文献[144]中的基于局部近似模型的 2 规则 PDC 状态反馈控制方法及文献[143]中的 LQR 控制方法结果进行比较。

采用 8 规则普通 PDC 状态反馈控制时，控制器选取的状态反馈增益矩阵为

$$\boldsymbol{K}_1=[17.7300 \quad 17.5764 \quad -71.5811 \quad -7.8688]$$
$$\boldsymbol{K}_2=[17.7287 \quad 17.5750 \quad -71.5756 \quad -7.8956]$$
$$\boldsymbol{K}_3=[18.0354 \quad 17.8525 \quad -72.8153 \quad -8.0410]$$
$$\boldsymbol{K}_4=[18.0367 \quad 17.8539 \quad -72.8204 \quad -8.0680]$$
$$\boldsymbol{K}_5=[17.9555 \quad 17.8059 \quad -72.6470 \quad -7.9619]$$
$$\boldsymbol{K}_6=[17.9543 \quad 17.8046 \quad -72.6419 \quad -7.9885]$$
$$\boldsymbol{K}_7=[18.2601 \quad 18.0813 \quad -73.8785 \quad -8.1333]$$

$$K_8=[18.2615 \quad 18.0829 \quad -73.8843 \quad -8.1601]$$

采用文献[143]中的 LQR 控制方法时的控制增益矩阵为

$$K_1=[17.3205 \quad 13.8804 \quad -91.4089 \quad -3.1562]$$

采用文献[144]中的状态反馈控制方法的反馈增益矩阵为

$$K_1=[14.5554 \quad 18.1656 \quad -73.4868 \quad -9.2956]$$

$$K_2=[21.0611 \quad 23.3149 \quad -120.1784 \quad -13.3746]$$

三种方法得到的实验结果分别如图 4-11～图 4-13 所示。

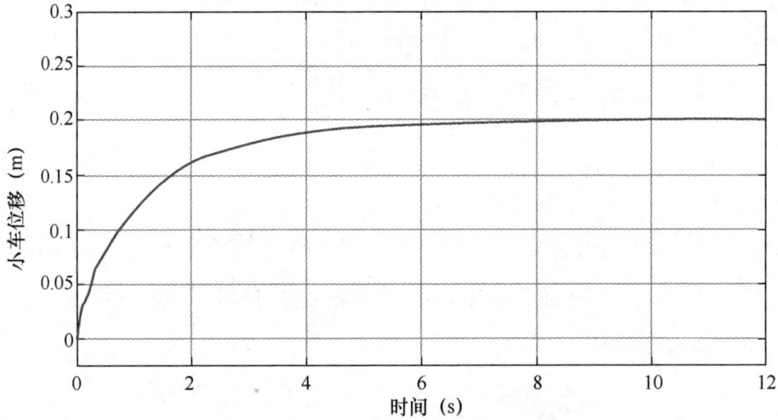

(a) 小车位移

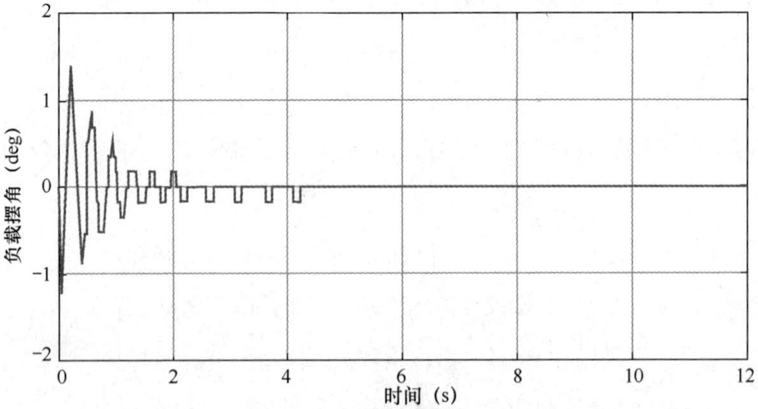

(b) 负载摆角

图 4-11　本节方法实验结果

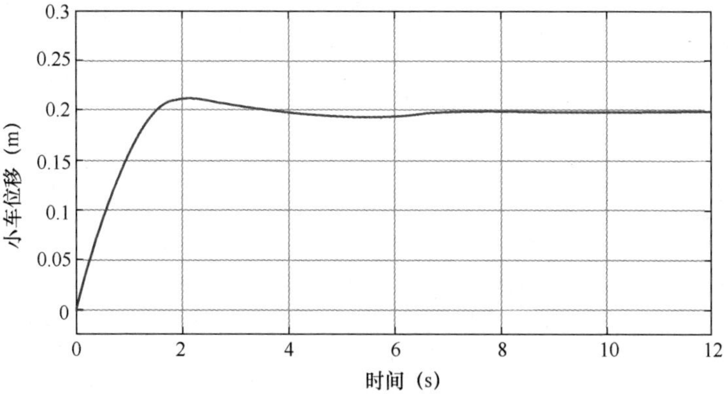

(a) 小车位移

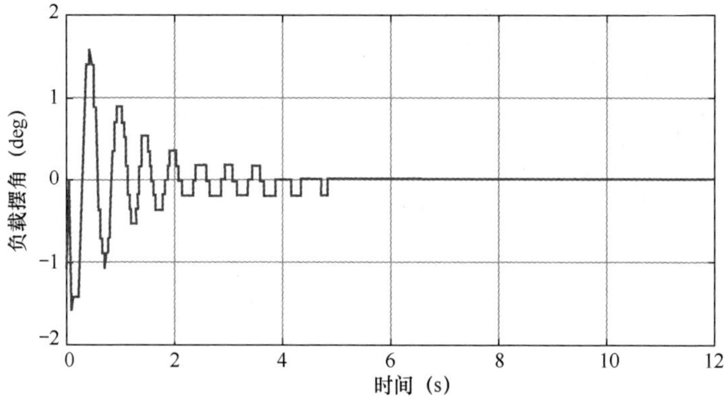

(b) 负载摆角

图 4-12 文献[144]中的状态反馈控制的实验结果

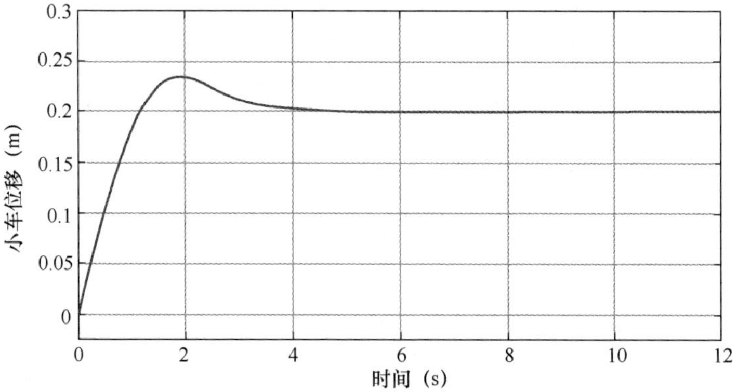

(a) 小车位移

图 4-13 文献[143]中的 LQR 控制方法的实验结果

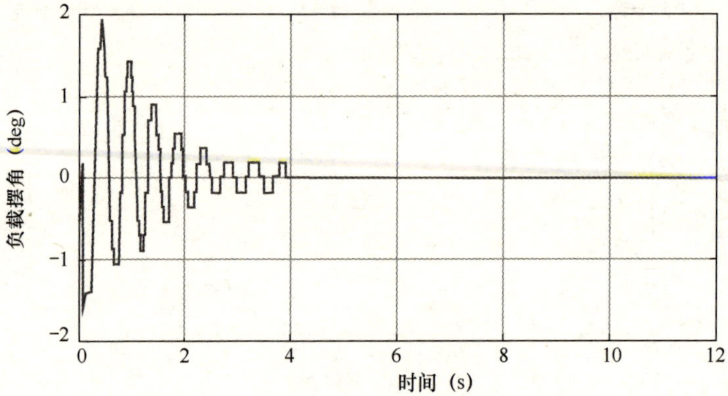

(b) 负载摆角

图 4-13　文献[143]中的 LQR 控制方法的实验结果（续）

对比图 4-11～图 4-13 可以看出，三种方法均可以使小车到达目标位置，且做到在目标位置负载无残余摆动，但 8 规则普通 PDC 状态反馈控制在小车运动过程中不存在超调，且摆角变化最小。

第二组实验 本组实验验证本节方法的抗干扰性能，在 9.5～9.8s 之间对负载摆动施加一个幅值为 1.5° 的干扰信号，三种方法选取的控制器增益与第一组实验相同。

相应的实验结果分别如图 4-14～图 4-16 所示。

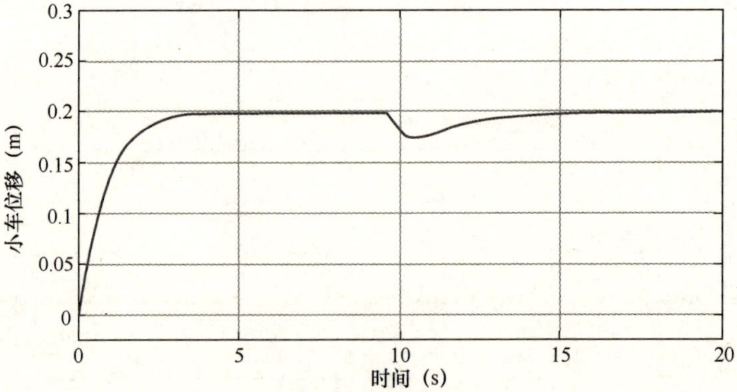

(a) 小车位移

图 4-14　干扰作用下本节方法的实验结果

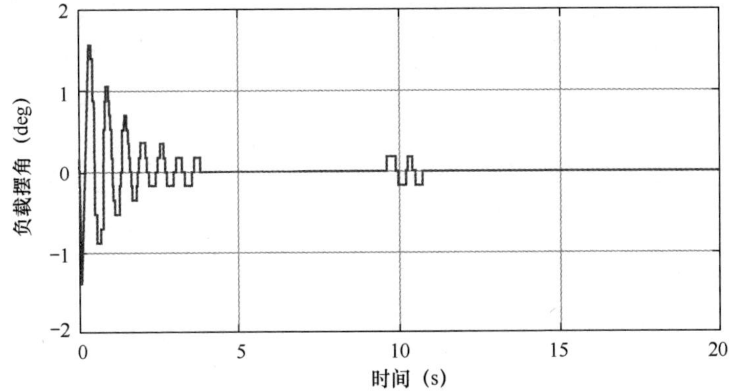

(b) 负载摆角

图 4-14 干扰作用下本节方法的实验结果（续）

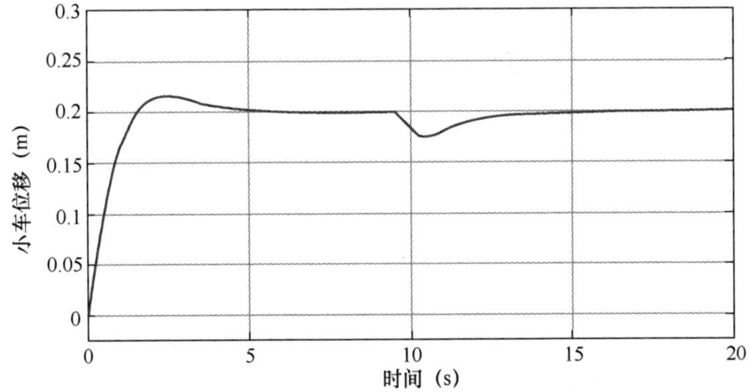

(a) 小车位移

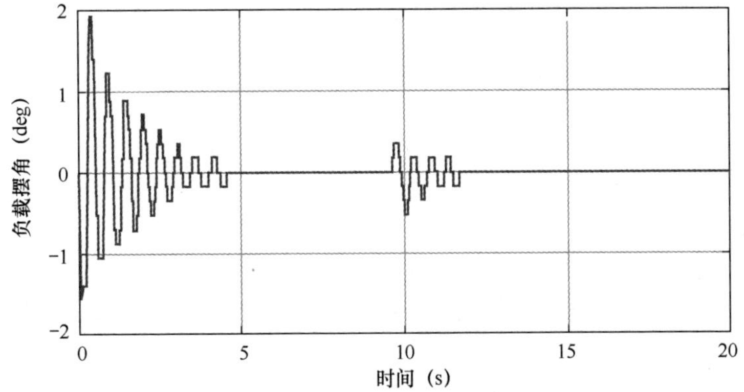

(b) 负载摆角

图 4-15 干扰作用下文献[144]中的 PDC 状态反馈控制的实验结果

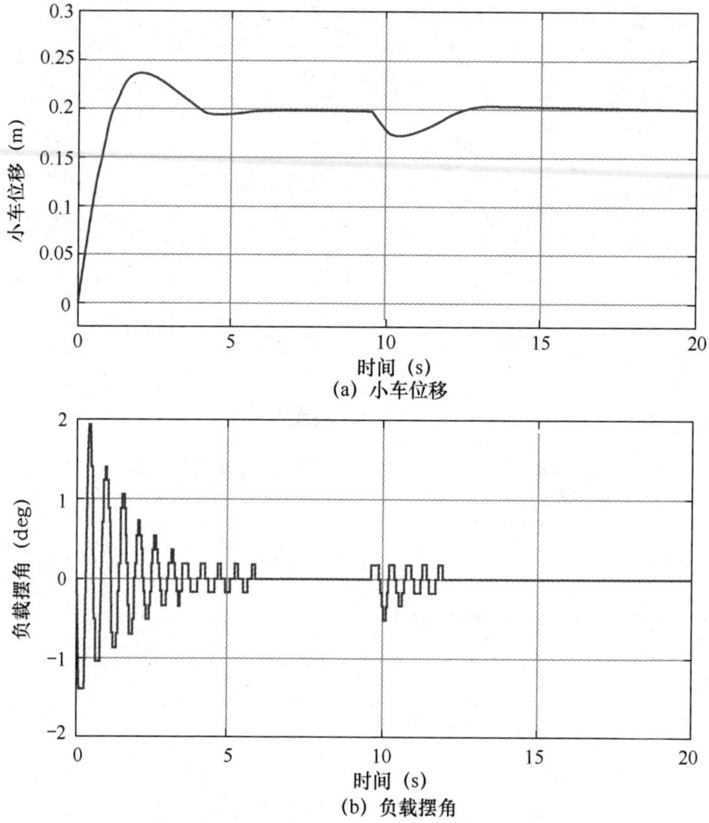

图 4-16　干扰作用下文献[143]中的 LQR 控制方法的实验结果

对比图 4-14～图 4-16 中结果可以看出，三种方法在干扰作用下的位移变化差别不是很大，但采用本节方法时摆角变化最小，且恢复时间也最短。

4.4 桥式起重机系统的积分状态反馈控制

采用状态反馈控制时小车位移存在稳态误差，为了提高系统的定位控制精度，在 4.3 节的基础上引入位置误差的积分环节。定义位置误差的积分作为辅助状态变量，如下式所示：

$$x_e(t)=\int(y(t)-x_d)\mathrm{d}t=\int(x_1(t)-x_d)\mathrm{d}t \tag{4-20}$$

定义增广状态向量 $\bar{\boldsymbol{x}}=\begin{bmatrix}x_1-x_d & x_2 & x_3 & x_4 & x_e\end{bmatrix}^{\mathrm{T}}$，由式（2-36）和

式（4-20）可得如下增广系统：

$$\begin{cases}\dot{x}_1 = x_2 \\ \dot{x}_2 = \dfrac{\mu l x_2}{-\eta l} + u \\ \dot{x}_3 = x_4 \\ \dot{x}_4 = \dfrac{g\eta \sin x_3 - \mu x_2 \cos x_3 + \eta u \cos x_3}{-\eta l} \\ \dot{x}_e = x_1\end{cases} \tag{4-21}$$

式中，$\eta = (M+m) - m\cos^2 x_3$

利用增维的 T-S 模糊系统描述桥式起重机系统，则第 i 个子系统模型规则如下：

Model rule i:

If $z_1(t)$ is $M_i, z_2(t)$ is N_j and $z_3(t)$ is R_k, $i=1,2; j=1,2; k=1,2$

Then $\dot{\boldsymbol{x}}(t) = \bar{\boldsymbol{A}}_i \boldsymbol{x}(t) + \bar{\boldsymbol{B}}_i \boldsymbol{u}(t)$, $i = 1,2,\cdots,r; r=8$ （4-22）

式中，r 为模糊模型规则的个数。

T-S 模糊系统可表示为

$$\dot{\bar{\boldsymbol{x}}}(t) = \sum_{i=1}^{r} h_i(\boldsymbol{z}(t))[\bar{\boldsymbol{A}}_i \bar{\boldsymbol{x}}(t) + \bar{\boldsymbol{B}}_i \boldsymbol{u}(t)] \tag{4-23}$$

子系统输入矩阵和控制矩阵可以分别表示为

$$\bar{\boldsymbol{A}}_1 = \begin{bmatrix} 0 & 1 & 0 & 0 & 0 \\ 0 & c_1\mu l & 0 & 0 & 0 \\ 0 & 0 & 0 & 1 & 0 \\ 0 & -\mu c_1 b_1 & -\dfrac{g}{l}a_1 & 0 & 0 \\ 1 & 0 & 0 & 0 & 0 \end{bmatrix}, \quad \bar{\boldsymbol{B}}_1 = \begin{bmatrix} 0 \\ 1 \\ 0 \\ -\dfrac{1}{l}b_1 \\ 0 \end{bmatrix}$$

$$\bar{\boldsymbol{A}}_2 = \begin{bmatrix} 0 & 1 & 0 & 0 & 0 \\ 0 & c_2\mu l & 0 & 0 & 0 \\ 0 & 0 & 0 & 1 & 0 \\ 0 & -\mu c_2 b_1 & -\dfrac{g}{l}a_1 & 0 & 0 \\ 1 & 0 & 0 & 0 & 0 \end{bmatrix}, \quad \bar{\boldsymbol{B}}_2 = \begin{bmatrix} 0 \\ 1 \\ 0 \\ -\dfrac{1}{l}b_1 \\ 0 \end{bmatrix}$$

$$\overline{A}_3=\begin{bmatrix}0 & 1 & 0 & 0 & 0\\ 0 & c_1\mu l & 0 & 0 & 0\\ 0 & 0 & 0 & 1 & 0\\ 0 & -\mu c_1 b_2 & -\dfrac{g}{l}a_1 & 0 & 0\\ 1 & 0 & 0 & 0 & 0\end{bmatrix},\quad \overline{B}_3=\begin{bmatrix}0\\ 1\\ 0\\ -\dfrac{1}{l}b_2\\ 0\end{bmatrix}$$

$$\overline{A}_4=\begin{bmatrix}0 & 1 & 0 & 0 & 0\\ 0 & c_2\mu l & 0 & 0 & 0\\ 0 & 0 & 0 & 1 & 0\\ 0 & -\mu c_2 b_2 & -\dfrac{g}{l}a_1 & 0 & 0\\ 1 & 0 & 0 & 0 & 0\end{bmatrix},\quad \overline{B}_4=\begin{bmatrix}0\\ 1\\ 0\\ -\dfrac{1}{l}b_2\\ 0\end{bmatrix}$$

$$\overline{A}_5=\begin{bmatrix}0 & 1 & 0 & 0 & 0\\ 0 & c_1\mu l & 0 & 0 & 0\\ 0 & 0 & 0 & 1 & 0\\ 0 & -\mu c_1 b_1 & -\dfrac{g}{l}a_2 & 0 & 0\\ 1 & 0 & 0 & 0 & 0\end{bmatrix},\quad \overline{B}_5=\begin{bmatrix}0\\ 1\\ 0\\ -\dfrac{1}{l}b_1\\ 0\end{bmatrix}$$

$$\overline{A}_6=\begin{bmatrix}0 & 1 & 0 & 0 & 0\\ 0 & c_2\mu l & 0 & 0 & 0\\ 0 & 0 & 0 & 1 & 0\\ 0 & -\mu c_2 b_1 & -\dfrac{g}{l}a_2 & 0 & 0\\ 1 & 0 & 0 & 0 & 0\end{bmatrix},\quad \overline{B}_6=\begin{bmatrix}0\\ 1\\ 0\\ -\dfrac{1}{l}b_1\\ 0\end{bmatrix}$$

$$\overline{A}_7=\begin{bmatrix}0 & 1 & 0 & 0 & 0\\ 0 & c_1\mu l & 0 & 0 & 0\\ 0 & 0 & 0 & 1 & 0\\ 0 & -\mu c_1 b_2 & -\dfrac{g}{l}a_2 & 0 & 0\\ 1 & 0 & 0 & 0 & 0\end{bmatrix},\quad \overline{B}_7=\begin{bmatrix}0\\ 1\\ 0\\ -\dfrac{1}{l}b_2\\ 0\end{bmatrix}$$

$$\overline{A}_8=\begin{bmatrix}0 & 1 & 0 & 0 & 0\\ 0 & c_2\mu l & 0 & 0 & 0\\ 0 & 0 & 0 & 1 & 0\\ 0 & -\mu c_2 b_2 & -\dfrac{g}{l}a_2 & 0 & 0\\ 1 & 0 & 0 & 0 & 0\end{bmatrix},\quad \overline{B}_8=\begin{bmatrix}0\\ 1\\ 0\\ -\dfrac{1}{l}b_2\\ 0\end{bmatrix}$$

4.4.1 积分状态反馈控制器设计

基于式（4-23）描述的 T-S 模糊系统，针对起重机系统设计积分状态反馈控制器，控制器采用并行分布补偿结构，控制规则的前件变量和模糊模型相同，反馈增益采用线性矩阵不等式计算。控制规则如下：

$$\begin{aligned}&\text{Control rule } i:\\&\text{If } z_1(t) \text{ is } M_i, z_2(t) \text{ is } N_j \text{ and } z_3(t) \text{ is } R_k,\ i=1,2; j=1,2; k=1,2\\&\text{Then } u_i(t) = -\boldsymbol{K}_i\,\bar{\boldsymbol{x}}(t),\ i=1,2,\cdots,r; r=8\end{aligned} \tag{4-24}$$

式中，$\boldsymbol{K}_i$ 表示第 i 个子系统的控制增益矩阵。

将每个子系统的控制器输出通过加权和即可以得到整个系统的控制器输出：

$$\boldsymbol{u}(t) = -\sum_{i=1}^{r} h_i(\boldsymbol{z}(t))\boldsymbol{K}_i\bar{x}(t) = -\sum_{i=1}^{r} h_i(\boldsymbol{z}(t))\left[\boldsymbol{K}_{1i}x(t) + \boldsymbol{K}_{2i}x_e(t)\right] \tag{4-25}$$

式中，$\boldsymbol{K}_i = \left[\boldsymbol{K}_{1i}\ \ \boldsymbol{K}_{2i}\right]$。

将式（4-25）代入式（4-23），可以得到加入积分环节后闭环系统的状态方程：

$$\begin{aligned}\dot{\bar{\boldsymbol{x}}}(t) &= \sum_{i=1}^{r} h_i(\boldsymbol{z}(t))\left[\bar{\boldsymbol{A}}_i\bar{\boldsymbol{x}}(t) - \sum_{j=1}^{r} h_j(\boldsymbol{z}(t))\bar{\boldsymbol{B}}_i\boldsymbol{K}_j(t)\right]\\&= \sum_{i=1}^{r} h_i(\boldsymbol{z}(t))\sum_{j=1}^{r} h_j(\boldsymbol{z}(t))\left[\left(\bar{\boldsymbol{A}}_i - \bar{\boldsymbol{B}}_i\boldsymbol{K}_j\right)\bar{\boldsymbol{x}}(t)\right]\\&= \sum_{i=1}^{r} h_i(\boldsymbol{z}(t))\sum_{j=1}^{r} h_j(\boldsymbol{z}(t))\boldsymbol{G}_{ij}\bar{\boldsymbol{x}}(t)\end{aligned} \tag{4-26}$$

式中，$\boldsymbol{G}_{ij} = \bar{\boldsymbol{A}}_i - \bar{\boldsymbol{B}}_i\boldsymbol{K}_j, i < j$。

定理 4.4 如果存在一个正定矩阵 $\boldsymbol{P}(\boldsymbol{P} > 0)$，能够使得以下不等式

$$\boldsymbol{G}_{ij}\boldsymbol{P} + \boldsymbol{P}\boldsymbol{G}_{ij} + \boldsymbol{D}\boldsymbol{P}\boldsymbol{D} < 0 \tag{4-27}$$

成立，那么式（4-26）表示的闭环系统能够渐近稳定。其中，$\boldsymbol{D}$ 是正定对角阵。

证明：假设 Lyapunov 函数为

$$V(\bar{\boldsymbol{x}}(t)) = \bar{\boldsymbol{x}}^{\mathrm{T}}(t)\boldsymbol{P}\bar{\boldsymbol{x}}(t) > 0$$

式中，$\boldsymbol{P}$ 为正定矩阵。

将式（4-26）代入 Lyapunov 函数中，并求导可得如下结果：

$$\dot{V}(\bar{\boldsymbol{x}}(t)) = \sum_{i=1}^{r}\sum_{j=1}^{r} h_i(z(t))h_j(z(t))\bar{\boldsymbol{x}}^{\mathrm{T}}(t)(\boldsymbol{G}_{ij}\boldsymbol{P} + \boldsymbol{P}\boldsymbol{G}_{ij})\bar{\boldsymbol{x}}(t)$$

如果 $\boldsymbol{G}_{ij}\boldsymbol{P} + \boldsymbol{P}\boldsymbol{G}_{ij} + \boldsymbol{DPD} < 0$ 成立，并且 $\bar{\boldsymbol{x}}(t) \neq 0$，则 $\dot{V}(\bar{\boldsymbol{x}}(t)) < 0$，由 Lyapunov 稳定性定理可以判断闭环系统式（4-26）是渐近稳定的。

式（4-27）不是 LMI，为了方便求解控制增益矩阵，可以通过前面给出的 Schur 补引理，将其变成 LMI 形式。

将式（4-27）左、右均乘以矩阵变量 $\boldsymbol{X}(\boldsymbol{X} > 0)$，并令 $\boldsymbol{X} = \boldsymbol{P}^{-1}$，可得

$$(\bar{\boldsymbol{A}}_i - \bar{\boldsymbol{B}}_i\boldsymbol{K}_j)\boldsymbol{X} + \boldsymbol{X}(\bar{\boldsymbol{A}}_i^{\mathrm{T}} - \boldsymbol{K}_j^{\mathrm{T}}\bar{\boldsymbol{B}}_i^{\mathrm{T}}) + \boldsymbol{XDX}^{-1}(\boldsymbol{XD})^{\mathrm{T}} < 0$$

令 $\boldsymbol{Q}_i = \boldsymbol{K}_i\boldsymbol{X}$，根据 Schur 补引理，得到以下线性矩阵不等式：

$$\begin{bmatrix} \bar{\boldsymbol{A}}_i\boldsymbol{X} + \boldsymbol{X}\bar{\boldsymbol{A}}_i^{\mathrm{T}} - \bar{\boldsymbol{B}}_i\boldsymbol{Q}_j - \boldsymbol{Q}_j^{\mathrm{T}}\bar{\boldsymbol{B}}_i^{\mathrm{T}} & \boldsymbol{XD} \\ \boldsymbol{DX} & -\boldsymbol{X} \end{bmatrix} < 0, i < j \leqslant r \tag{4-28}$$

如果矩阵不等式（4-28）存在正定对称矩阵 $\boldsymbol{X} = \boldsymbol{P}^{-1}$，则可以得知闭环系统式（4-26）是渐近稳定的，并求得反馈增益矩阵为 $\boldsymbol{K}_i = \boldsymbol{Q}_i\boldsymbol{X}^{-1}$。

4.4.2 仿真研究

仿真时起重机所选择的参数和本章 4.3.2 节的参数相同，通过线性矩阵不等式计算出的积分状态反馈控制增益矩阵为

$\boldsymbol{K}_1$=[8.6868 10.0084 −30.5317 −4.7011 2.8105]

$\boldsymbol{K}_2$=[8.6887 10.0041 −30.5367 −4.7009 2.8111]

$\boldsymbol{K}_3$=[8.6060 9.5717 −30.9082 −5.5862 2.6525]

$\boldsymbol{K}_4$=[8.6034 9.5631 −30.9013 −5.5864 2.6516]

$\boldsymbol{K}_5$=[9.8053 11.3947 −34.5561 −4.5124 3.2107]

$\boldsymbol{K}_6$=[9.8065 11.3897 −34.5592 −4.5121 3.2111]

$\boldsymbol{K}_7$=[10.2653 11.6406 −33.5073 −5.2686 3.2512]

$\boldsymbol{K}_8$=[10.2613 11.6304 −33.4964 −5.2691 3.2498]

为了验证本节方法的有效性，进行了两组实验，并将仿真结果和文献[144]

中的状态反馈控制方法进行比较。

1. 不加干扰

不加干扰时两种控制方法的响应曲线如图 4-17 所示。

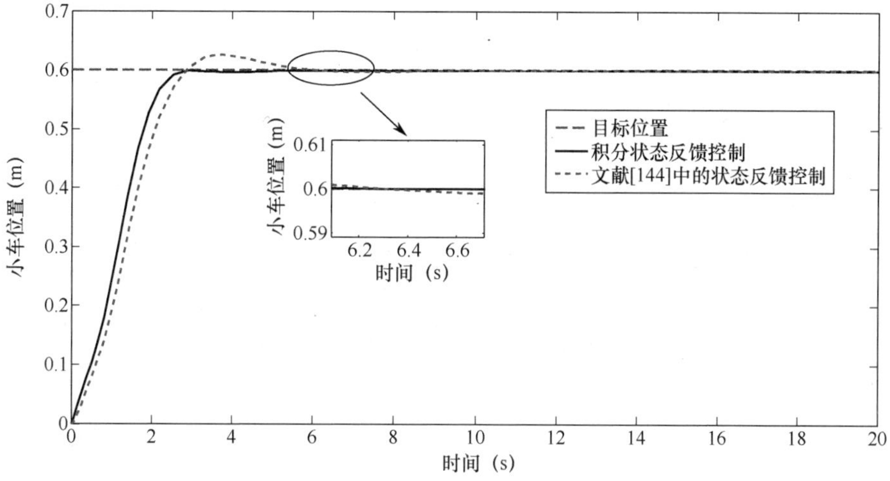

(a) 小车位置

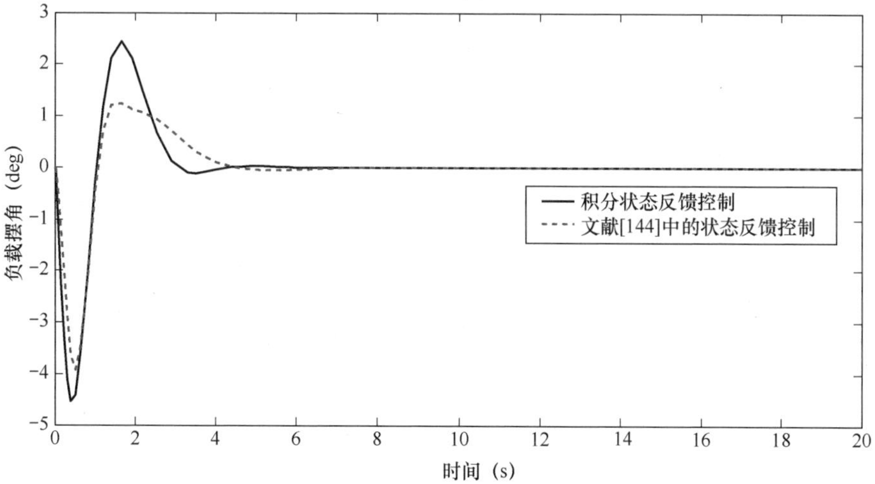

(b) 负载摆角

图 4-17 不加干扰时两种控制方法的响应曲线

从图 4-17 中可以看出，采用积分状态反馈不仅可以消除稳态误差，而且会使小车到达目标位置的时间减少，但最大摆角增加，摆角变化在允许的范围[−5°,+5°]之间。

2. 加干扰

在 13s 给系统加一个幅值为 1.5N、持续时间为 0.3s 的脉冲干扰，加干扰时两种控制方法的响应曲线如图 4-18 所示。

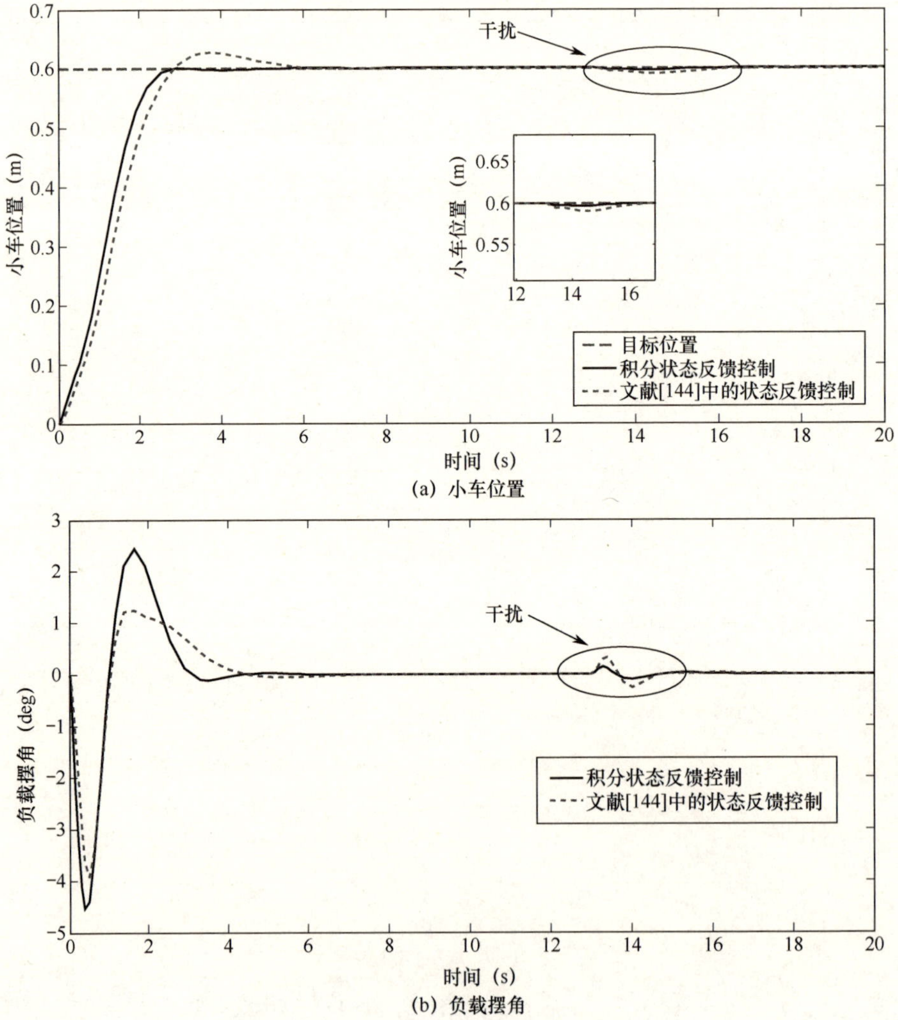

图 4-18　加干扰时两种控制方法的响应曲线

从图 4-18 中可以看出，在相同干扰信号的作用下，采用积分状态反馈控制时的位移变化量和摆角变化量均比采用文献[144]中的状态反馈控制时要小。

4.4.3 实验研究

实验中小车的目标位置取为 $x_d = 0.2\text{m}$，吊绳长度取为 $l = 0.3\text{m}$。

实验时采用的控制增益矩阵如下：

$$\boldsymbol{K}_1=[\ 52.5642 \quad 63.8200 \quad -151.3623 \quad -5.7513 \quad 15.1075]$$
$$\boldsymbol{K}_2=[\ 52.5653 \quad 63.8188 \quad -151.3656 \quad -5.7514 \quad 15.1079]$$
$$\boldsymbol{K}_3=[\ 61.5677 \quad 73.3827 \quad -180.3983 \quad -7.3785 \quad 17.8422]$$
$$\boldsymbol{K}_4=[\ 61.5658 \quad 73.3779 \quad -180.3925 \quad -7.3783 \quad 17.8416]$$
$$\boldsymbol{K}_5=[\ 53.2679 \quad 69.2328 \quad -164.7216 \quad -3.1325 \quad 13.2980]$$
$$\boldsymbol{K}_6=[\ 53.2685 \quad 69.2311 \quad -164.7235 \quad -3.1326 \quad 13.2982]$$
$$\boldsymbol{K}_7=[\ 70.5028 \quad 89.4734 \quad -211.1038 \quad -8.2593 \quad 20.7230]$$
$$\boldsymbol{K}_8=[\ 70.4995 \quad 89.4665 \quad -211.0932 \quad -8.2589 \quad 20.7219]$$

积分系数选择 0.005，分两种情况讨论系统的性能。

1. 不加干扰

不加干扰时积分状态反馈控制的实验结果如图 4-19 所示。

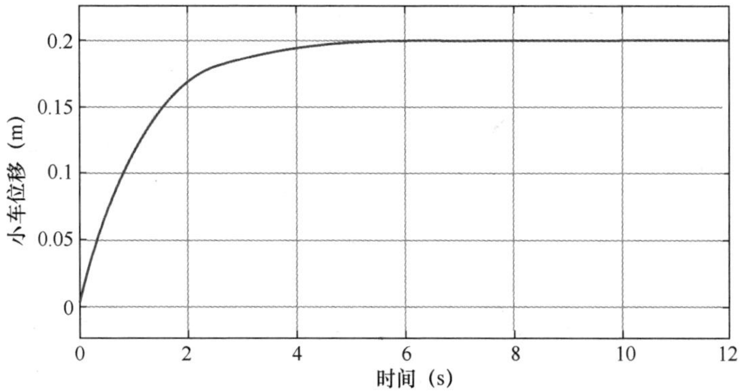

(a) 小车位移

图 4-19 不加干扰时积分状态反馈控制的实验结果

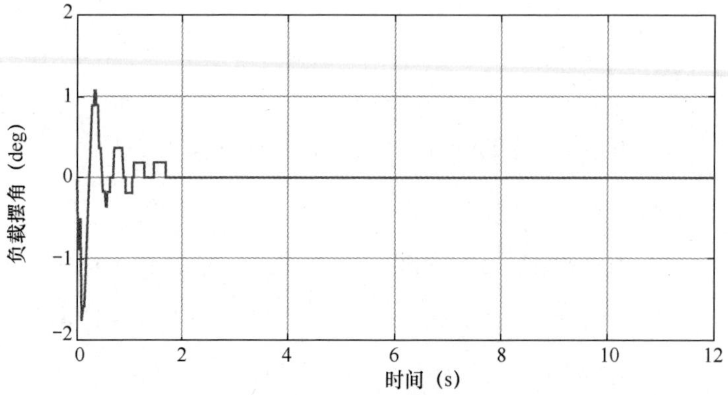

(b) 负载摆角

图 4-19　不加干扰时积分状态反馈控制的实验结果（续）

比较图 4-19、图 4-14 及图 4-15 可以看出，积分状态反馈控制不仅可以减小稳态误差，还可以减小负载摆动次数，使负载在较短时间内消除摆动。

2. 加干扰

在 9.5～9.8s 之间对负载摆动施加一个幅值为 1.5° 的干扰，实验结果如图 4-20 所示。

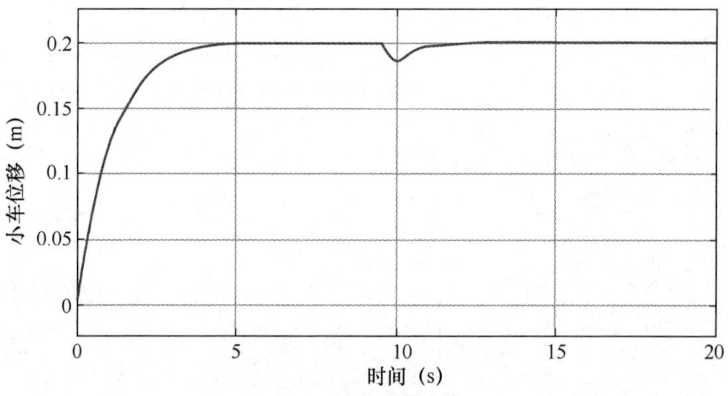

(a) 小车位移

图 4-20　加干扰情况下积分状态反馈控制的实验结果

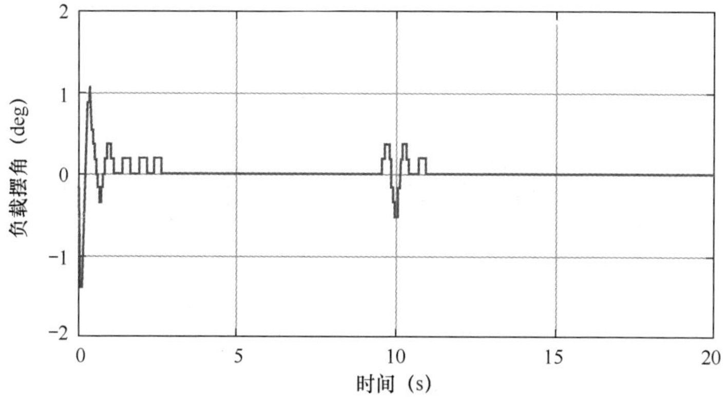

(b) 负载摆角

图 4-20 加干扰情况下积分状态反馈控制的实验结果（续）

从图 4-20 中可以看出，在相同干扰的作用下，采用积分状态反馈控制，小车位移的变化量比图 4-15 及图 4-16 所采用的方法要小，恢复时间和摆角衰减到零的时间也比较短。

4.5 本章小结

本章基于桥式起重机 T-S 模糊模型，提出具有 PDC 结构的状态反馈控制器设计方法，为提高系统的控制性能，利用带衰减率的 LMI 计算反馈增益矩阵，利用 Lyapunov 稳定理论对系统进行了稳定性证明，并将控制结果和其他文献方法进行比较，讨论了控制系统的鲁棒性；为了减小系统稳定时小车的定位偏差，引入小车位置误差的积分环节，构造了增维的 T-S 模糊系统，并基于此模糊系统设计控制器，通过 MATLAB 仿真和实验对提出的控制方法进行了有效性验证。

第5章

桥式起重机系统的鲁棒控制

5.1 引言

桥式起重机在运输货物过程中，如果吊绳长度和负载质量保持不变，外部干扰不存在，则负载摆动主要是由起重小车的运动引起的。然而，系统常常存在一些不确定因素，如由于运输任务的需要，吊绳长度和负载质量往往会发生相应的变化；系统建模时所做的一些近似处理或忽略的一些因素（未建模动态）；外界环境的干扰因素也会影响起重机控制系统的定位防摆性能变化。

为了克服起重机系统的不确定性问题，针对单摆效应桥式起重机系统和双摆效应桥式起重机系统，本章分别提出用于定位防摆控制的鲁棒 LQR 控制方法和鲁棒 H_∞ 控制策略。首先，针对单摆效应桥式起重机系统，提出了基于 PSO 的鲁棒 LQR 控制策略。具体而言，在式（2-59）给出的单摆效应桥式起重机动态系统 T-S 模糊模型的基础上，给出考虑不确定性的 T-S 模糊模型，基于此不确定模型，设计并行分布补偿结构的鲁棒 LQR 控制器，并能够保证系统的稳定性。为了方便得到控制增益矩阵，将鲁棒 LQR 控制问题转化为 LMI 求解问题。LQR 的权重矩阵 $\boldsymbol{Q}$ 和 $\boldsymbol{R}$ 会影响系统的控制性能，为了解决矩阵 $\boldsymbol{Q}$ 元素的选择问题，进一步提出了 PSO 算法优化权重矩阵元素。为了测试所提出方法的控制性能，和文献中的鲁棒 LQR 控制方法及普通 LQR 控制方法的仿真结果进行比较，结果表明，本章所提出的基于 PSO 的鲁棒 LQR 控制方法具有更好的鲁棒性和抗干扰性能。

其次，针对双摆效应桥式起重机系统，提出了鲁棒 H_∞ 控制策略。①给出在保证系统稳定前提下 H_∞ 控制器的设计方法，并将 H_∞ 控制问题转化为 LMI 求解问题。②在式（2-72）双摆效应桥式起重机系统 T-S 模糊模型的基础上，给出带有不确定性的起重机系统 T-S 模糊模型，针对双摆效应桥式起重机系统的定位防摆控制问题，为模糊模型中的每个线性子系统设计鲁棒 H_∞ 控制器，通过加权和得到整个系统的控制律。③仿真结果表明，所提出的控制方法能够在保证小车准确定位的同时抑制两级摆动的大小，并且具有良好的鲁棒性和抗干扰性能。

5.2 基于 PSO 的鲁棒 LQR 控制器设计

5.2.1 LQR 控制原理

线性二次型调节器（Linear Quadratic Regulator，LQR）的基本原理是针对系统的状态方程，寻找一个能够使系统的控制性能指标 J 达到最小值的最优控制律。假设一个系统的状态方程为

$$\dot{\boldsymbol{x}} = \boldsymbol{A}\boldsymbol{x} + \boldsymbol{B}\boldsymbol{u}$$

式中，$\boldsymbol{x}$ 是状态变量，$\boldsymbol{u}$ 是控制输入，$\boldsymbol{A}$ 和 $\boldsymbol{B}$ 分别是系统矩阵和输入矩阵。

根据 LQR 理论，可以引入如下目标函数：

$$J = \frac{1}{2}\int_0^\infty [\boldsymbol{x}^\mathrm{T}(t)\boldsymbol{Q}\boldsymbol{x}(t) + \boldsymbol{u}^\mathrm{T}(t)\boldsymbol{R}\boldsymbol{u}(t)]\mathrm{d}t \tag{5-1}$$

式中，J 是系统的性能指标；$\boldsymbol{Q}$ 是对状态变量的加权矩阵，是一个半正定常数矩阵；$\boldsymbol{R}$ 是对控制量的加权矩阵，是一个正定常数矩阵；$\boldsymbol{u}(t)$ 是控制信号。线性二次最优的目的是获得系统的最优性能，求出满足性能指标 J 最小要求时的控制律 $\boldsymbol{u}$，使系统能够在 $[t_0,\infty]$ 的时间范围内，从非平衡状态转移到平衡状态附近。为了得到能够使系统满足目标函数 J 最小时的控制律 $\boldsymbol{u}$，构造如下哈密尔顿函数：

$$H(\boldsymbol{x},\boldsymbol{u},\boldsymbol{\lambda}) = \frac{1}{2}[\boldsymbol{x}^\mathrm{T}(t)\boldsymbol{Q}\boldsymbol{x}(t) + \boldsymbol{u}^\mathrm{T}(t)\boldsymbol{R}\boldsymbol{u}(t)] + \boldsymbol{\lambda}^\mathrm{T}[\boldsymbol{A}\boldsymbol{x}(t) + \boldsymbol{B}\boldsymbol{u}(t)] \tag{5-2}$$

将式（5-2）对 $\boldsymbol{u}$ 求导，能够得到最优控制律 $\boldsymbol{u}(t)$：

$$\boldsymbol{u}(t) = -\boldsymbol{R}^{-1}\boldsymbol{B}^\mathrm{T}\boldsymbol{P}^\mathrm{T}(t)\boldsymbol{x}(t) \tag{5-3}$$

式中，$\boldsymbol{P}(t)$ 是 $n\times n$ 的实正定对称矩阵，满足黎卡提矩阵方程：

$$\boldsymbol{PA}+\boldsymbol{A}^{\mathrm{T}}\boldsymbol{P}-\boldsymbol{PBR}^{-1}\boldsymbol{B}^{\mathrm{T}}\boldsymbol{P}+\boldsymbol{Q}=0 \tag{5-4}$$

5.2.2 鲁棒 LQR 控制器的设计

在第 2 章提出的单摆效应桥式起重机 T-S 模糊模型式（2-59）的基础上，给出相应的带有不确定性的 T-S 模糊模型如下：

$$\begin{cases}\dot{\boldsymbol{x}}(t)=\sum_{i=1}^{r}(\boldsymbol{A}_{1i}+\boldsymbol{D\Delta}(t)\boldsymbol{E}_{ai})\boldsymbol{x}(t)+(\boldsymbol{B}_{1i}+\boldsymbol{D\Delta}(t)\boldsymbol{E}_{bi})\boldsymbol{u}(t)\\ \boldsymbol{y}(t)=\sum_{i=1}^{r}h_{1i}(\boldsymbol{x}(t))\boldsymbol{C}_{1i}\boldsymbol{x}(t),\quad i=1,2,\cdots,r;r=8\end{cases} \tag{5-5}$$

其中，$\boldsymbol{D}$、$\boldsymbol{E}_{ai}$、$\boldsymbol{E}_{bi}$ 是反映系统模型参数不确定性的已知常数矩阵；$\boldsymbol{\Delta}(t)\in\mathbf{R}^{i\times j}$ 是一个未知矩阵，满足

$$\boldsymbol{\Delta}(t)^{\mathrm{T}}\boldsymbol{\Delta}(t)\leqslant I \tag{5-6}$$

对于式（5-5）所描述的系统，其二次性能指标定义为

$$J=\int_0^{\infty}[\boldsymbol{y}^{\mathrm{T}}(t)\boldsymbol{Q}\boldsymbol{y}(t)+\boldsymbol{u}^{\mathrm{T}}(t)\boldsymbol{R}\boldsymbol{u}(t)]\mathrm{d}t \tag{5-7}$$

其中，$\boldsymbol{Q}$ 和 $\boldsymbol{R}$ 是正定加权矩阵。

基于式（5-5）的带有不确定性的 T-S 模糊模型，提出用于单摆效应桥式起重机定位防摆的鲁棒 LQR 控制方法，控制器采用并行分布补偿结构，各子系统的控制规则与式（2-59）给出的 T-S 模糊模型的规则具有相同前件变量，第 i 条控制规则如下：

Control Rule i:

If $z_{11}(t)$ is $M_{1j}, z_{12}(t)$ is N_{1l} and $z_{13}(t)$ is R_{1k}, $j=1,2;l=1,2;k=1,2$

Then $\boldsymbol{u}(t)=-\boldsymbol{K}_{1i}\overline{\boldsymbol{x}}(t),\ i=1,2,\cdots,8$

其中，$\overline{\boldsymbol{x}}(t)=[x(t)-x_d\quad \dot{x}(t)\quad \theta(t)\quad \dot{\theta}(t)]$ 。

整个系统的控制律为

$$\boldsymbol{u}(t)=-\sum_{i=1}^{8}h_{1i}(\boldsymbol{z}(t))\boldsymbol{K}_{1i}\overline{\boldsymbol{x}}(t) \tag{5-8}$$

本章设计的控制器是基于式（2-59）所表示的 T-S 模糊模型，此模型采用虚拟控制变量方法得到，因此根据式（5-8）得到的控制量是虚拟控制量，

不能直接作用于桥式起重机，还需要把计算出的控制量值代入式（2-42）中，计算得到的值作为实际控制信号输入起重机系统。

以下给出两个引理，其中第一个引理给出了不确定连续系统式（5-5）存在模糊控制律的充分条件。

引理 5.1　对于式（5-5）所描述的系统，如果存在正定矩阵 $\boldsymbol{P}$ 和半正定矩阵 $\boldsymbol{Q}_0$，能够满足不等式（5-9）和不等式（5-10）：

$$\boldsymbol{U}_{ii}+(s-1)\boldsymbol{Q}_3<0 \tag{5-9}$$

$$\boldsymbol{V}_{ij}-2\boldsymbol{Q}_4<0,\ i<j,\ \text{s.t.}\ \ h_i\cap h_j\neq\varnothing,\ s>1 \tag{5-10}$$

则系统可以采用并行分布补偿结构的控制器使其稳定，且性能指标式（5-7）能够满足以下要求：

$$J<\boldsymbol{x}^{\mathrm{T}}(0)\boldsymbol{P}\boldsymbol{x}(0) \tag{5-11}$$

其中，$\boldsymbol{U}_{ii}$ 与 $\boldsymbol{V}_{ij}$ 均是块对称矩阵，具体表示如下：

$$\boldsymbol{U}_{ii}=\begin{bmatrix}\boldsymbol{S}_\varDelta & \boldsymbol{C}_{1i}^{\mathrm{T}} & -\boldsymbol{F}_{1i}^{\mathrm{T}}\\ * & -\boldsymbol{W}^{-1} & 0\\ * & * & -\boldsymbol{R}^{-1}\end{bmatrix}\qquad \boldsymbol{V}_{ij}=\begin{bmatrix}\boldsymbol{Z}_\varDelta & \boldsymbol{C}_{1i}^{\mathrm{T}} & -\boldsymbol{F}_j^{\mathrm{T}} & \boldsymbol{C}_{1j}^{\mathrm{T}} & -\boldsymbol{F}_{1i}^{\mathrm{T}}\\ * & -\boldsymbol{W}^{-1} & 0 & 0 & 0\\ * & * & -\boldsymbol{R}^{-1} & 0 & 0\\ * & * & * & -\boldsymbol{W}^{-1} & 0\\ * & * & * & * & -\boldsymbol{R}^{-1}\end{bmatrix}$$

其中，$\boldsymbol{S}_\varDelta=[\boldsymbol{A}_{1i}+\boldsymbol{D}\varDelta(t)\boldsymbol{E}_{ai}-(\boldsymbol{B}_{1i}+\boldsymbol{D}\varDelta(t)\boldsymbol{E}_{bi})\boldsymbol{F}_{1i}]^{\mathrm{T}}\boldsymbol{P}+\boldsymbol{P}[\boldsymbol{A}_{1i}+\boldsymbol{D}\varDelta(t)\boldsymbol{E}_{ai}-(\boldsymbol{B}_{1i}+\boldsymbol{D}\varDelta(t)\boldsymbol{E}_{bi})\boldsymbol{F}_{1i}]$

$$\begin{aligned}\boldsymbol{Z}_\varDelta=&[\boldsymbol{A}_{1i}+\boldsymbol{D}\varDelta(t)\boldsymbol{E}_{ai}-(\boldsymbol{B}_{1i}+\boldsymbol{D}\varDelta(t)\boldsymbol{E}_{bi})\boldsymbol{F}_{1j}]^{\mathrm{T}}\boldsymbol{P}+\boldsymbol{P}[\boldsymbol{A}_{1i}+\boldsymbol{D}\varDelta(t)\boldsymbol{E}_{ai}-(\boldsymbol{B}_{1i}+\boldsymbol{D}\varDelta(t)\boldsymbol{E}_{bi})\boldsymbol{F}_{1j}]+\\&[\boldsymbol{A}_{1j}+\boldsymbol{D}\varDelta(t)\boldsymbol{E}_{aj}-(\boldsymbol{B}_{1j}+\boldsymbol{D}\varDelta(t)\boldsymbol{E}_{bj})\boldsymbol{F}_{1i}]^{\mathrm{T}}\boldsymbol{P}+\boldsymbol{P}[\boldsymbol{A}_{1j}+\boldsymbol{D}\varDelta(t)\boldsymbol{E}_{aj}-(\boldsymbol{B}_{1j}+\boldsymbol{D}\varDelta(t)\boldsymbol{E}_{bj})\boldsymbol{F}_{1i}]\end{aligned}$$

$\boldsymbol{Q}_3=\operatorname{diag}[\boldsymbol{Q}_0,0,0],\boldsymbol{Q}_4=\operatorname{diag}[\boldsymbol{Q}_0,0,0,0]$

引理 5.2　如果有适当的维数矩阵 $\boldsymbol{Y}$、$\boldsymbol{D}$ 和 $\boldsymbol{E}$，其中 $\boldsymbol{Y}$ 是对称的，那么对于所有满足 $\varDelta^{\mathrm{T}}(t)\varDelta(t)\leqslant I$ 的 $\varDelta(t)$ 矩阵，当且仅当有一个常数 ε 使下列不等式成立：

$$\boldsymbol{Y}+\boldsymbol{D}\boldsymbol{D}^{\mathrm{T}}+\varepsilon^{-1}\boldsymbol{E}^{\mathrm{T}}\boldsymbol{E}<0$$

根据下面的定理可以将引理 5.1 给出的鲁棒 LQR 控制问题转化为 LMI 的求解问题。

定理 5.1　对于式（5-5）所描述的系统，如果矩阵 $\boldsymbol{X}$、$\boldsymbol{M}_i$ 和 $\boldsymbol{Y}_0$ 存在，

且标量 $\varepsilon_i > 0$ 和 $\varepsilon_{ij} > 0$ 存在，其中 $\boldsymbol{X}$ 是对称的正定矩阵，$\boldsymbol{Y}_0$ 是对称的半正定矩阵，且满足下列两个不等式：

$$\boldsymbol{U}_{ii} + (s-1)\boldsymbol{Y}_4 < 0 \tag{5-12}$$

$$\boldsymbol{V}_{ij} - 2\boldsymbol{Y}_5 < 0,\ i<j,\quad \text{s.t. } h_i \cap h_j \neq \varnothing \tag{5-13}$$

则采用并行分布补偿结构的控制器可以使系统式（5-5）稳定，并且使性能指标式（5-7）满足以下不等式：

$$J < \boldsymbol{x}^{\mathrm{T}}(0)\boldsymbol{X}^{-1}\boldsymbol{x}(0) \tag{5-14}$$

其中，

$$s > 1; i, j = 1, 2, \cdots, r$$

$$\boldsymbol{U}_{ii} = \begin{bmatrix} \boldsymbol{S}_{\Delta} & \boldsymbol{X}\boldsymbol{C}_{1i}^{\mathrm{T}} & -\boldsymbol{M}_i^{\mathrm{T}} & \boldsymbol{X}\boldsymbol{E}_{ai}^{\mathrm{T}} - \boldsymbol{M}_i^{\mathrm{T}}\boldsymbol{E}_{bi}^{\mathrm{T}} \\ * & -\boldsymbol{W}^{-1} & 0 & 0 \\ * & * & -\boldsymbol{R}^{-1} & 0 \\ * & * & * & -\varepsilon_i \boldsymbol{I} \end{bmatrix}$$

$$\boldsymbol{V}_{ij} = \begin{bmatrix} \boldsymbol{Z}_{\Delta} & \boldsymbol{X}\boldsymbol{C}_{1i}^{\mathrm{T}} & -\boldsymbol{M}_j^{\mathrm{T}} & \boldsymbol{X}\boldsymbol{C}_{1j}^{\mathrm{T}} & -\boldsymbol{M}_i^{\mathrm{T}} & \boldsymbol{T}_{\Delta} \\ * & -\boldsymbol{W}^{-1} & 0 & 0 & 0 & 0 \\ * & * & -\boldsymbol{R}^{-1} & 0 & 0 & 0 \\ * & * & * & -\boldsymbol{W}^{-1} & 0 & 0 \\ * & * & * & * & -\boldsymbol{R}^{-1} & 0 \\ * & * & * & * & * & -\varepsilon_{ij}\boldsymbol{I} \end{bmatrix}$$

$$\boldsymbol{S}_{\Delta} = \boldsymbol{X}\boldsymbol{A}_{1i}^{\mathrm{T}} + \boldsymbol{A}_{1i}\boldsymbol{X} + \varepsilon_i \boldsymbol{D}\boldsymbol{D}^{\mathrm{T}} - \boldsymbol{B}_{1i}\boldsymbol{M}_i - \boldsymbol{M}_i^{\mathrm{T}}\boldsymbol{B}_{1i}^{\mathrm{T}}$$

$$\boldsymbol{Z}_{\Delta} = \boldsymbol{X}\boldsymbol{A}_{1i}^{\mathrm{T}} + \boldsymbol{A}_{1i}\boldsymbol{X} + \varepsilon_{ij}\boldsymbol{D}\boldsymbol{D}^{\mathrm{T}} - \boldsymbol{B}_{1i}\boldsymbol{M}_j - \boldsymbol{M}_j^{\mathrm{T}}\boldsymbol{B}_{1i}^{\mathrm{T}} + \boldsymbol{X}\boldsymbol{A}_{1j}^{\mathrm{T}} + \boldsymbol{A}_{1j}\boldsymbol{X} - \boldsymbol{B}_{1j}\boldsymbol{M}_i - \boldsymbol{M}_i^{\mathrm{T}}\boldsymbol{B}_{1j}^{\mathrm{T}}$$

$$\boldsymbol{T}_{\Delta} = \boldsymbol{X}\boldsymbol{E}_{ai}^{\mathrm{T}} + \boldsymbol{X}\boldsymbol{E}_{aj}^{\mathrm{T}} - \boldsymbol{M}_i^{\mathrm{T}}\boldsymbol{E}_{bj}^{\mathrm{T}} - \boldsymbol{M}_j^{\mathrm{T}}\boldsymbol{E}_{bj}^{\mathrm{T}}$$

$$\boldsymbol{Y}_5 = \mathrm{diag}[\boldsymbol{Y}_0, 0, 0, 0, 0, 0], \boldsymbol{Y}_4 = \mathrm{diag}[\boldsymbol{Y}_0, 0, 0, 0]$$

证明：将式（5-12）的两边乘以矩阵 $\mathrm{diag}[\boldsymbol{P}^{-1}, \boldsymbol{I}, \boldsymbol{I}]$，定义一些新变量 $\boldsymbol{X} = \boldsymbol{P}^{-1}$，$\boldsymbol{Y}_0 = \boldsymbol{X}\boldsymbol{Q}_0\boldsymbol{X}$，$\boldsymbol{M}_i = \boldsymbol{F}_{1i}\boldsymbol{X}$，可以得到

$$\begin{bmatrix} \boldsymbol{H}_{\Delta} & \boldsymbol{X}\boldsymbol{C}_{1i}^{\mathrm{T}} & -\boldsymbol{F}_{1i}^{\mathrm{T}} \\ * & -\boldsymbol{W}^{-1} & 0 \\ * & * & -\boldsymbol{R}^{-1} \end{bmatrix} + (s-1)\mathrm{diag}[\boldsymbol{Y}_0, 0, 0] < 0$$

式中，$\boldsymbol{H}_{\Delta}=\boldsymbol{X}[\boldsymbol{A}_{1i}+\boldsymbol{D}\Delta(t)\boldsymbol{E}_{ai}]^{\mathrm{T}}+[\boldsymbol{A}_{1i}+\boldsymbol{D}\Delta(t)\boldsymbol{E}_{ai}]\boldsymbol{X}-[\boldsymbol{B}_{1i}+\boldsymbol{D}\Delta(t)\boldsymbol{E}_{bi}]\boldsymbol{M}_i-\boldsymbol{M}_i^{\mathrm{T}}[\boldsymbol{B}_{1i}+\boldsymbol{D}\Delta(t)\boldsymbol{E}_{bi}]^{\mathrm{T}}$。因此，上述不等式可以进一步写成

$$\boldsymbol{U}_{ii}+(s-1)\boldsymbol{Y}_3+\begin{bmatrix}\boldsymbol{D}\\0\\0\end{bmatrix}\Delta(t)\begin{bmatrix}\boldsymbol{X}\boldsymbol{E}_{ai}^{\mathrm{T}}-\boldsymbol{M}_i^{\mathrm{T}}\boldsymbol{E}_{bi}^{\mathrm{T}}\\0\\0\end{bmatrix}^{\mathrm{T}}+\begin{bmatrix}\boldsymbol{X}\boldsymbol{E}_{ai}^{\mathrm{T}}-\boldsymbol{M}_i^{\mathrm{T}}\boldsymbol{E}_{bi}^{\mathrm{T}}\\0\\0\end{bmatrix}\Delta^{\mathrm{T}}(t)\begin{bmatrix}D\\0\\0\end{bmatrix}^{\mathrm{T}}<0$$

式中，

$$\boldsymbol{U}_{ii}=\begin{bmatrix}\boldsymbol{X}\boldsymbol{A}_{1i}^{\mathrm{T}}+\boldsymbol{A}_{1i}\boldsymbol{X}-\boldsymbol{B}_{1i}\boldsymbol{M}_i-\boldsymbol{M}_i^{\mathrm{T}}\boldsymbol{B}_{1i}^{\mathrm{T}} & \boldsymbol{X}\boldsymbol{C}_{1i}^{\mathrm{T}}-\boldsymbol{M}_i^{\mathrm{T}} & \\ * & -\boldsymbol{W}^{-1} & 0\\ * & * & -\boldsymbol{R}^{-1}\end{bmatrix},\ \boldsymbol{Y}_3=\mathrm{diag}[\boldsymbol{Y}_0,0,0,0]$$

根据引理 5.2 和矩阵的 Schur 补性质，当且仅当存在$\varepsilon_i>0$，不等式（5-12）成立。同样，可以证明不等式（5-13）成立。因此，可以从引理 5.1 和引理 5.2 中得到定理 5.1。总之，要使性能指标 J 的上界最小化，可以通过求解下面的 LMI 问题得到控制律。

$$\begin{aligned}&\min_{\boldsymbol{X},\boldsymbol{M}_i,\varepsilon_i,\varepsilon_{ij}}\quad \boldsymbol{\lambda}\\ &\text{s.t.}\quad \text{a)}\boldsymbol{X}>0,\boldsymbol{Y}_0\geqslant 0,\varepsilon_i>0,\varepsilon_{ij}>0\\ &\qquad\ \ \text{b)不等式（5-9）和不等式（5-10）}\\ &\qquad\ \ \text{c)}\begin{bmatrix}\boldsymbol{\lambda} & \boldsymbol{x}^{\mathrm{T}}(0)\\ \boldsymbol{x}(0) & \boldsymbol{X}\end{bmatrix}>0\end{aligned}\tag{5-15}$$

5.2.3 基于 PSO 的鲁棒 LQR 控制

反馈增益的值决定了系统的控制性能，它与权重矩阵 $\boldsymbol{Q}$ 和 $\boldsymbol{R}$ 密切相关。根据桥式起重机系统的状态方程可知，系统有四个状态变量和一个输入变量，因此 $\boldsymbol{Q}$ 是一个 4×4 的半正定对称矩阵，$\boldsymbol{R}$ 是一个常数正定矩阵。在本节中，$\boldsymbol{Q}$ 和 $\boldsymbol{R}$ 如下：

$$\boldsymbol{Q}=\mathrm{diag}[q_{11},q_{22},q_{33},q_{44}],\ \ \boldsymbol{R}=[r]$$

性能指标可表示为

$$J=\int_0^\infty[q_{11}(x_1-x_d)^2+q_{22}x_2{}^2+q_{33}x_3{}^2+q_{44}x_4{}^2+ru^2]\mathrm{d}t \tag{5-16}$$

式中，q_{11}、q_{22}、q_{33}和q_{44}分别是小车位置、小车速度、负载摆角和摆角速度的权重。LQR 的权重矩阵通常是根据经验得到的，这使得参数选择更加主观，无法获得最优的响应结果。特别是当参数较多时，很难找到较好的控制参数。为了解决 LQR 权值选择问题，引入了粒子群优化（PSO）算法。

粒子群优化算法是一种模拟鸟群捕食行为的智能算法。其以概念简单、易于实现、收敛速度快等优点在许多领域得到了广泛应用。文献[145]针对一类具有结构和非结构不确定性的非线性系统，采用随机惯性权重的 PSO 对模糊滑模控制进行优化。在文献[146]中，采用线性减权粒子群优化算法对基于糖尿病模型的模糊控制器进行优化，并取得了良好的控制效果。

假设粒子数为m，搜索空间为四维。第i个粒子的速度和位置分别为

$$\boldsymbol{V}_i=[v_{i1},v_{i2},v_{i3},v_{i4}],\boldsymbol{X}_i=[x_{i1},x_{i2},x_{i3},x_{i4}];i=1,2,\cdots,m$$

更新每个粒子的速度和位置的公式分别如下：

$$\boldsymbol{V}_i^{d+1}=\omega\boldsymbol{V}_i^{d}+c_1r_1(P_{bi}{}^d-\boldsymbol{X}_i)+c_2r_2(G_{bi}{}^d-\boldsymbol{X}_i) \tag{5-17}$$

$$\boldsymbol{X}_i^{d+1}=\boldsymbol{X}_i^{d}+\boldsymbol{V}_i^{d} \tag{5-18}$$

其中，$\boldsymbol{V}_i^d$和$\boldsymbol{X}_i^d$分别是第i个粒子在d代中的位置矢量和速度矢量；ω是惯性权重；c_1和c_2是学习因子；r_1和r_2是 0 到 1 之间的随机数；$P_{bi}{}^d$和$G_{bi}{}^d$是整个群在第d代后个体极值点的位置和全局极值点的位置。

用粒子群优化算法优化 LQR 的权重矩阵$\boldsymbol{Q}$，图 5-1 给出了 PSO 算法流程。

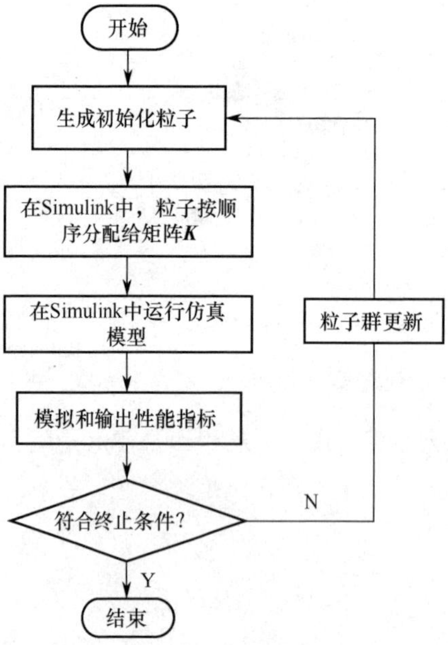

图 5-1　PSO 算法流程

5.2.4　仿真研究

在 MATLAB/Simulink 环境下进行仿真研究，仿真中选用的起重机系统参

数值如下：

$$M = 10\text{kg}, m = 5\text{kg}, l = 1\text{m}, g = 9.8\text{m/s}^2, \mu = 0.2\text{kg/s}$$

小车的期望位置设置为 $x_d = 0.6\text{m}$，状态变量的初始值是 $\boldsymbol{x}_0 = [0\ \ 0\ \ 0.002\ \ 0]$，约束为 $|\theta(t)| \leqslant \theta_p = \dfrac{\pi}{12}(\text{rad})$ 和 $|\dot{\theta}(t)| \leqslant \theta_v = \dfrac{\pi}{4}(\text{rad/s})$。

优化中使用的粒子群大小 $m = 50$，最大迭代次数 $d = 20$，惯性因子 $\omega = 0.6$，权重因子为 $c_1 = c_2 = 2$。当 $\boldsymbol{R}=1$ 时，得到的优化矩阵为

$$\boldsymbol{Q} = \text{diag}[150,\ 19.1583,\ 11.7468,\ 1073.04]$$

采用 LMI 计算得到的反馈控制增益矩阵如下：

$$\boldsymbol{K}_{11}=(1.0\text{e}+03)\times[0.0548\quad 0.1657\quad -1.5930\quad -0.0259]$$

$$\boldsymbol{K}_{12}=(1.0\text{e}+03)\times[0.0549\quad 0.1659\quad -1.5940\quad -0.0259]$$

$$\boldsymbol{K}_{13}=(1.0\text{e}+03)\times[0.0593\quad 0.1772\quad -1.6380\quad -0.0147]$$

$$\boldsymbol{K}_{14}=(1.0\text{e}+03)\times[0.0694\quad 0.2069\quad -1.9027\quad -0.0151]$$

$$\boldsymbol{K}_{15}=(1.0\text{e}+03)\times[0.0527\quad 0.1593\quad -1.5310\quad -0.0247]$$

$$\boldsymbol{K}_{16}=(1.0\text{e}+03)\times[0.0528\quad 0.1595\quad -1.5320\quad -0.0248]$$

$$\boldsymbol{K}_{17}=(1.0\text{e}+03)\times[0.0572\quad 0.1708\quad -1.5786\quad -0.0141]$$

$$\boldsymbol{K}_{18}=(1.0\text{e}+03)\times[0.0572\quad 0.1708\quad -1.5794\quad -0.0141]$$

1. 不同方法比较研究

为了验证基于 T-S 模糊模型设计的鲁棒 LQR 控制器的有效性，分别将文献[142]和文献[143]中的控制方法应用于桥式起重机系统。在文献[142]中，鲁棒 LQR 控制器的设计是在局部近似模型的基础上进行的。文献[143]中提到的普通 LQR 控制方法是基于线性模型设计的。

目标位置设置为 0.6m，为了研究该控制方法的抗干扰性能，将幅值为 1.5N 的脉冲干扰在 15～15.3s 之间加入系统控制输入端。不同方法的仿真结果如图 5-2 所示。为了更好地评价和比较这些方法，在表 5-1 中给出了三种控制方法的量化结果。

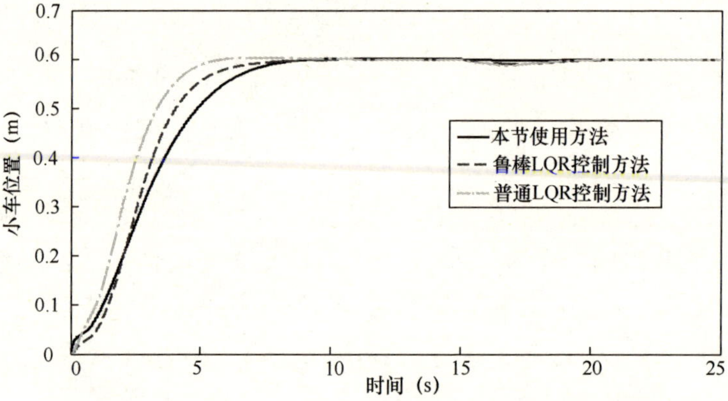

(a) 小车位置

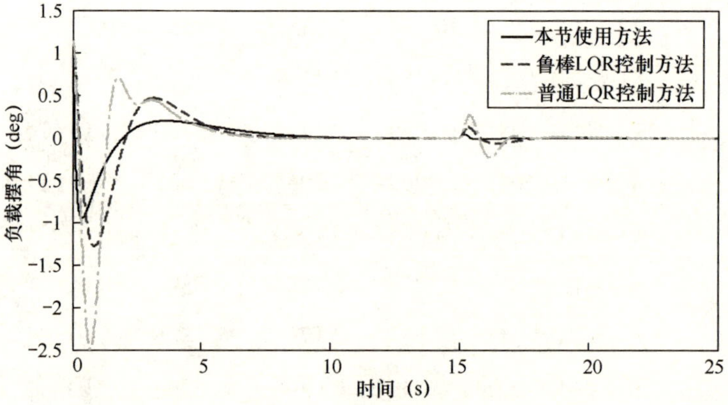

(b) 负载摆角

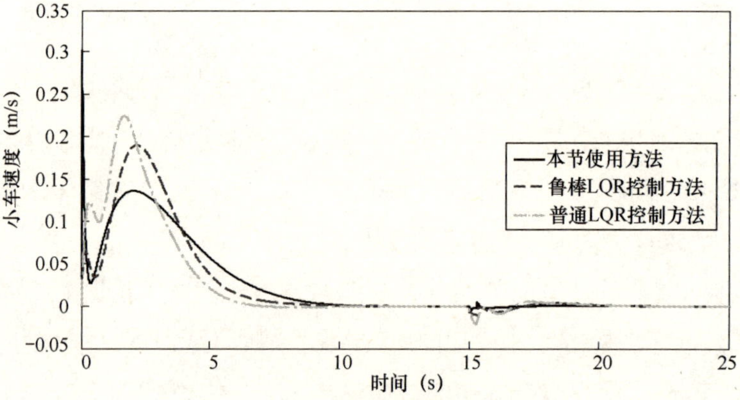

(c) 小车速度

图 5-2　不同方法的仿真结果

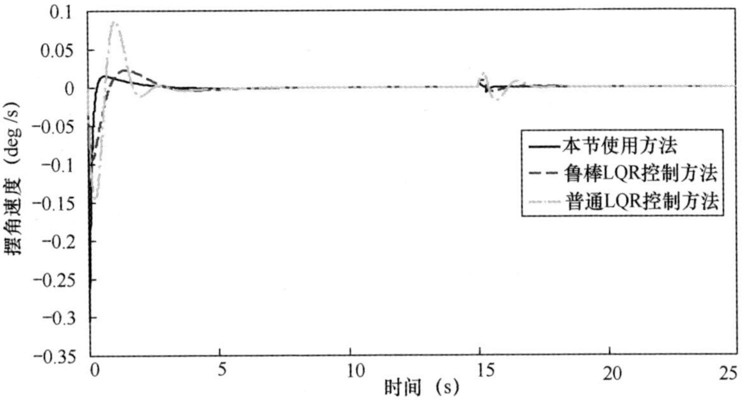

（d）摆角速度

图 5-2 不同方法的仿真结果（续）

表 5-1 三种控制方法的量化结果

（a）给定作用下的过渡过程

方 法	小车运行时间（s）	最大负载摆角（deg）	超调量（%）	小车最大速度（m/s）
本节使用方法	9.2	0.950	0	0.136
鲁棒 LQR 控制方法	9.2	1.275	0	0.191
普通 LQR 控制方法	11.7	2.498	27	0.225

（b）脉冲干扰作用下的暂态过程

方法	小车位置变化（m）	过渡时间（s）	超调量（%）
本节使用方法	0.005	5.0	0.025
鲁棒 LQR 控制方法	0.009	5.5	0.135
普通 LQR 控制方法	0.013	6.1	0.272

从图 5-2 中可以看出，三种控制方法在目标位置均没有残余摆动。从表 5-1 中可以看出，本节使用方法可以使小车在较短时间内达到目标位置，且最大负载摆角最小，文献中的鲁棒 LQR 控制方法和普通 LQR 控制方法在小车运行时间和最大负载摆角方面效果都比较差。在脉冲干扰作用下，本节使用方法最大负载摆角变化量分别要比其他两种方法小很多。结果表明，本节使用方法能使系统具有更好的快速性、抗摆性和抗干扰性能。

2. 不同的目标位置

为了验证本节使用方法在不同目标位置下的控制性能，分别选择了 $x_d = 0.4\text{m}$、$x_d = 0.6\text{m}$ 和 $x_d = 0.8\text{m}$ 三种不同的目标位置。不同目标位置下的响应曲线如图 5-3 所示。

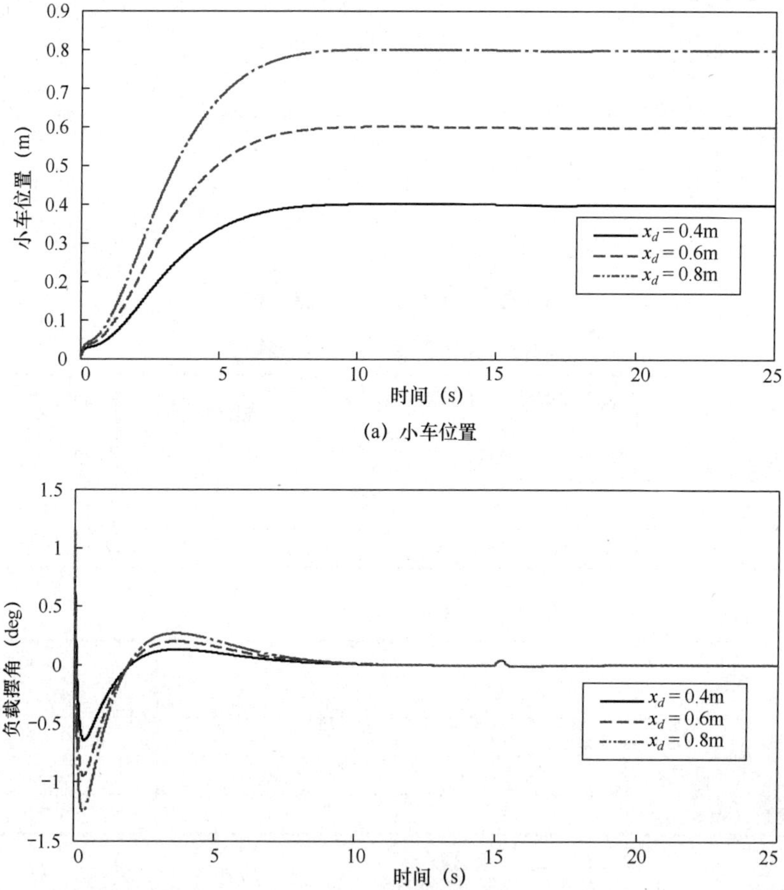

(a) 小车位置

(b) 负载摆角

图 5-3 不同目标位置下的响应曲线

从图 5-3 中可以看出，对于不同的目标位置，小车均能够准确地到达期望位置，且负载摆角得到很好的抑制，负载摆角在[−1.5°,1.5°]之间，且在小车到达目标位置后很快就消失了；另外，系统的抗干扰性能不随期望位置的变化而变化。

图 5-4 给出了小车期望位置改变时的小车运动曲线，小车从初始位置移动 0.4m，然后移动 1.5m，最后回到 1.1m。

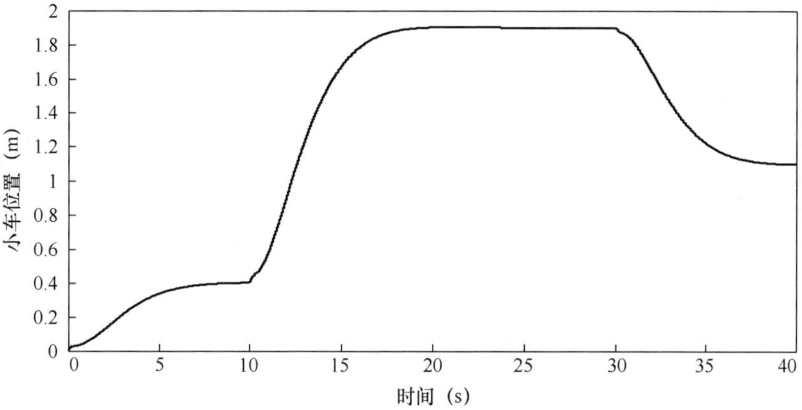

(a) 小车位置

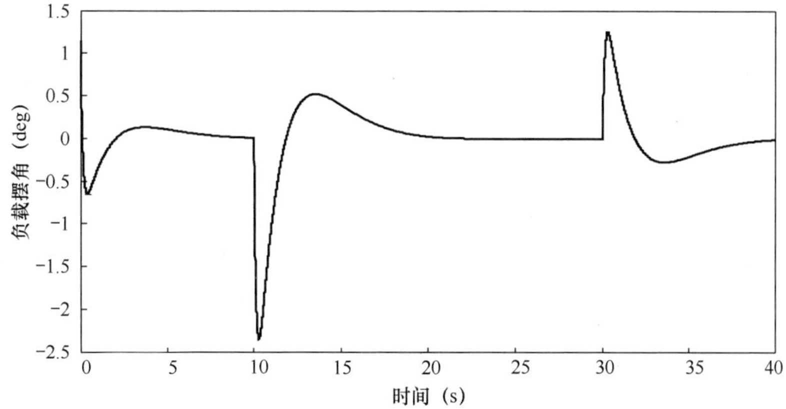

(b) 负载摆角

图 5-4 小车期望位置改变时的小车运动曲线

从图 5-4 中可以看出，本节使用方法具有良好的控制性能。

3. 鲁棒性研究

负载质量和吊绳长度是影响系统性能的两个重要参数，在实际工业应用中，不同的运输任务需要改变负载质量或吊绳长度。为了检验系统的鲁棒性，考虑了在负载质量和吊绳长度变化时系统的响应情况。负载质量 m 由 3kg 变化到 7kg，吊绳长度 l 由 0.8m 变化到 1.2m，图 5-5 和图 5-6 分别给出了不同负载质量和不同吊绳长度的响应曲线。

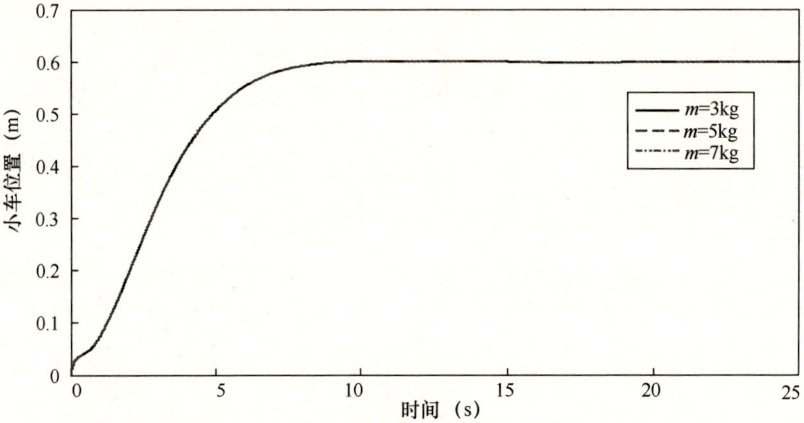

(a) 小车位置

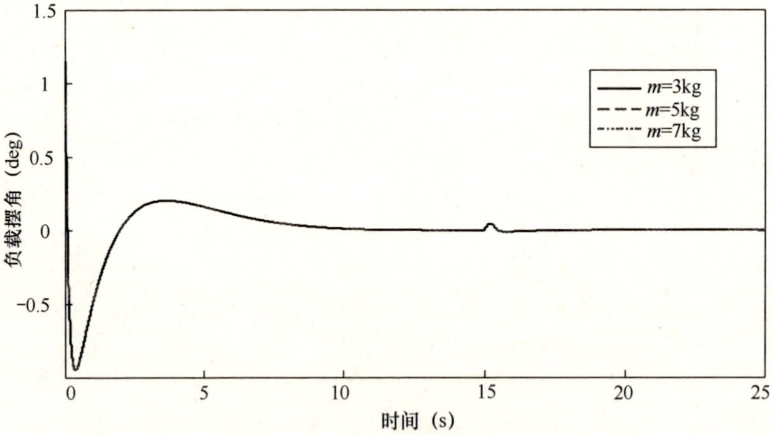

(b) 负载摆角

图 5-5　不同负载质量的响应曲线

从图 5-5 和图 5-6 中可以看出，当负载质量 m 变化时，小车位置和负载摆角几乎没有变化；随着吊绳长度 l 的减小，小车位置变化不大，负载摆角增大，但在允许范围内。当负载质量和吊绳长度两个参数变化时，抗干扰性能没有变化。结果表明，基于 PSO 的鲁棒 LQR 控制方法对负载质量和吊绳长度的变化具有较强的鲁棒性，在实际应用中具有重要的意义。

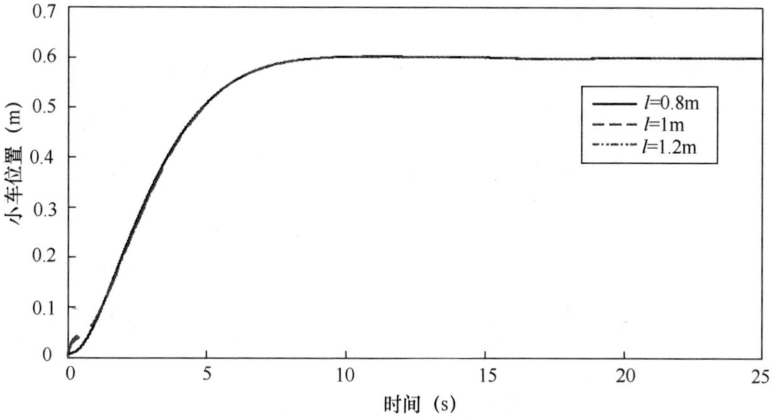

(a) 小车位置

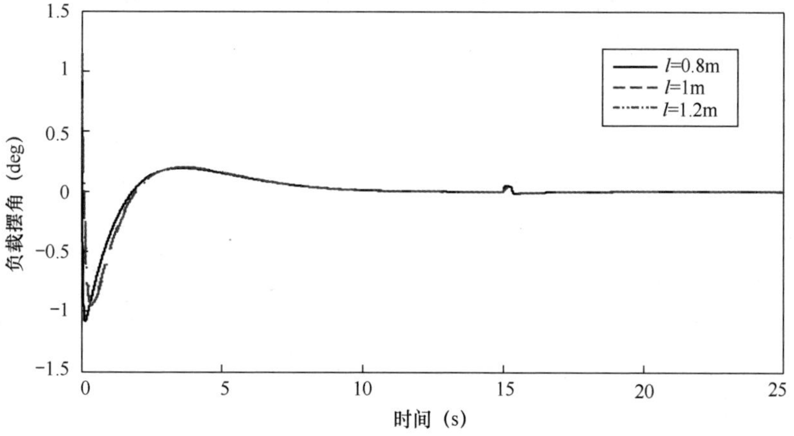

(b) 负载摆角

图 5-6　不同吊绳长度的响应曲线

5.2.5　实验研究

本节将验证基于 T-S 模糊模型的鲁棒 LQR 控制方法的实际性能。实验中小车的目标位置 $x_d = 0.2\text{m}$，将分三组实验讨论本方法的性能。第一组实验是验证本方法的控制性能，并和已有文献方法进行比较；第二组实验是验证本方法的抗干扰性能；第三组实验是讨论本方法的鲁棒性能。

第一组实验 本组实验验证本方法的控制性能，并与文献[142]中提出的

LQR 控制方法进行比较。实验中小车目标位置 $x_d = 0.2\text{m}$，吊绳长度 $l = 0.3\text{m}$，负载质量 $m = 0.22\text{g}$。

经多次调试，本节提出的鲁棒 LQR 方法控制反馈增益矩阵如下：

$$\boldsymbol{K}_1=[159.7507 \quad 68.2955 \quad -18.0187 \quad -11.0212]$$

$$\boldsymbol{K}_2=[159.7576 \quad 68.3069 \quad -118.0761 \quad -11.0271]$$

$$\boldsymbol{K}_3=[161.9506 \quad 71.2602 \quad -124.4559 \quad -13.7367]$$

$$\boldsymbol{K}_4=[168.6380 \quad 71.6178 \quad -171.9764 \quad -13.5769]$$

$$\boldsymbol{K}_5=[158.4450 \quad 63.1643 \quad -103.9393 \quad -10.8364]$$

$$\boldsymbol{K}_6=[158.4515 \quad 63.1749 \quad -103.9914 \quad -10.8417]$$

$$\boldsymbol{K}_7=[160.4382 \quad 68.8703 \quad -112.5937 \quad -13.2604]$$

$$\boldsymbol{K}_8=[160.4403 \quad 68.8717 \quad -112.6196 \quad -13.2596]$$

本节控制方法的实验结果如图 5-7 所示。

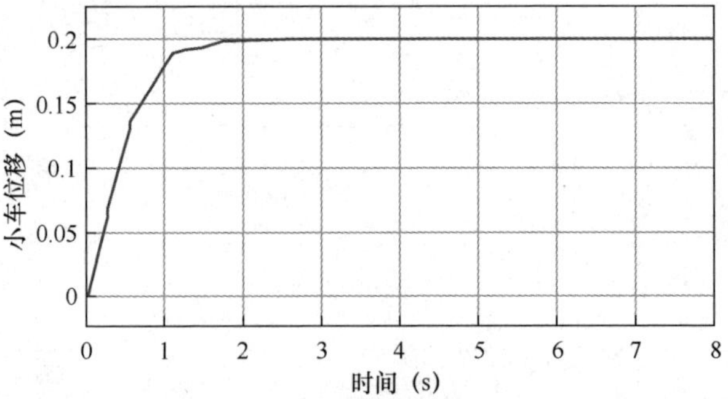

(a) 小车位移

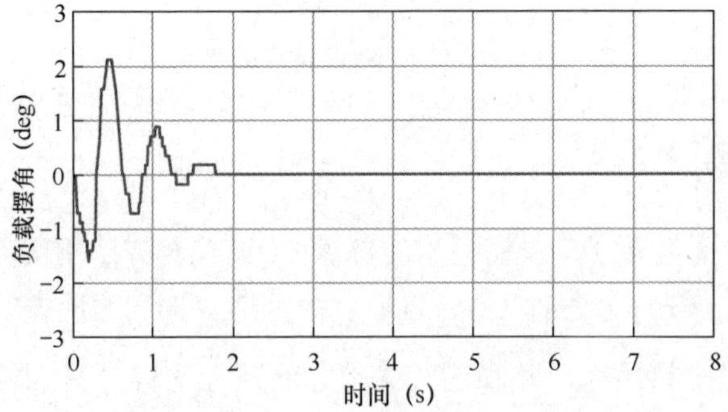

(b) 负载摆角

图 5-7　本节鲁棒 LQR 控制方法的实验结果

文献[142]中的 LQR 控制增益矩阵选取如下：

$$\boldsymbol{K}_1=[160.251 \quad 73.42 \quad -145.00 \quad -8.30]$$

$$\boldsymbol{K}_2=[128.261 \quad 63.00 \quad -83.42 \quad -3.61]$$

文献[142]中的 LQR 控制方法的实验结果如图 5-8 所示。

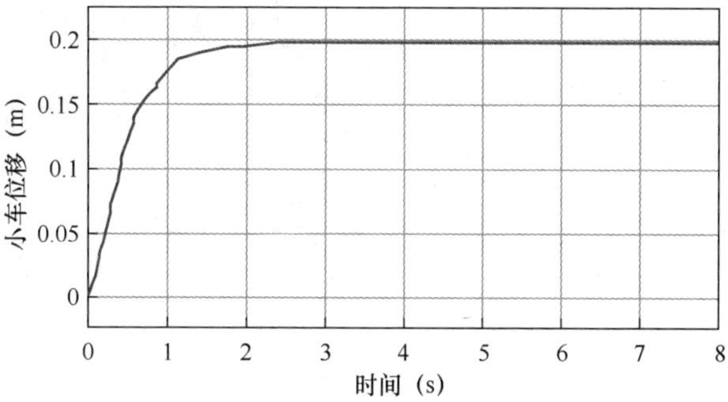

(a) 小车位移

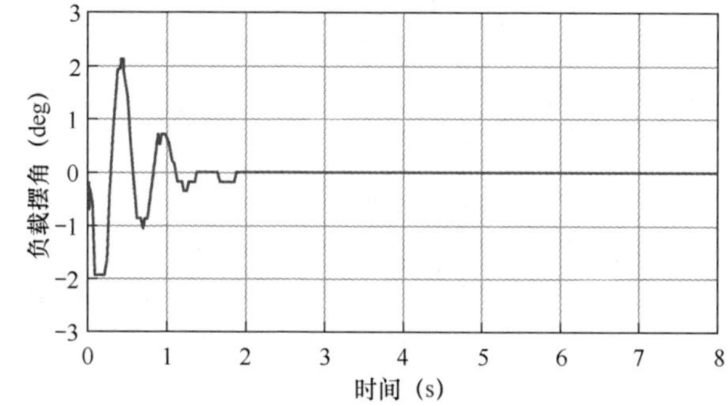

(b) 负载摆角

图 5-8 文献[142]中的 LQR 控制方法的实验结果

从图 5-7 和图 5-8 中可以看出，在小车运行过程中，两种方法均可以做到位移无超调，负载无残余摆角，但本节方法可以使小车在 1.9s 到达目标位置，小车运行过程中负载摆角范围为[−1.41°,2.11°]；文献[142]中的方法在 2.5s 到达目标位置，小车运行过程中负载摆角范围为[−1.91°,2.09°]。

第二组实验 本组实验验证本方法的抗干扰性能，在 9.5s 给负载摆角施加一个幅值为 1.5° 的干扰。本节方法和文献[142]中的方法选取的控制增益矩阵与第一组实验相同，干扰作用下本节鲁棒 LQR 控制方法和文献[142]中的

LQR 控制方法实验结果分别如图 5-9 和图 5-10 所示。

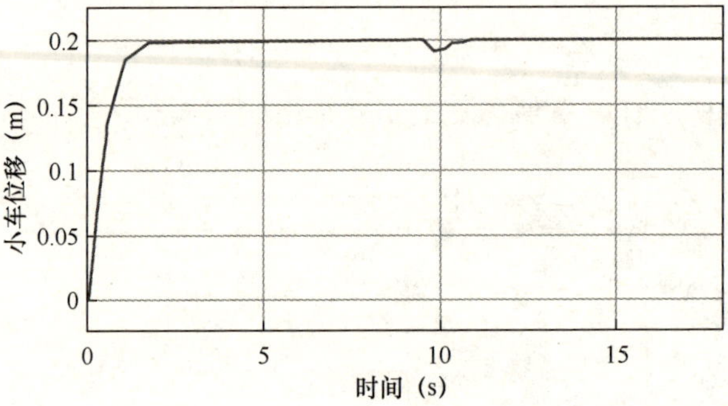

(a) 小车位移

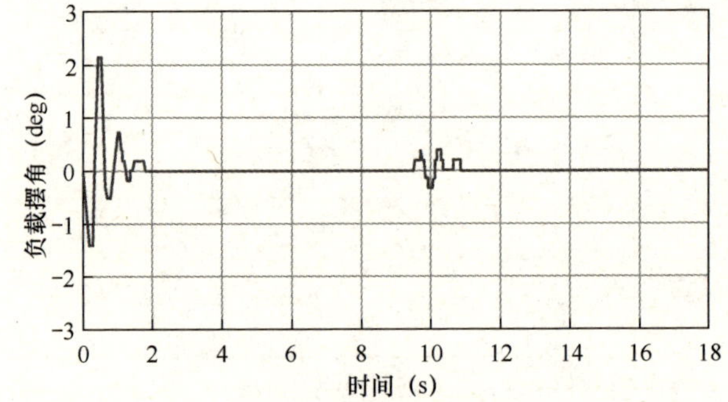

(b) 负载摆角

图 5-9　干扰作用下本节鲁棒 LQR 控制方法的实验结果

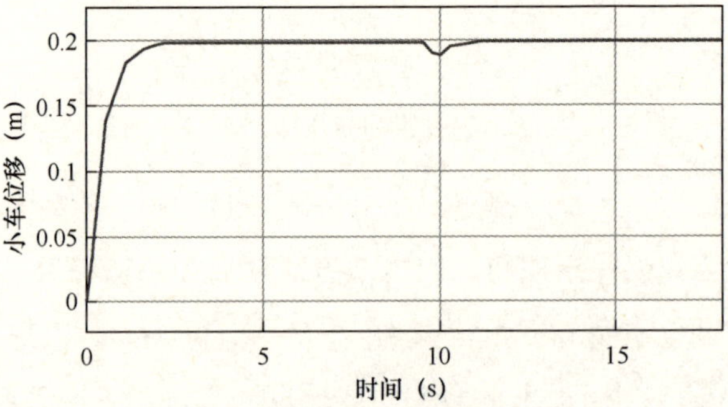

(a) 小车位移

图 5-10　干扰作用下文献[142]中的 LQR 控制方法的实验结果

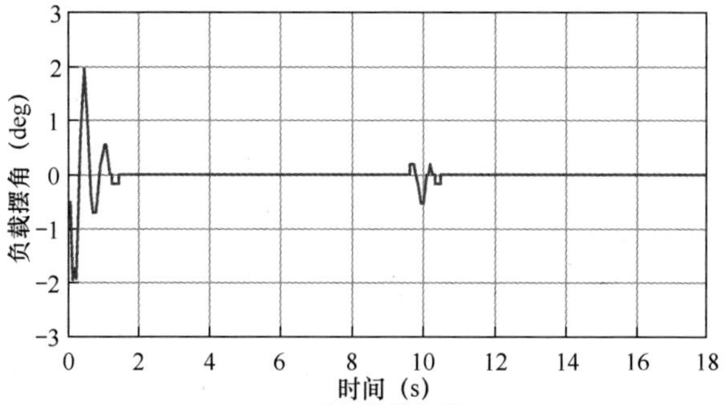

(b) 负载摆角

图 5-10 干扰作用下文献[142]中的 LQR 控制方法的实验结果（续）

从实验结果可以看出，在干扰作用下，采用本节方法时小车位移最大变化量为 0.009m，负载摆角最大变化为 0.35°，经过 1.6s 负载摆角变为 0°；采用文献[142]中的方法时小车位移最大变化量为 0.012m，负载摆角最大变化为 0.53°，经过 2.5s 负载摆角变为 0°。

第三组实验 验证本节的鲁棒 LQR 控制方法在负载质量和吊绳长度变化时的鲁棒性，具体考虑以下四种情况。

情况 1：负载质量增加为 $m = 0.26\text{kg}$。

情况 2：吊绳长度增加为 $l = 0.42\text{m}$。

情况 3：吊绳长度减小为 $l = 0.22\text{m}$。

情况 4：负载质量增加为 $m = 0.26\text{kg}$，吊绳长度增加为 $l = 0.42\text{m}$。

控制增益矩阵取值与第一组实验相同，四种情况下实验结果分别如图 5-11～图 5-14 所示。

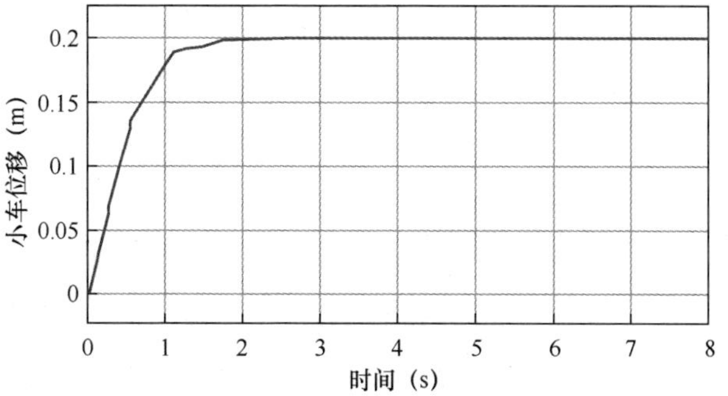

(a) 小车位移

图 5-11 情况 1：负载质量增加的实验结果

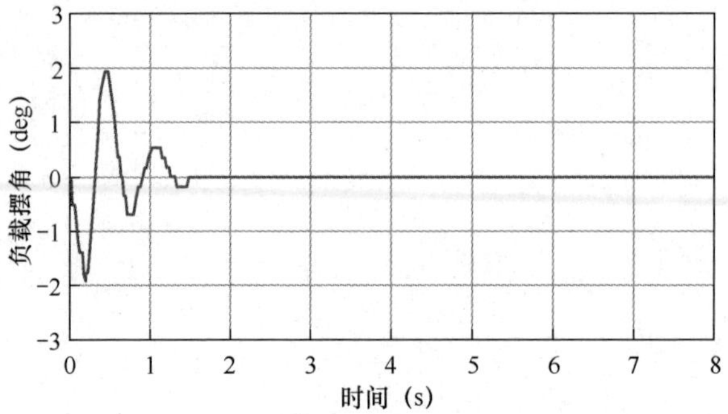

(b) 负载摆角

图 5-11　情况 1：负载质量增加的实验结果（续）

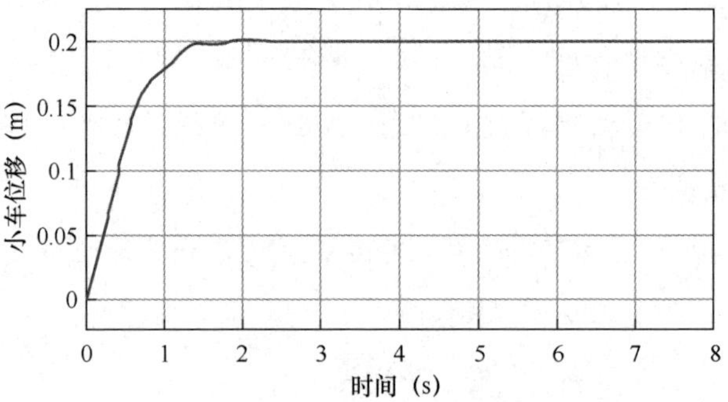

(a) 小车位移

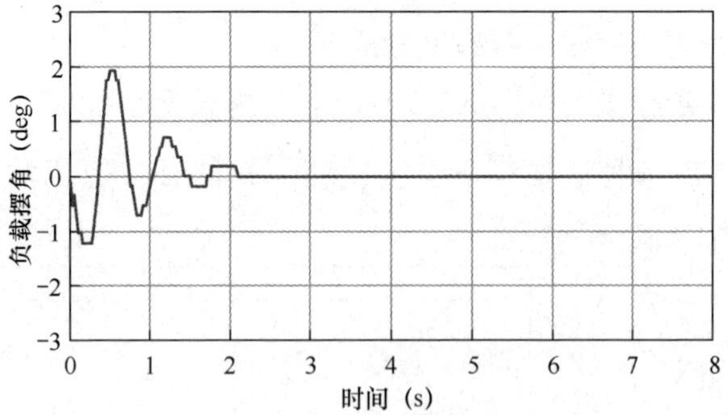

(b) 负载摆角

图 5-12　情况 2：吊绳长度增加的实验结果

将图 5-11～图 5-14 与图 5-7 进行比较，可以看出，当负载质量和吊绳长度发生变化时，对小车的运行过程几乎没有什么影响，负载摆角虽然有变化，但变化幅度很小，表明鲁棒 LQR 控制方法对负载质量和吊绳长度发生变化具有较好的鲁棒性。从上面鲁棒 LQR 控制方法的实验结果也可以看出，控制系统在阶跃给定作用下的性能和鲁棒性能与第 4 章中的仿真结果一致。

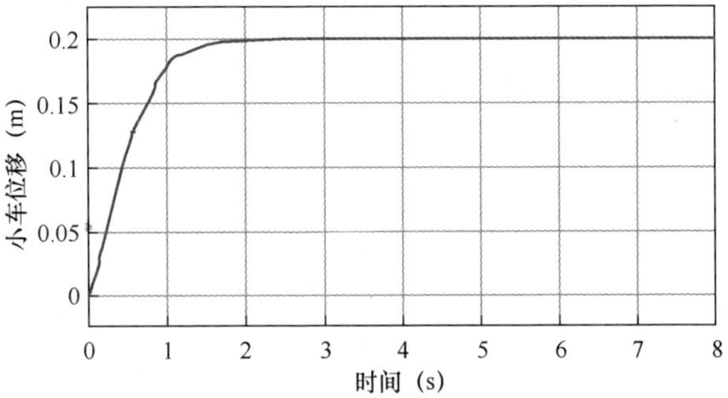

(a) 小车位移

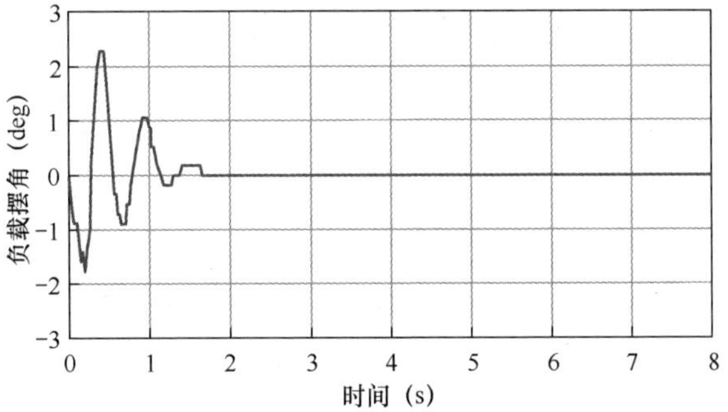

(b) 负载摆角

图 5-13　情况 3：吊绳长度减小的实验结果

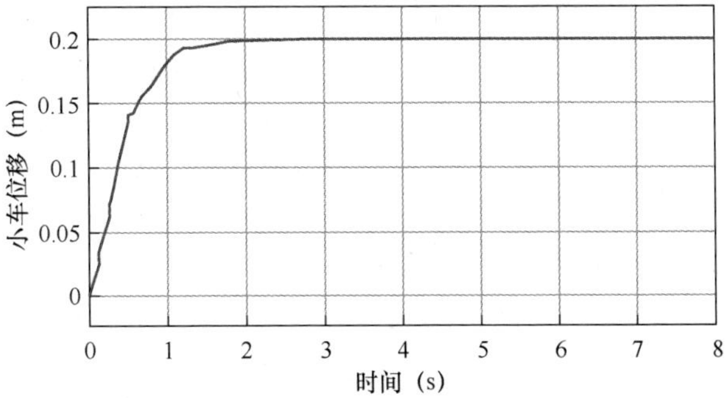

(a) 小车位移

图 5-14　情况 4：吊绳长度和负载质量均增加的实验结果

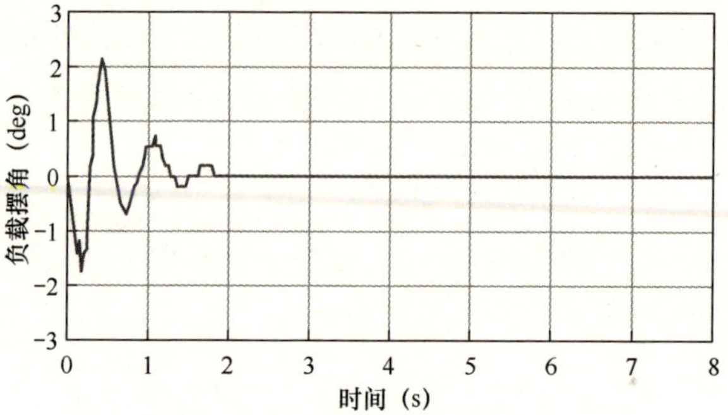

(b) 负载摆角

图 5-14 情况 4：吊绳长度和负载质量均增加的实验结果（续）

5.3 双摆效应桥式起重机系统的鲁棒 H_∞ 控制

5.3.1 鲁棒 H_∞ 控制器设计

H_∞ 控制是将从干扰到误差之间传递函数的 H_∞ 范数作为目标函数，对系统进行优化设计，使干扰对系统误差的影响降到最低。图 5-15 是鲁棒 H_∞ 状态反馈控制基本框图。

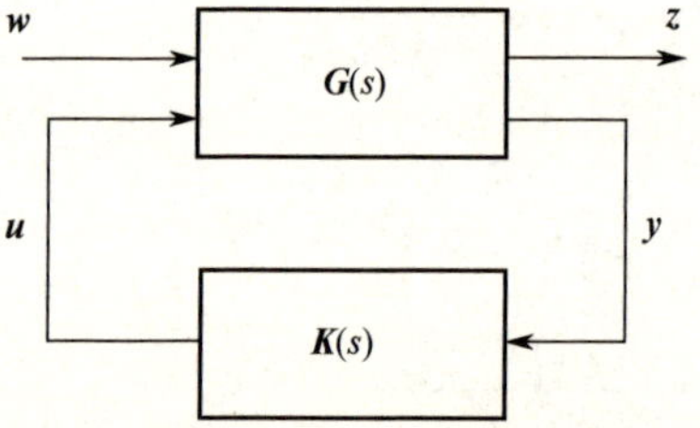

图 5-15 鲁棒 H_∞ 状态反馈控制基本框图

图中，$\boldsymbol{G}(s)$ 为广义被控对象的传递函数，$\boldsymbol{K}(s)$ 为控制器的传递函数，$\boldsymbol{w}\in\mathbf{R}^q$ 为具有有限能量的不确定外部干扰，$\boldsymbol{u}\in\mathbf{R}^m$ 为被控对象的控制输入，$\boldsymbol{y}\in\mathbf{R}^p$ 为被控对象的测量输出，$\boldsymbol{z}\in\mathbf{R}^r$ 为被调用输出。

该广义被控对象的状态空间描述如下：

$$\begin{cases}\dot{\boldsymbol{x}}=\boldsymbol{A}\boldsymbol{x}+\boldsymbol{B}_1\boldsymbol{w}+\boldsymbol{B}_2\boldsymbol{u}\\ \boldsymbol{z}=\boldsymbol{C}_1\boldsymbol{x}+\boldsymbol{D}_{11}\boldsymbol{w}+\boldsymbol{D}_{12}\boldsymbol{u}\\ \boldsymbol{y}=\boldsymbol{C}_2\boldsymbol{x}+\boldsymbol{D}_{21}\boldsymbol{w}+\boldsymbol{D}_{22}\boldsymbol{u}\end{cases} \tag{5-19}$$

其中，$\boldsymbol{x}\in\mathbf{R}^n$ 为被控对象的状态变量，$\boldsymbol{A}\in\mathbf{R}^{n\times n}$，$\boldsymbol{B}_1\in\mathbf{R}^{n\times q}$，$\boldsymbol{B}_2\in\mathbf{R}^{n\times m}$，$\boldsymbol{C}_1\in\mathbf{R}^{r\times n}$，$\boldsymbol{D}_{11}$、$\boldsymbol{D}_{12}$、$\boldsymbol{D}_{21}$ 和 $\boldsymbol{D}_{22}$ 为实数矩阵。

定义 5.1　如果系统中的所有状态变量均已知，设计一个控制律

$$\boldsymbol{u} = \boldsymbol{K}\boldsymbol{x} \tag{5-20}$$

能够保证闭环系统：

$$\begin{aligned} \dot{\boldsymbol{x}} &= \left(\boldsymbol{A} + \boldsymbol{B}_2\boldsymbol{K}\right)\boldsymbol{x} + \boldsymbol{B}_1\boldsymbol{w} \\ \boldsymbol{z} &= \left(\boldsymbol{C}_1 + \boldsymbol{D}_{12}\boldsymbol{K}\right)\boldsymbol{x} + \boldsymbol{D}_{11}\boldsymbol{w} \end{aligned} \tag{5-21}$$

在趋于渐近稳定的同时，闭环传递函数 $\boldsymbol{T}_{wz}(s)$ 满足：

$$\left\|\boldsymbol{T}_{wz}(s)\right\|_{\infty} = \left\|\left(\boldsymbol{C}_1 + \boldsymbol{D}_{12}\boldsymbol{K}\right)\left[s\boldsymbol{I} - \left(\boldsymbol{A} + \boldsymbol{B}_2\boldsymbol{K}\right)\right]^{-1}\boldsymbol{B}_1 + \boldsymbol{D}_{11}\right\|_{\infty} < 1 \tag{5-22}$$

则 $\boldsymbol{u} = \boldsymbol{K}\boldsymbol{x}$ 为系统的状态反馈 H_{∞} 控制器。

定理 5.1　系统

$$\begin{cases} \dot{\boldsymbol{x}} = \boldsymbol{A}\boldsymbol{x} + \boldsymbol{B}\boldsymbol{w} \\ \boldsymbol{z} = \boldsymbol{C}\boldsymbol{x} + \boldsymbol{D}\boldsymbol{w} \end{cases}$$

对于一个给定的常数 $\gamma > 0$，以下两个条件等价：

（1）系统渐近稳定，且 $\Gamma_{ee} < \gamma$；

（2）存在一个对称矩阵 $\boldsymbol{P} > 0$，使得

$$\begin{bmatrix} \boldsymbol{A}^{\mathrm{T}}\boldsymbol{P} + \boldsymbol{P}\boldsymbol{A} & \boldsymbol{P}\boldsymbol{B} & \boldsymbol{C}^{\mathrm{T}} \\ \boldsymbol{B}^{\mathrm{T}}\boldsymbol{P} & -\gamma\boldsymbol{I} & \boldsymbol{D}^{\mathrm{T}} \\ \boldsymbol{C} & \boldsymbol{D} & -\gamma\boldsymbol{I} \end{bmatrix} < 0 \tag{5-23}$$

定理 5.2　系统式（5-19）具有一个 H_{∞} 状态反馈控制器，当且仅当存在一个正定对称矩阵 $\boldsymbol{X}$ 和矩阵 $\boldsymbol{W}$，能够满足以下矩阵不等式：

$$\begin{bmatrix} \boldsymbol{A}\boldsymbol{X} + \boldsymbol{B}_2\boldsymbol{W} + \left(\boldsymbol{A}\boldsymbol{X} + \boldsymbol{B}_2\boldsymbol{W}\right)^{\mathrm{T}} & \boldsymbol{B}_1 & \left(\boldsymbol{C}_1\boldsymbol{X} + \boldsymbol{D}_{12}\boldsymbol{W}\right)^{\mathrm{T}} \\ \boldsymbol{B}_1^{\mathrm{T}} & -\boldsymbol{I} & \boldsymbol{D}_{11}^{\mathrm{T}} \\ \boldsymbol{C}_1\boldsymbol{X} + \boldsymbol{D}_{12}\boldsymbol{W} & \boldsymbol{D}_{11} & -\boldsymbol{I} \end{bmatrix} < 0 \tag{5-24}$$

证明：由定理 5.1 可知，当且仅当存在一个对称正定矩阵 $\boldsymbol{P}$ 满足以下矩阵不等式

$$\begin{bmatrix} (\boldsymbol{A} + \boldsymbol{B}_2\boldsymbol{K})^{\mathrm{T}}\boldsymbol{P} + \boldsymbol{P}\left(\boldsymbol{A} + \boldsymbol{B}_2\boldsymbol{K}\right) & \boldsymbol{P}\boldsymbol{B}_1 & \left(\boldsymbol{C}_1 + \boldsymbol{D}_{12}\boldsymbol{K}\right)^{\mathrm{T}} \\ \boldsymbol{B}_1^{\mathrm{T}}\boldsymbol{P} & -\boldsymbol{I} & \boldsymbol{D}_{11}^{\mathrm{T}} \\ \boldsymbol{C}_1 + \boldsymbol{D}_{12}\boldsymbol{K} & \boldsymbol{D}_{11} & -\boldsymbol{I} \end{bmatrix} < 0 \tag{5-25}$$

则系统式（5-19）渐近稳定，且满足式（5-22）的性能指标要求。

对式（5-25）左右两边均乘以矩阵 $\mathrm{diag}[\boldsymbol{P}^{-1},\boldsymbol{I},\boldsymbol{I}]$ ，可得

$$\begin{bmatrix} \boldsymbol{A}\boldsymbol{P}^{-1}+\boldsymbol{B}_2\boldsymbol{K}\boldsymbol{P}^{-1}+\left(\boldsymbol{A}\boldsymbol{P}^{-1}+\boldsymbol{B}_2\boldsymbol{K}\boldsymbol{P}^{-1}\right)^{\mathrm{T}} & \boldsymbol{B}_1 & \left(\boldsymbol{C}_1\boldsymbol{P}^{-1}+\boldsymbol{D}_{12}\boldsymbol{K}\boldsymbol{P}^{-1}\right)^{\mathrm{T}} \\ \boldsymbol{B}_1^{\mathrm{T}} & -\boldsymbol{I} & \boldsymbol{D}_{11}^{\mathrm{T}} \\ \boldsymbol{C}_1\boldsymbol{P}+\boldsymbol{D}_{12}\boldsymbol{K}\boldsymbol{P}^{-1} & \boldsymbol{D}_{11} & -\boldsymbol{I} \end{bmatrix}<0$$

令 $\boldsymbol{X}=\boldsymbol{P}^{-1}$， $\boldsymbol{W}=\boldsymbol{K}\boldsymbol{X}$ ，则可以得到矩阵不等式（5-24）。

通过将式（5-19）所示系数模型中的系数矩阵分别乘以适当常数，使 $\left\|\boldsymbol{T}_{wz}(s)\right\|_\infty<\gamma$ 的 H_∞ 控制问题转变成使 $\left\|\boldsymbol{T}_{wz}(s)\right\|_\infty<1$ 的标准 H_∞ 控制问题，称为系统的 $\gamma-$ 次优 H_∞ 控制，求取使得干扰抑制度 γ 最小时所得的控制器，即为系统的最优 H_∞ 控制问题。

对于一个给定标量 $\gamma>0$，要求取状态反馈 $\gamma-$ 次优 H_∞ 控制器，由于存在：

$$\left\|\boldsymbol{T}_{wz}(s)\right\|_\infty<\gamma \Leftrightarrow \left\|\gamma^{-1}\boldsymbol{T}_{wz}(s)\right\|_\infty<1 \tag{5-26}$$

可以 $\gamma^{-1}\boldsymbol{C}_1$、 $\gamma^{-1}\boldsymbol{D}_{11}$ 和 $\gamma^{-1}\boldsymbol{D}_{12}$ 分别替代 $\boldsymbol{C}_1$、 $\boldsymbol{D}_{11}$ 和 $\boldsymbol{D}_{12}$ ，对于转换得到的新系统模型可根据标准 H_∞ 控制器设计方法得到状态反馈 $\gamma-$ 次优 H_∞ 控制器，此时矩阵不等式（5-24）可表示为

$$\begin{bmatrix} \boldsymbol{A}\boldsymbol{X}+\boldsymbol{B}_2\boldsymbol{W}+\left(\boldsymbol{A}\boldsymbol{X}+\boldsymbol{B}_2\boldsymbol{W}\right)^{\mathrm{T}} & \boldsymbol{B}_1 & \gamma^{-1}\left(\boldsymbol{C}_1\boldsymbol{X}+\boldsymbol{D}_{12}\boldsymbol{W}\right)^{\mathrm{T}} \\ \boldsymbol{B}_1^{\mathrm{T}} & -\boldsymbol{I} & \gamma^{-1}\boldsymbol{D}_{11}^{\mathrm{T}} \\ \gamma^{-1}\left(\boldsymbol{C}_1\boldsymbol{X}+\boldsymbol{D}_{12}\boldsymbol{W}\right) & \gamma^{-1}\boldsymbol{D}_{11} & -\gamma^2\boldsymbol{I} \end{bmatrix}<0 \tag{5-27}$$

式（5-27）两边同时乘以矩阵 $\mathrm{diag}[\boldsymbol{I},\boldsymbol{I},\gamma\boldsymbol{I}]$，则式（5-27）可表示为

$$\begin{bmatrix} \boldsymbol{A}\boldsymbol{X}+\boldsymbol{B}_2\boldsymbol{W}+\left(\boldsymbol{A}\boldsymbol{X}+\boldsymbol{B}_2\boldsymbol{W}\right)^{\mathrm{T}} & \boldsymbol{B}_1 & \left(\boldsymbol{C}_1\boldsymbol{X}+\boldsymbol{D}_{12}\boldsymbol{W}\right)^{\mathrm{T}} \\ \boldsymbol{B}_1^{\mathrm{T}} & -\boldsymbol{I} & \boldsymbol{D}_{11}^{\mathrm{T}} \\ \left(\boldsymbol{C}_1\boldsymbol{X}+\boldsymbol{D}_{12}\boldsymbol{W}\right) & \boldsymbol{D}_{11} & -\gamma^2\boldsymbol{I} \end{bmatrix}<0 \tag{5-28}$$

结合状态反馈 $\gamma-$ 次优 H_∞ 控制器的存在条件，可以得到下面的 LMI：

$$\min \rho$$

$$\text{s.t.}\begin{bmatrix} \boldsymbol{A}\boldsymbol{X}+\boldsymbol{B}_2\boldsymbol{W}+\left(\boldsymbol{A}\boldsymbol{X}+\boldsymbol{B}_2\boldsymbol{W}\right) & \boldsymbol{B}_1 & \left(\boldsymbol{C}_1\boldsymbol{X}+\boldsymbol{D}_{12}\boldsymbol{W}\right)^{\mathrm{T}} \\ \boldsymbol{B}_1^{\mathrm{T}} & -\boldsymbol{I} & \boldsymbol{D}_{11}^{\mathrm{T}} \\ \boldsymbol{C}_1\boldsymbol{X}+\boldsymbol{D}_{12}\boldsymbol{W} & \boldsymbol{D}_{11} & -\rho\boldsymbol{I} \end{bmatrix}<0 \tag{5-29}$$

$\boldsymbol{X}>0$

求解线性矩阵不等式（5-29）即可得到状态反馈 H_∞ 控制器，并得到控制增益矩阵 $\boldsymbol{K}=\boldsymbol{W}\boldsymbol{X}^{-1}$。

将双摆效应桥式起重机的 T-S 模糊模型转换成标准的 H_∞ 控制问题，对照广义系统模型，模糊模型中每个线性子系统可写成如下状态空间表达式：

$$\begin{cases}\dot{\boldsymbol{x}}=\boldsymbol{A}_i\boldsymbol{x}+\boldsymbol{B}_{i1}\boldsymbol{w}+\boldsymbol{B}_{i2}\boldsymbol{u}\\ \boldsymbol{z}=\boldsymbol{C}_1\boldsymbol{x}+\boldsymbol{D}_{11}\boldsymbol{w}+\boldsymbol{D}_{12}\boldsymbol{u} \qquad i=1,2,\cdots,8\\ \boldsymbol{y}=\boldsymbol{C}_2\boldsymbol{x}+\boldsymbol{D}_{21}\boldsymbol{w}+\boldsymbol{D}_{22}\boldsymbol{u}\end{cases} \tag{5-30}$$

式中，$\boldsymbol{A}_i$、$\boldsymbol{B}_{i2}$、$\boldsymbol{C}_2$ 可根据模糊规则中对应的数学模型得到，$\boldsymbol{D}_{11}$、$\boldsymbol{D}_{21}$、$\boldsymbol{D}_{22}$ 为零矩阵，$\boldsymbol{B}_{i1}=\boldsymbol{B}_{i2}$，对式（5-29）求解即可得到第 i 个子系统的状态反馈增益矩阵 $\boldsymbol{K}_i$，则每个子系统的 H_∞ 控制器为

$$u_i(t)=K_{i1}(x-p_d)+K_{i2}\dot{x}+K_{i3}\theta_1+K_{i4}\dot{\theta}_1+K_{i5}\theta_2+K_{i6}\dot{\theta}_2 \tag{5-31}$$

根据并行分布补偿原理可得双摆效应桥式起重机动态系统的控制输入为

$$\boldsymbol{u}(t)=\sum_{i=1}^{8}h_i(z(t))u_i(t) \tag{5-32}$$

5.3.2 仿真研究

仿真时选用的起重机参数[147]如下：小车质量为6.5kg，吊钩质量为2kg，负载质量为0.6kg，台车与吊钩之间的吊绳长度为0.53m，吊钩重心到负载重心之间的距离为0.4m。根据第 2 章中的推导可知，8 个子系统中的系数矩阵分别为

$$\boldsymbol{A}_1=\begin{bmatrix}0&1&0&0&0&0\\0&0&3.92&0&0&0.0631\\0&0&0&1&0&0\\0&0&-31.4340&-0.5130&5.5472&-0.5063\\0&0&0&0&0&1\\0&0&31.85&2.9455&-31.85&0.5130\end{bmatrix}$$

$$\boldsymbol{A}_2=\begin{bmatrix}0&1&0&0&0&0\\0&0&3.92&0&0&-0.0631\\0&0&0&1&0&0\\0&0&-31.4340&-0.5130&5.5472&0.5063\\0&0&0&0&0&1\\0&0&31.85&2.9455&-31.82&-0.5130\end{bmatrix}$$

$$
\boldsymbol{A}_3=\begin{bmatrix}
0 & 1 & 0 & 0 & 0 & 0 \\
0 & 0 & 3.92 & 0 & 0 & 0.0631 \\
0 & 0 & 0 & 1 & 0 & 0 \\
0 & 0 & -31.4340 & 0.5130 & 5.5472 & -0.5063 \\
0 & 0 & 0 & 0 & 0 & 1 \\
0 & 0 & 31.85 & -2.9455 & -31.85 & 0.5130
\end{bmatrix}
$$

$$
\boldsymbol{A}_4=\begin{bmatrix}
0 & 1 & 0 & 0 & 0 & 0 \\
0 & 0 & 3.92 & 0 & 0 & -0.0631 \\
0 & 0 & 0 & 1 & 0 & 0 \\
0 & 0 & -31.4340 & 0.5130 & 5.5472 & 0.5063 \\
0 & 0 & 0 & 0 & 0 & 1 \\
0 & 0 & 31.85 & -2.9455 & -31.85 & -0.5130
\end{bmatrix}
$$

$$
\boldsymbol{A}_5=\begin{bmatrix}
0 & 1 & 0 & 0 & 0 & 0 \\
0 & 0 & 3.8575 & -0.0063 & 0.0682 & 0.0621 \\
0 & 0 & 0 & 1 & 0 & 0 \\
0 & 0 & -30.3860 & -0.4542 & 4.9118 & -0.4894 \\
0 & 0 & 0 & 0 & 0 & 1 \\
0 & 0 & 28.2020 & 2.8473 & -30.7882 & 0.4542
\end{bmatrix}
$$

$$
\boldsymbol{A}_6=\begin{bmatrix}
0 & 1 & 0 & 0 & 0 & 0 \\
0 & 0 & 3.8575 & -0.0063 & 0.0682 & -0.0621 \\
0 & 0 & 0 & 1 & 0 & 0 \\
0 & 0 & -30.8360 & -0.4542 & 4.9118 & 0.4894 \\
0 & 0 & 0 & 0 & 0 & 1 \\
0 & 0 & 28.2020 & 2.8473 & -30.7882 & -0.4542
\end{bmatrix}
$$

$$
\boldsymbol{A}_7=\begin{bmatrix}
0 & 1 & 0 & 0 & 0 & 0 \\
0 & 0 & 3.8575 & 0.0063 & 0.0682 & 0.0621 \\
0 & 0 & 0 & 1 & 0 & 0 \\
0 & 0 & -30.3860 & 0.4542 & 4.9118 & -0.4894 \\
0 & 0 & 0 & 0 & 0 & 1 \\
0 & 0 & 28.2020 & -2.8473 & -30.7882 & 0.4542
\end{bmatrix}
$$

$$
\boldsymbol{A}_8=\begin{bmatrix}
0 & 1 & 0 & 0 & 0 & 0 \\
0 & 0 & 3.8575 & 0.0063 & 0.0682 & -0.0621 \\
0 & 0 & 0 & 1 & 0 & 0 \\
0 & 0 & -30.3860 & 0.4542 & 4.9118 & 0.4894 \\
0 & 0 & 0 & 0 & 0 & 1 \\
0 & 0 & 28.2020 & -2.8473 & -30.7882 & -0.4542
\end{bmatrix}
$$

$$\boldsymbol{B}_1=\boldsymbol{B}_2=\boldsymbol{B}_3=\boldsymbol{B}_4=\begin{bmatrix}0\\0.1538\\0\\-0.2903\\0\\0\end{bmatrix},\quad \boldsymbol{B}_5=\boldsymbol{B}_6=\boldsymbol{B}_7=\boldsymbol{B}_8=\begin{bmatrix}0\\0.1539\\0\\-0.2856\\0\\-0.0290\end{bmatrix}$$

通过调试，仿真时使用的 $\boldsymbol{C}_1$ 和 $\boldsymbol{D}_{12}$ 分别为

$$\boldsymbol{C}_1=\begin{bmatrix}55&0&0&0&0&0\\0&70&0&0&0&0\\0&0&10&0&0&0\\0&0&0&650&0&0\\0&0&0&0&100&0\\0&0&0&0&0&250\end{bmatrix},\quad \boldsymbol{D}_{12}=\begin{bmatrix}0&0&0&0&0&1\end{bmatrix}^{\mathrm{T}}$$

采用 LMI 进行计算，可以得到 8 个子系统的控制增益矩阵分别如下：

$$\boldsymbol{K}_1=[-62.9\quad -183.7\quad 3878.1\quad 707.5\quad -2138.0\quad 151.4]$$

$$\boldsymbol{K}_2=[-69.6\quad -184.1\quad 3545.2\quad 705.9\quad -1800.6\quad 3.2]$$

$$\boldsymbol{K}_3=[-69.1\quad -182.0\quad 4795.4\quad 708.0\quad -3088.1\quad -336.9]$$

$$\boldsymbol{K}_4=[-68.9\quad -181.1\quad 3894.4\quad 706.8\quad -2200.2\quad -403.5]$$

$$\boldsymbol{K}_5=[-71.2\quad -188.0\quad 3795.1\quad 662.7\quad -2017.3\quad 182.2]$$

$$\boldsymbol{K}_6=[-70.6\quad -188.8\quad 3497.5\quad 677.3\quad -1712.8\quad 23.0]$$

$$\boldsymbol{K}_7=[-70.6\quad -185.6\quad 4967.3\quad 718.1\quad -3227.9\quad -358.8]$$

$$\boldsymbol{K}_8=[-70.7\quad -185.3\quad 3943.3\quad 625.0\quad -5233.3\quad 424.1]$$

1. 比较研究

将本节鲁棒 H_∞ 控制方法与文献[148]中的 LQR 控制方法进行比较，结果如图 5-16 所示，具体性能指标如表 5-2 所示。

由图 5-16 和表 5-2 可知，采用本节鲁棒 H_∞ 控制方法时小车能够到达目标位置的时间相较于文献[148]中的 LQR 控制方法减少了 0.7 s；在小车运行过程中，吊钩最大摆角和负载最大摆角均小于文献[148]中的 LQR 控制方法。

为了对本节所提方法的抗干扰性能进行测试，在 20 s 时对系统输入加入幅值为 1.5 N 、持续时间为 0.3 s 的脉冲干扰，加入干扰后小车运行与负载摆角

情况如图 5-17 所示，具体性能指标对比如表 5-3 所示。

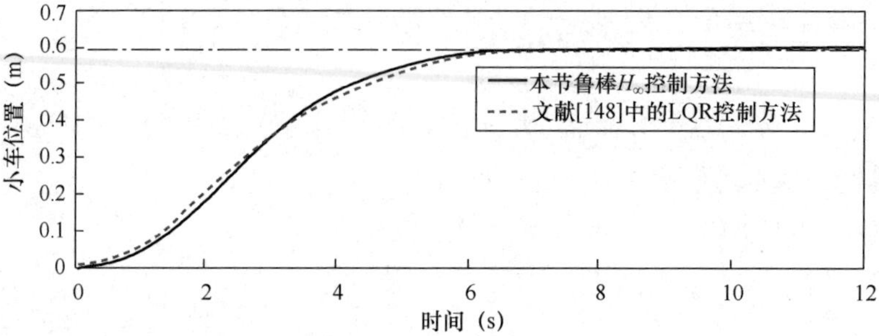

(a) 小车位置

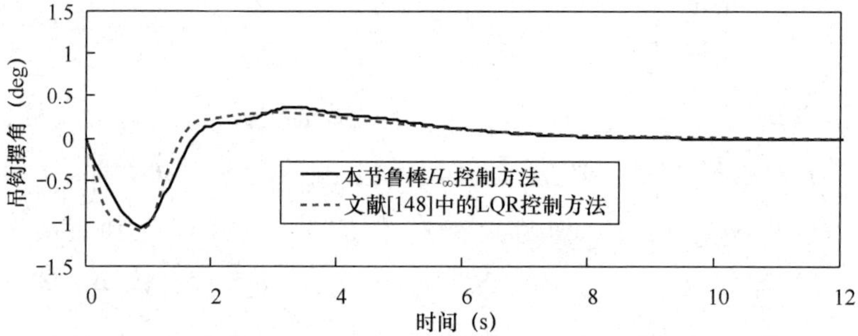

(b) 吊钩摆角

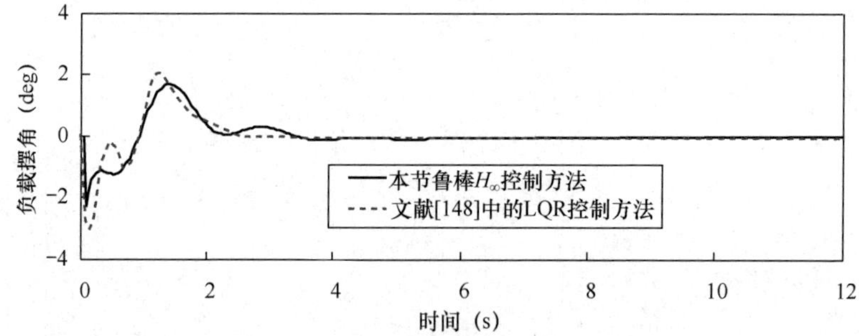

(c) 负载摆角

图 5-16　本节鲁棒 H_∞ 控制方法与文献[148]中的 LQR 控制方法比较

表 5-2　具体性能指标

方　　法	小车运行时间（s）	吊钩最大摆角（deg）	负载最大摆角（deg）
本节鲁棒 H_∞ 控制方法	7.2	1.10	2.31
文献[148]中的 LQR 控制方法	7.9	1.15	3.11

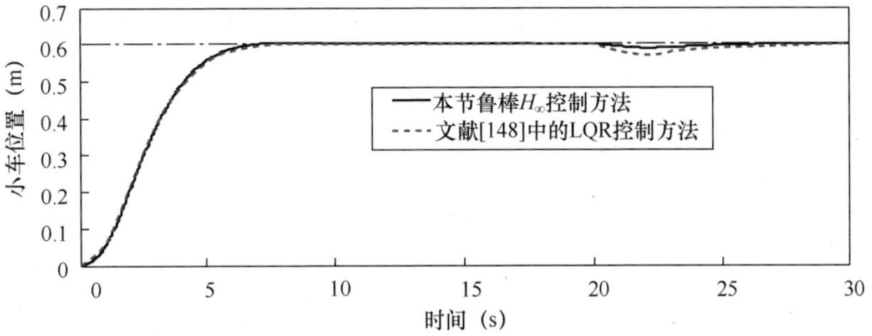

(a) 小车位置

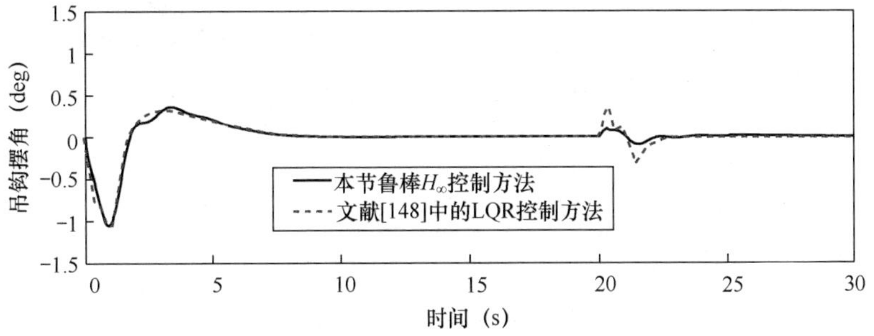

(b) 吊钩摆角

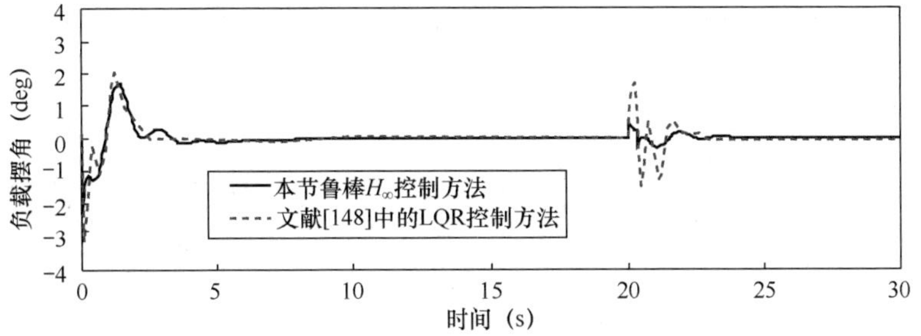

(c) 负载摆角

图 5-17　加入干扰后小车运行与负载摆角情况

表 5-3　具体性能指标对比

方法	过渡时间（s）	吊钩最大摆角（deg）	负载最大摆角（deg）
本节鲁棒 H_∞ 控制方法	4	0.11	0.20
文献[148]中的 LQR 控制方法	4	0.45	1.91

由图 5-17 和表 5-3 可知，在系统加入干扰后，本节鲁棒 H_∞ 控制方法使小车稳定至目标位置的时间比文献[148]中的 LQR 控制方法减少 1s，并且该方法在干扰的影响下吊钩最大摆角和负载最大摆角均小于文献[148]中的 LQR

控制方法，表明本节鲁棒 H_∞ 控制方法比文献[148]中的 LQR 控制方法能够使系统具有更强的抗干扰性能。

2. 鲁棒性研究

在实际工作过程中，双摆效应桥式起重机系统中吊绳长度和负载质量会随着目标位置的改变而改变。系统参数改变可能引发的不可控摆动或残余摆动会降低工作效率，甚至引发安全事故，因此保证系统运行过程中的鲁棒性具有重要的实际意义。本节从以下四种情况来讨论所提方法的鲁棒性。

情况 1：吊绳长度 l_1 由 0.53m 增加为 1.5m 。

情况 2：吊绳长度 l_1 由 0.53m 减小为 0.1m 。

情况 3：负载质量 m_2 由 0.6kg 增加为 1.5kg 。

情况 4：负载质量 m_2 由 0.6kg 减小为 0.3kg 。

不同情况下的仿真结果如图 5-18～图 5-21 所示。

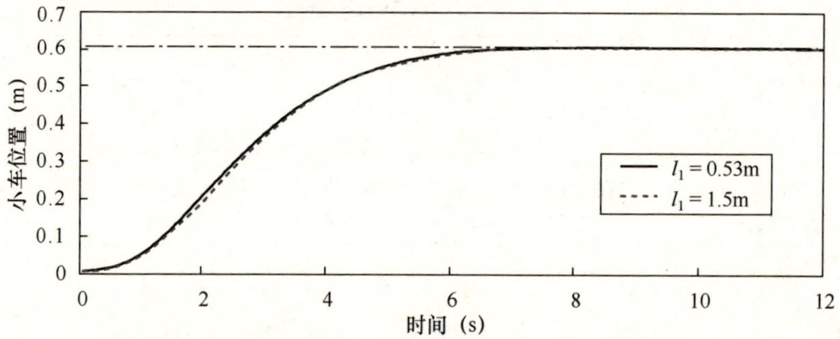

(a) 小车位置

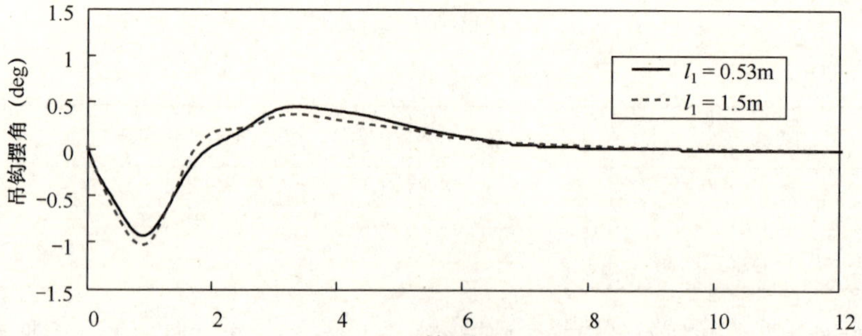

(b) 吊钩摆角

图 5-18 情况 1 的仿真结果

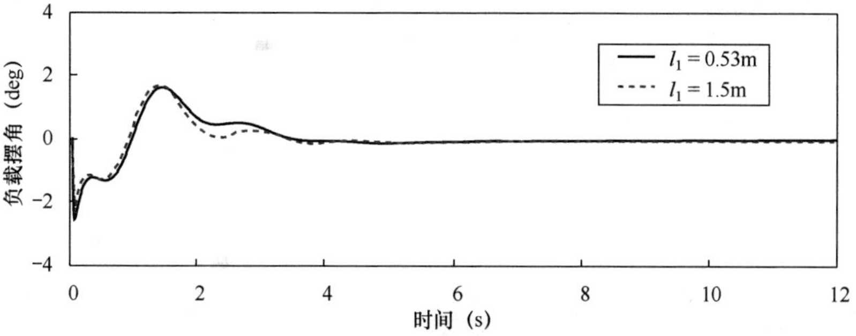

(c) 负载摆角

图 5-18　情况 1 的仿真结果（续）

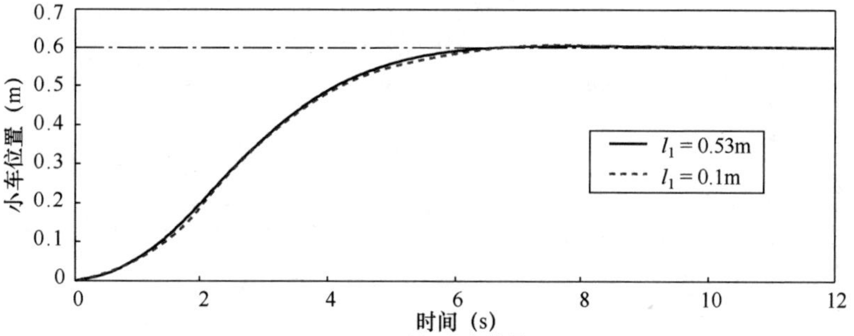

(a) 小车位置

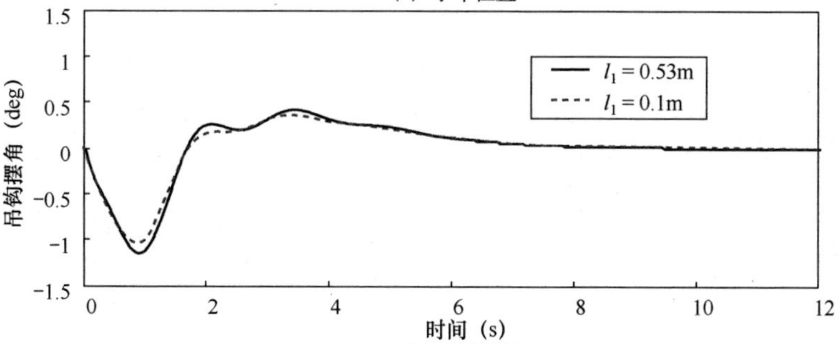

(b) 吊钩摆角

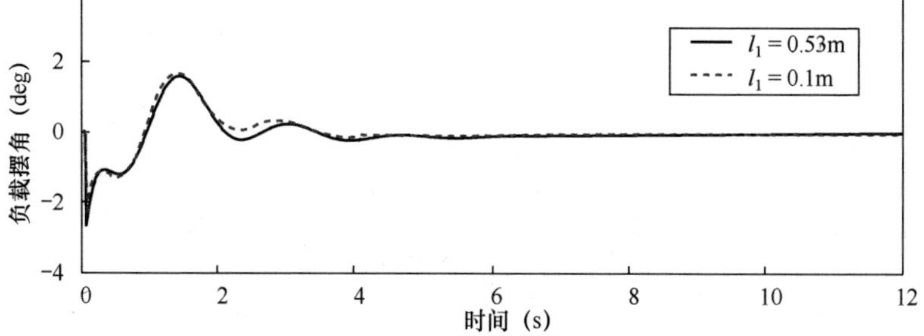

(c) 负载摆角

图 5-19　情况 2 的仿真结果

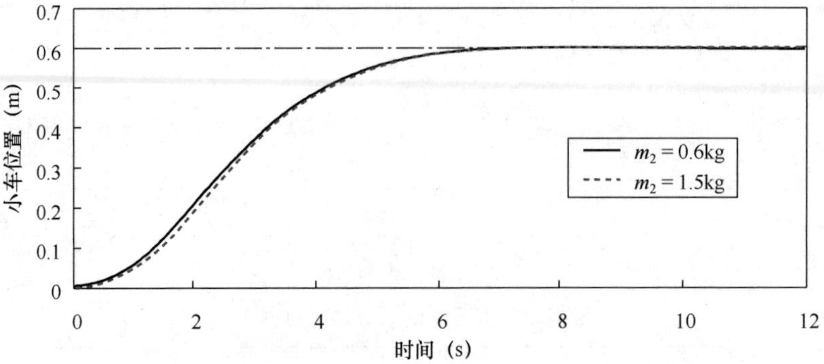

(a) 小车位置

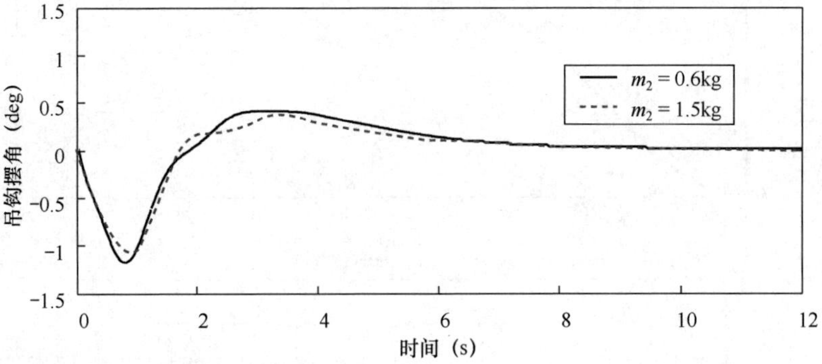

(b) 吊钩摆角

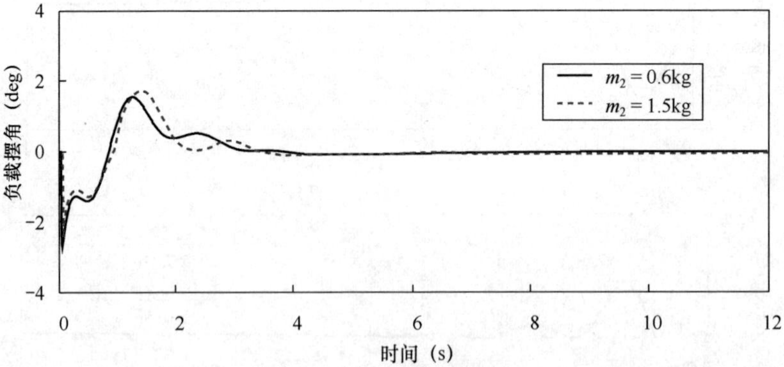

(c) 负载摆角

图 5-20　情况 3 的仿真结果

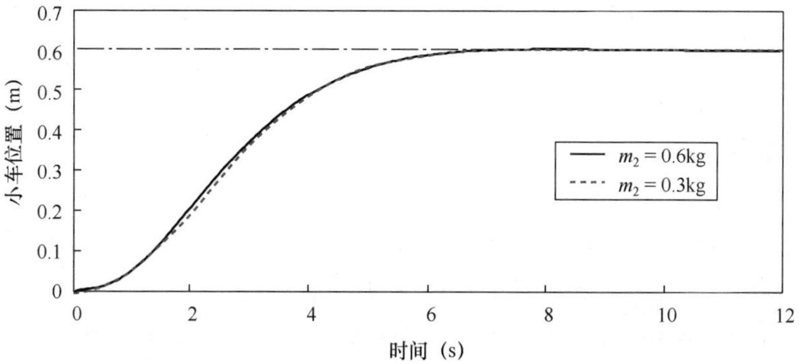

(a) 小车位置

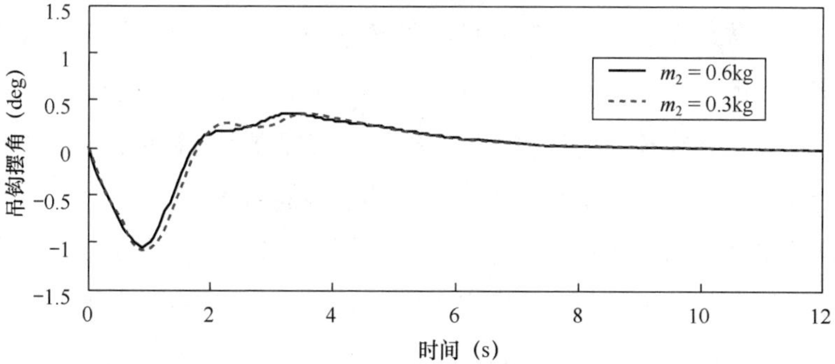

(b) 吊钩摆角

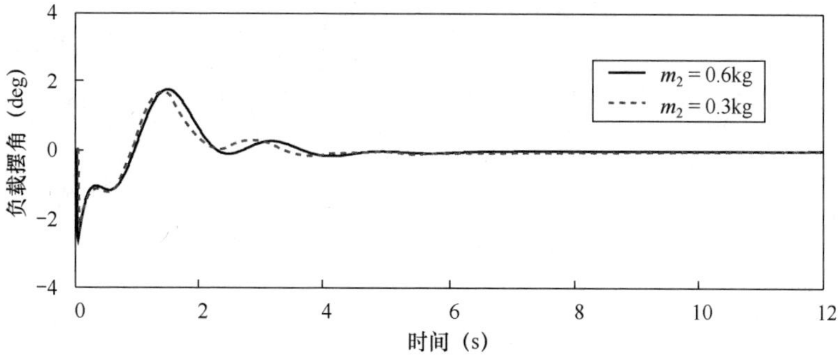

(c) 负载摆角

图 5-21　情况 4 的仿真结果

由图 5-18～图 5-21 可知，当负载质量和吊绳长度发生变化时，本节鲁棒 H_∞ 控制方法仍然能够保证小车准确运行到目标位置，并且到达目标位置后不存在残余摆动；吊钩最大摆角和负载最大摆角会发生变化，但变化的幅度很小，对系统的工作效率及安全性不会产生太大的影响，从而证明了本节鲁棒

H_∞ 控制方法具有良好的鲁棒性。

5.4 本章小结

为了克服不确定性因素对起重机系统的影响问题，针对单摆效应桥式起重机系统和双摆效应桥式起重机系统分别提出了鲁棒 LQR 控制方法和鲁棒 H_∞ 控制方法。给出了单摆效应桥式起重机带有不确定性的 T-S 模糊模型，基于此模型设计了鲁棒 LQR 控制器，并将鲁棒 LQR 控制问题转化为 LMI 的求解问题。为了解决 LQR 控制中的 $\boldsymbol{Q}$ 值选择问题，引入 PSO 算法。同时，对不同控制方法的仿真和实验结果进行了比较，结果表明鲁棒 LQR 控制方法对小车质量变化、吊绳长度变化和外部干扰均具有较强的鲁棒性。

针对双摆效应桥式起重机系统带有不确定性的 T-S 模糊模型，提出了用于定位防摆的鲁棒 H_∞ 控制方法，为了方便得到控制增益，将 H_∞ 控制问题转化为 LMI 的求解问题，仿真结果表明鲁棒 H_∞ 控制方法不仅能使小车准确定位，同时还能抑制吊钩摆角和负载摆角，并具有良好的鲁棒性。

第 6 章

基于模糊观测器的状态反馈控制

6.1 引言

当起重机定位防摆控制系统采用闭环控制时，需要实时得到小车位移与小车速度、负载摆角与摆角速度等状态变量的值，因此需要对各个状态变量信息进行检测。在第 1 章给出的起重机系统定位防摆控制方法研究中，假设各个状态变量是可以测量的。在实际的工程应用中，采用传感器测量小车位移易于实现，但对负载摆角及摆角速度测量起来难度较大。即便可以测量，如采用摄像法测量摆角，但由于小车–吊重系统本身的特殊结构，这种方法在实际中不便于应用。另外，增加测量装置提高了起重机控制系统的运行和维护成本。

鉴于此，针对单摆效应桥式起重机系统，本节提出一种 T-S 模糊观测器和基于 T-S 模糊模型的状态反馈控制器设计方法。该方法可以通过 LMI 求解，方便地获得观测器增益矩阵和反馈控制增益矩阵，且能够进行有效的定位防摆控制。具体而言，首先对每个线性子系统设计观测器，将设计的各个观测器加权相加得到非线性 T-S 模糊观测器，利用小车位置信号对小车速度、负载摆角和摆角速度信号进行在线估计。然后在 T-S 模糊观测器的基础上设计 PDC 结构的状态反馈控制器，将原系统状态变量和观测器误差构成增广状态向量，并利用 Lyapunov 稳定理论对增广系统进行稳定性证明。最后通过 MATLAB 仿真实验验证所提方法的可行性与有效性。

6.2 T-S 模糊观测器

本节首先分析利用小车位置信息估计负载摆角和摆角速度时系统的能观性，然后给出 T-S 模糊观测器的设计过程。

6.2.1 系统能观性分析

对于 n 维连续时间线性定常系统，系统完全能观的充分必要条件是

$$\mathrm{rank}[\boldsymbol{C}^{\mathrm{T}},\boldsymbol{A}^{\mathrm{T}}\boldsymbol{C}^{\mathrm{T}},\cdots,(\boldsymbol{A}^{\mathrm{T}})^{n-1}\boldsymbol{C}^{\mathrm{T}}]=n$$

T-S 模糊模型是由若干个线性模型通过加权相加得到，设计 T-S 模糊观测器是针对每个线性模型设计一个观测器，然后再加权和得到整个系统的观测器，所以只需要各个线性模型状态可观即可。本章利用可以测量的位置信息估计其他状态变量，结合式（2-59）可以写出 T-S 模型的状态空间表达式为

$$\begin{cases}\dot{\boldsymbol{x}}(t)=\sum\limits_{i=1}^{r}h_i(\boldsymbol{z}(t))[\boldsymbol{A}_i\boldsymbol{x}(t)+\boldsymbol{B}_i\boldsymbol{u}(t)]\\ \boldsymbol{y}=\boldsymbol{C}_i\boldsymbol{x}(t),\quad i=1,2,\cdots,8\end{cases}\tag{6-1}$$

式中，$h_i=h_{2i},\boldsymbol{A}_i=\boldsymbol{A}_{2i},\boldsymbol{B}_i=\boldsymbol{B}_{2i},\boldsymbol{C}_i=[1\ \ 0\ \ 0\ \ 0]$。

为了判断系统的能观性，把式（2-66）中的矩阵 $\boldsymbol{A}_{2i}$、$\boldsymbol{B}_{2i}$ 代入能观性矩阵 $[\boldsymbol{C}_i^{\mathrm{T}},\boldsymbol{A}_i^{\mathrm{T}}\boldsymbol{C}_i^{\mathrm{T}},\cdots,(\boldsymbol{A}_i^{\mathrm{T}})^{n-1}\boldsymbol{C}_i^{\mathrm{T}}]$ 中，均有

$$\mathrm{rank}[\boldsymbol{C}_i^{\mathrm{T}},\boldsymbol{A}_i^{\mathrm{T}}\boldsymbol{C}_i^{\mathrm{T}},\cdots,(\boldsymbol{A}_i^{\mathrm{T}})^{n-1}\boldsymbol{C}_i^{\mathrm{T}}]=4\tag{6-2}$$

由式（6-2）可知，各个子系统能观性矩阵的秩为满秩，说明各个子系统完全能观。

6.2.2 T-S 模糊状态观测器设计

定绳长二维桥式起重机的数学模型为

$$\begin{cases}(M+m)\ddot{x}+ml\ddot{\theta}\cos\theta-ml\dot{\theta}^2\sin\theta+\mu\dot{x}=F\\ ml^2\ddot{\theta}+ml\ddot{x}\cos\theta+mgl\sin\theta=0\end{cases}\tag{6-3}$$

T-S 模糊模型选择模型式（2-56），简写为如下形式

$$
\begin{cases}
\dot{\boldsymbol{x}}(t)=\sum_{i=1}^{r}h_{2i}(\boldsymbol{z}(t))[\boldsymbol{A}_{2i}\boldsymbol{x}(t)+\boldsymbol{B}_{2i}\boldsymbol{u}(t)] \\
\boldsymbol{y}(t)=\sum_{i=1}^{r}h_{2i}(\boldsymbol{z}(t))\boldsymbol{C}_{2i}\boldsymbol{x}(t),\quad i=1,2,\cdots,r;r=8
\end{cases}
\tag{6-4}
$$

前件变量 $\boldsymbol{z}(t)=[z_{21}(t)\quad z_{22}(t)\quad z_{23}(t)]$ 是关于状态变量的非线性函数。本章中假设状态变量不可测，因此前件变量是未知的。在本章中，为了便于后面的一些公式推导，把式（6-4）的下标 $2i$ 换为 i，于是式（6-4）可以写为

$$
\begin{cases}
\dot{\boldsymbol{x}}(t)=\sum_{i=1}^{r}h_{i}(\boldsymbol{z}(t))[\boldsymbol{A}_{i}\boldsymbol{x}(t)+\boldsymbol{B}_{i}\boldsymbol{u}(t)] \\
\boldsymbol{y}(t)=\sum_{i=1}^{r}h_{i}(\boldsymbol{z}(t))\boldsymbol{C}_{i}\boldsymbol{x}(t),\quad i=1,2,\cdots,r;r=8
\end{cases}
\tag{6-5}
$$

前件变量下标也做相应的改变，则前件变量改写为

$$
\boldsymbol{z}(t)=[z_1(t)\quad z_2(t)\quad z_3(t)]
$$

同时将第 2 章的隶属度函数 M_{2k}、N_{2j}、R_{2n} 分别改写为 M_k、N_j、R_n。

针对式（6-5）表示的起重机 T-S 模糊模型设计 T-S 模糊状态观测器，观测器采用 PDC 结构，和 T-S 模糊模型具有相同的前件变量，其第 i 条规则表示如下：

Observer Rule i:

If $\hat{z}_1(t)$ is $M_k, \hat{z}_2(t)$ is N_j and $\hat{z}_3(t)$ is $R_n, k=1,2; j=1,2; n=1,2$

Then
$$
\begin{cases}
\dot{\hat{\boldsymbol{x}}}(t)=\boldsymbol{A}_i\hat{\boldsymbol{x}}(t)+\boldsymbol{B}_i\boldsymbol{u}(t)+\boldsymbol{K}_i[\boldsymbol{y}(t)-\hat{\boldsymbol{y}}(t)] \\
\hat{\boldsymbol{y}}(t)=\boldsymbol{C}_i\hat{\boldsymbol{x}}(t),\quad i=1,2,\cdots,r;r=8
\end{cases}
\tag{6-6}
$$

式中，$\hat{\boldsymbol{x}}(t)$ 是系统状态变量的估计值，$\hat{\boldsymbol{y}}$ 是系统输出的估计值，$\hat{z}_1(t)$、$\hat{z}_2(t)$ 和 $\hat{z}_3(t)$ 是观测器的前件变量，其值依赖于模糊观测器估计的状态变量值，一般情况下 $\hat{z}_i \neq z_i$，$\boldsymbol{K}_i$ 是观测器增益。

T-S 模糊观测器可表示为

$$
\begin{cases}
\dot{\hat{\boldsymbol{x}}}(t)=\sum_{i=1}^{r}h_i(\hat{\boldsymbol{z}}(t))\boldsymbol{A}_i\hat{\boldsymbol{x}}(t)+\sum_{i=1}^{r}h_i(\hat{\boldsymbol{z}}(t))\boldsymbol{B}_i\boldsymbol{u}(t)+\sum_{i=1}^{r}h_i(\hat{\boldsymbol{z}}(t))\boldsymbol{K}_i[\boldsymbol{y}(t)-\hat{\boldsymbol{y}}(t)] \\
\hat{\boldsymbol{y}}(t)=\sum_{i=1}^{r}h_i(\hat{\boldsymbol{z}}(t))\boldsymbol{C}_i\hat{\boldsymbol{x}}(t),\quad i=1,2,\cdots,r;r=8
\end{cases}
\tag{6-7}
$$

要求观测器的状态估计值和实际值之差能够收敛到 0，即观测误差为

$$e(t)=x(t)-\hat{x}(t)\to 0\ ,\ t\to 0 \tag{6-8}$$

对式（6-8）求导，得

$$\dot{e}(t)=\dot{x}(t)-\dot{\hat{x}}(t) \tag{6-9}$$

6.3 基于观测器的状态反馈控制器设计

基于模糊观测器式（6-7），设计状态反馈控制器。控制器采用 PDC 结构，反馈增益利用 LMI 计算。

控制器和 T-S 模糊观测器具有相同的前件变量，其第 i 条规则表示如下：

Control Rule i:

If $\hat{z}_1(t)$ is $M_k, \hat{z}_2(t)$ is N_j and $\hat{z}_3(t)$ is $R_n, k=1,2; j=1,2; n=1,2$

$$\text{Then}\ \ u_i(t)=-\boldsymbol{F}_i\hat{\boldsymbol{x}}(t),\ \ i=1,2,\cdots,r; r=8 \tag{6-10}$$

控制器的输出为

$$\boldsymbol{u}(t)=-\sum_{i=1}^{r}h_i(\hat{z}(t))\boldsymbol{F}_i\hat{\boldsymbol{x}}(t),\ \ i=1,2,\cdots,r; r=8 \tag{6-11}$$

图 6-1 给出了基于 T-S 模糊观测器的状态反馈控制结构。

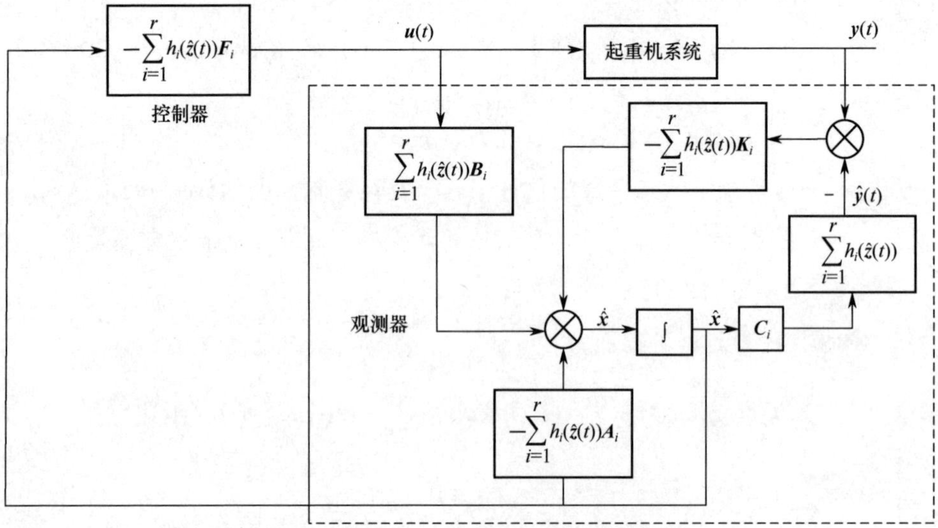

图 6-1　基于 T-S 模糊观测器的状态反馈控制结构

将式（6-8）、式（6-11）代入式（6-5）中，可得

$$
\begin{aligned}
\dot{\boldsymbol{x}}(t) &= \sum_{i=1}^{r} h_i(\boldsymbol{z}(t))[\boldsymbol{A}_i\boldsymbol{x}(t) - \sum_{k=1}^{r} h_k(\hat{\boldsymbol{z}}(t))\boldsymbol{B}_i\boldsymbol{F}_k\hat{\boldsymbol{x}}(t)] \\
&= \sum_{i=1}^{r} h_i(\boldsymbol{z}(t))[\boldsymbol{A}_i\boldsymbol{x}(t) - \sum_{k=1}^{r} h_k(\hat{\boldsymbol{z}}(t))\boldsymbol{B}_i\boldsymbol{F}_k(\boldsymbol{x}(t)-\boldsymbol{e}(t))] \\
&= \sum_{i=1}^{r} h_i(\boldsymbol{z}(t))\left[\boldsymbol{A}_i - \sum_{k=1}^{r} h_k(\hat{\boldsymbol{z}}(t))\boldsymbol{B}_i\boldsymbol{F}_k\right]\boldsymbol{x}(t) + \sum_{i=1}^{r}\sum_{k=1}^{r} h_i(\boldsymbol{z}(t))h_k(\hat{\boldsymbol{z}}(t))\boldsymbol{B}_i\boldsymbol{F}_k\boldsymbol{e}(t)
\end{aligned}
\tag{6-12}
$$

将式（6-8）、式（6-11）代入式（6-7）中，可得

$$
\begin{aligned}
\dot{\hat{\boldsymbol{x}}}(t) = &\sum_{j=1}^{r} h_j(\hat{\boldsymbol{z}}(t))\boldsymbol{A}_j[\boldsymbol{x}(t)-\boldsymbol{e}(t)] - \sum_{j=1}^{r}\sum_{k=1}^{r} h_j(\hat{\boldsymbol{z}}(t))h_k(\hat{\boldsymbol{z}}(t))\boldsymbol{B}_j\boldsymbol{F}_k[\boldsymbol{x}(t)-\boldsymbol{e}(t)] + \\
&\sum_{i=1}^{r}\sum_{j=1}^{r}\sum_{k=1}^{r} h_i(\boldsymbol{z}(t))h_j(\hat{\boldsymbol{z}}(t))h_k(\hat{\boldsymbol{z}}(t))\boldsymbol{K}_j\boldsymbol{B}_j(\boldsymbol{C}_i-\boldsymbol{C}_k)\boldsymbol{x}(t) + \\
&\sum_{i=1}^{r}\sum_{k=1}^{r} h_j(\hat{\boldsymbol{z}}(t))h_k(\hat{\boldsymbol{z}}(t))\boldsymbol{K}_j\boldsymbol{C}_k\boldsymbol{e}(t)
\end{aligned}
\tag{6-13}
$$

构造增广状态向量 $\overline{\boldsymbol{x}}(t)=[\boldsymbol{x}(t)\quad \boldsymbol{e}(t)]^{\mathrm{T}}$，结合式（6-8）、式（6-12）和式（6-13），得到包含模糊观测器和控制器的增广系统如下：

$$
\begin{aligned}
\dot{\overline{\boldsymbol{x}}}(t) &= \sum_{i=1}^{r}\sum_{j=1}^{r}\sum_{k=1}^{r} h_i(\boldsymbol{z}(t))h_j(\hat{\boldsymbol{z}}(t))h_k(\hat{\boldsymbol{z}}(t))\boldsymbol{G}_{ijk}\overline{\boldsymbol{x}}(t) \\
&= \sum_{i=1}^{r}\sum_{j=1}^{r} h_i(\boldsymbol{z}(t))h_j(\hat{\boldsymbol{z}}(t))h_j(\hat{\boldsymbol{z}}(t))\boldsymbol{G}_{ijj}\overline{\boldsymbol{x}}(t) + \\
&\quad 2\sum_{i=1}^{r}\sum_{i<k}^{r} h_i(\boldsymbol{z}(t))h_j(\hat{\boldsymbol{z}}(t))h_k(\hat{\boldsymbol{z}}(t))\frac{\boldsymbol{G}_{ijk}+\boldsymbol{G}_{ikj}}{2}\overline{\boldsymbol{x}}(t)
\end{aligned}
\tag{6-14}
$$

式中，

$$
\boldsymbol{G}_{ijk} = \begin{bmatrix} \boldsymbol{A}_i - \boldsymbol{B}_i\boldsymbol{F}_k & \boldsymbol{B}_i\boldsymbol{F}_k \\ \boldsymbol{S}_{ijk}^{1} & \boldsymbol{S}_{ijk}^{2} \end{bmatrix}
$$

$$
\boldsymbol{S}_{ijk}^{1} = (\boldsymbol{A}_i - \boldsymbol{A}_j) - (\boldsymbol{B}_i - \boldsymbol{B}_j)\boldsymbol{F}_k + \boldsymbol{K}_j(\boldsymbol{C}_k - \boldsymbol{C}_j)
$$

$$
\boldsymbol{S}_{ijk}^{2} = \boldsymbol{A}_j - \boldsymbol{K}_j\boldsymbol{C}_k + (\boldsymbol{B}_i - \boldsymbol{B}_j)\boldsymbol{F}_k
$$

6.4 系统稳定性分析

证明增广系统式（6-14）渐近稳定时需要用到以下定理。

定理 6.1 如果存在正定对称矩阵 $\boldsymbol{P}$，能够使得下述不等式成立：

$$
\begin{aligned}
&\boldsymbol{G}_{ijj}^{\mathrm{T}}\boldsymbol{P}+\boldsymbol{P}\boldsymbol{G}_{ijj}<0\\
&\left(\frac{\boldsymbol{G}_{ijk}+\boldsymbol{G}_{ikj}}{2}\right)^{\mathrm{T}}\boldsymbol{P}+\boldsymbol{P}\left(\frac{\boldsymbol{G}_{ijk}+\boldsymbol{G}_{ikj}}{2}\right)\leqslant 0\quad i,j<k
\end{aligned}
\tag{6-15}
$$

则式（6-14）所描述的增广系统是全局渐近稳定的，即观测值 $\hat{\boldsymbol{x}}(t)$ 最终可以收敛到实际值 $\boldsymbol{x}(t)$。

证明：设 Lyapunov 函数为 $V(\bar{\boldsymbol{x}}(t))=\bar{\boldsymbol{x}}^{\mathrm{T}}(t)\boldsymbol{P}\bar{\boldsymbol{x}}(t)$，$\boldsymbol{P}$ 为正定矩阵

则有

$$
\begin{aligned}
\dot{V}(\bar{\boldsymbol{x}}(t))&=\dot{\bar{\boldsymbol{x}}}^{\mathrm{T}}(t)\boldsymbol{P}\bar{\boldsymbol{x}}(t)+\bar{\boldsymbol{x}}^{\mathrm{T}}(t)\boldsymbol{P}\dot{\bar{\boldsymbol{x}}}(t)\\
&=\sum_{i=1}^{r}\sum_{j=1}^{r}\sum_{k=1}^{r}h_i(z(t))h_j(\hat{z}(t))h_k(\hat{z}(t))\bar{\boldsymbol{x}}^{\mathrm{T}}(t)(\boldsymbol{G}_{ijk}^{\mathrm{T}}\boldsymbol{P}+\boldsymbol{P}\boldsymbol{G}_{ikj})\bar{\boldsymbol{x}}(t)\\
&=\sum_{i=1}^{r}\sum_{j=1}^{r}h_i(z(t))h_j(\hat{z}(t))h_k(\hat{z}(t))\bar{\boldsymbol{x}}^{\mathrm{T}}(t)(\boldsymbol{G}_{ijj}^{\mathrm{T}}\boldsymbol{P}+\boldsymbol{P}\boldsymbol{G}_{ijj})\bar{\boldsymbol{x}}(t)+\\
&\quad 2\sum_{i=1}^{r}h_i(z(t))h_j(\hat{z}(t))h_k(\hat{z}(t))\bar{\boldsymbol{x}}^{\mathrm{T}}(t)\left[\left(\frac{\boldsymbol{G}_{ijk}+\boldsymbol{G}_{ikj}}{2}\right)^{\mathrm{T}}\boldsymbol{P}+\boldsymbol{P}\left(\frac{\boldsymbol{G}_{ijk}+\boldsymbol{G}_{ikj}}{2}\right)\right]\bar{\boldsymbol{x}}(t)
\end{aligned}
$$

若式（6-15）成立，且 $\bar{\boldsymbol{x}}(t)\neq 0$ 时，则 $\dot{V}(\bar{\boldsymbol{x}}(t))<0$，因此增广系统渐近稳定。

为了能够使用 LMI 求解观测器参数矩阵和反馈控制增益矩阵，下面将增广系统渐近稳定的条件式（6-15）转化为 LMI 组。

设 $\boldsymbol{M}_{1i}=\boldsymbol{F}_i\boldsymbol{P}_1,\boldsymbol{N}_{2i}=\boldsymbol{P}_2\boldsymbol{K}_i$，定理 6.1 可以转化为式（6-16）～式（6-20）所示的 LMI 组：

$$\boldsymbol{P}_1>0,\boldsymbol{P}_2>0 \tag{6-16}$$

$$\boldsymbol{P}_1\boldsymbol{A}_i^{\mathrm{T}}+\boldsymbol{A}_i\boldsymbol{P}_1-\boldsymbol{M}_{1i}^{\mathrm{T}}\boldsymbol{B}_i^{\mathrm{T}}-\boldsymbol{B}_i\boldsymbol{M}_{1i}<0 \tag{6-17}$$

$$\boldsymbol{A}_i^{\mathrm{T}}\boldsymbol{P}_2+\boldsymbol{P}_2\boldsymbol{A}_i-\boldsymbol{C}_i^{\mathrm{T}}\boldsymbol{N}_{2i}^{\mathrm{T}}-\boldsymbol{N}_{2i}\boldsymbol{C}_i<0 \tag{6-18}$$

$$\boldsymbol{P}_1\boldsymbol{A}_i^{\mathrm{T}}+\boldsymbol{A}_i\boldsymbol{P}_1+\boldsymbol{P}_1\boldsymbol{A}_k^{\mathrm{T}}+\boldsymbol{A}_k\boldsymbol{P}_1-\boldsymbol{M}_{1k}^{\mathrm{T}}\boldsymbol{B}_i^{\mathrm{T}}-\boldsymbol{B}_i\boldsymbol{M}_{1k}-\boldsymbol{M}_{1i}^{\mathrm{T}}\boldsymbol{B}_k^{\mathrm{T}}-\boldsymbol{B}_k\boldsymbol{M}_{1i}<0,\ 1\leqslant i<k\leqslant r \tag{6-19}$$

$$\boldsymbol{A}_j^{\mathrm{T}}\boldsymbol{P}_2+\boldsymbol{P}_2\boldsymbol{A}_j+\boldsymbol{A}_k^{\mathrm{T}}\boldsymbol{P}_2+\boldsymbol{P}_2\boldsymbol{A}_k-\boldsymbol{C}_k^{\mathrm{T}}\boldsymbol{N}_{2j}^{\mathrm{T}}-\boldsymbol{N}_{2j}\boldsymbol{C}_k-\boldsymbol{C}_j^{\mathrm{T}}\boldsymbol{N}_{2k}^{\mathrm{T}}-\boldsymbol{N}_{2k}\boldsymbol{C}_j<0,\ 1\leqslant j<k\leqslant r \tag{6-20}$$

定理 6.2 对所有轨线，满足 $\dot{V}(\boldsymbol{x}(t))\leqslant -2\alpha V(\boldsymbol{x}(t))$ 条件和下述不等式等价：

$$G_{ijj}^{\mathrm{T}}P + PG_{ijj} + 2\alpha P < 0 \tag{6-21a}$$

$$\left(\frac{G_{ijk}+G_{ikj}}{2}\right)^{\mathrm{T}} P + P\left(\frac{G_{ijk}+G_{ikj}}{2}\right) + 2\alpha P \leqslant 0 \quad i,j<k \tag{6-21b}$$

式中，α 是衰减率，$\alpha>0$。

证明过程同定理 4.3。

同样，定理 6.2 也可以转化为式（6-22）～式（6-26）的 LMI 组：

$$P_1>0, P_2>0 \tag{6-22}$$

$$P_1A_i^{\mathrm{T}} + A_iP_1 - M_{1i}^{\mathrm{T}}B_i^{\mathrm{T}} - B_iM_{1i} + 2\alpha P < 0 \tag{6-23}$$

$$A_i^{\mathrm{T}}P_2 + P_2A_i - C_i^{\mathrm{T}}N_{2i}^{\mathrm{T}} - N_{2i}C_i + 2\alpha P < 0 \tag{6-24}$$

$$P_1A_i^{\mathrm{T}} + A_iP_1 + P_1A_k^{\mathrm{T}} + A_kP_1 - M_{1k}^{\mathrm{T}}B_i^{\mathrm{T}} - B_iM_{1k} - M_{1i}^{\mathrm{T}}B_k^{\mathrm{T}} - B_kM_{1i} + 4\alpha P<0,\ 1\leqslant i<k\leqslant r \tag{6-25}$$

$$A_j^{\mathrm{T}}P_2 + P_2A_j + A_k^{\mathrm{T}}P_2 + P_2A_k - C_k^{\mathrm{T}}N_{2j}^{\mathrm{T}} - N_{2j}C_k - C_j^{\mathrm{T}}N_{2k}^{\mathrm{T}} - N_{2k}C_j + 4\alpha P<0,\ 1\leqslant j<k\leqslant r \tag{6-26}$$

6.5 仿真研究

为验证本章设计的 T-S 模糊观测器的观测效果和 PDC 结构状态反馈控制器对定位防摆控制的有效性，本节进行了以下仿真研究。在仿真过程中用到的桥式起重机系统参数选择如下：

$$M=10\text{kg},\ m=5\text{kg},\ \mu=0.2\text{kg/s},\ l=1\text{m},\ g=9.8\text{m/s}^2$$

当衰减率选择为 $\alpha=0.36$ 时，采用 LMI 计算得到的控制增益矩阵和观测器增益矩阵分别如下。

控制增益矩阵为

$$F_1=[\,54.7113\quad 82.3902\quad -243.4042\quad -2.4613\,]$$

$$F_2=[\,54.2017\quad 81.6084\quad -241.4038\quad -3.8917\,]$$

$$F_3=[\,47.0452\quad 70.9962\quad -227.0898\quad -10.1827\,]$$

$$F_4=[\,47.3479\quad 71.4257\quad -228.0043\quad -13.9972\,]$$

$$F_5=[\,63.7935\quad 100.4929\quad -303.3026\quad -0.0350\,]$$

$$F_6=[\,63.4546\quad 99.9642\quad -302.2384\quad -4.1074\,]$$

$$F_7=[\,59.9270\quad 90.2708\quad -288.8286\quad -7.0338]$$

$$F_8=[\,60.3952\quad 90.9565\quad -290.8899\quad -10.5398]$$

观测器增益矩阵为

$$K_1=[18.0031\quad 98.5588\quad 27.2337\quad -157.6810]$$

$$K_2=[14.8367\quad 82.0062\quad 21.5875\quad -128.2304]$$

$$K_3=[18.4631\quad 101.9165\quad 28.9628\quad -161.2847]$$

$$K_4=[15.4978\quad 83.3627\quad 23.6547\quad -133.6443]$$

$$K_5=[19.8447\quad 111.4927\quad 33.7752\quad -172.1115]$$

$$K_6=[17.0303\quad 93.7806\quad 28.7567\quad -145.9354]$$

$$K_7=[20.2656\quad 114.5542\quad 35.3443\quad -175.4270]$$

$$K_8=[17.6192\quad 100.6596\quad 30.5964\quad -150.7595]$$

1. 不同初始状态的仿真研究

下面给出以下两种不同初始状态：

情况 1：系统状态初值 $\boldsymbol{x}(0)=[0\ \ 0\ \ 0\ \ 0]^{\mathrm{T}}$，观测器状态初值 $\hat{\boldsymbol{x}}(0)=[0\ \ 0\ \ 0\ \ 0]^{\mathrm{T}}$。

情况 2：系统状态初值 $\boldsymbol{x}(0)=[0\ \ 0\ \ 0\ \ 0]^{\mathrm{T}}$，观测器状态初值 $\hat{\boldsymbol{x}}(0)=[0\ \ 0\ \ 0.05\ \ 0.13]^{\mathrm{T}}$。

情况 1 和情况 2 的状态估计及偏差如图 6-2 和图 6-3 所示。

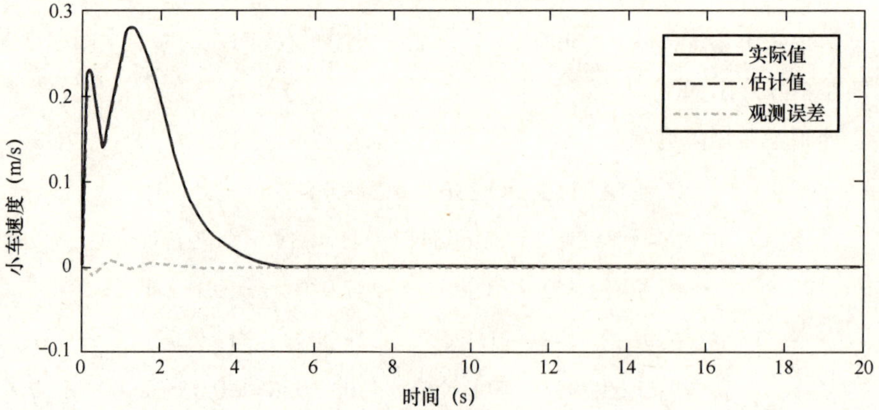

(a) 小车速度

图 6-2　情况 1 的状态估计及偏差

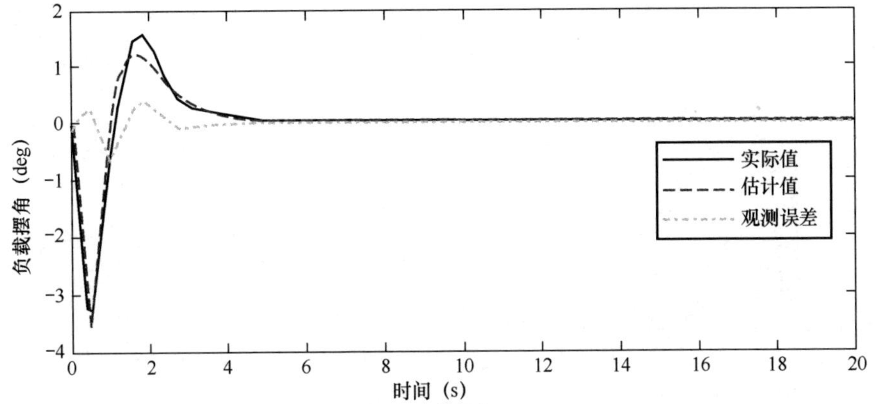

(b) 负载摆角

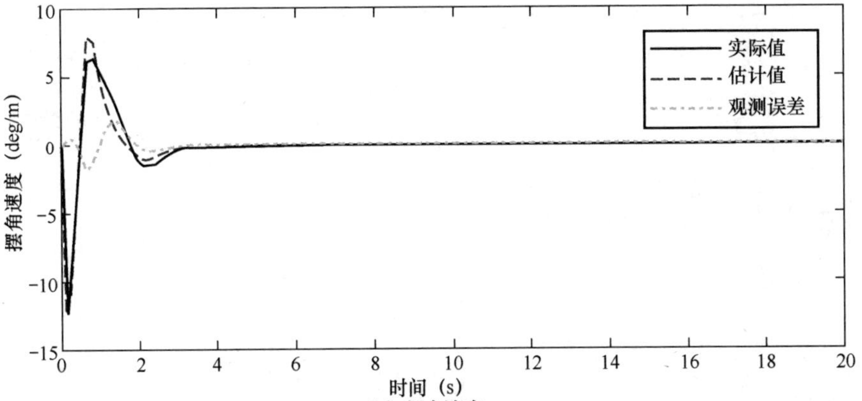

(c) 摆角速度

图 6-2　情况 1 的状态估计及偏差（续）

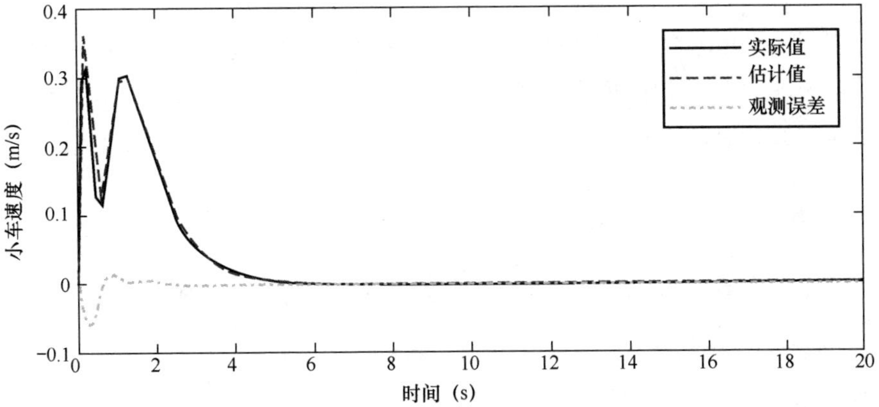

(a) 小车速度

图 6-3　情况 2 的状态估计及偏差

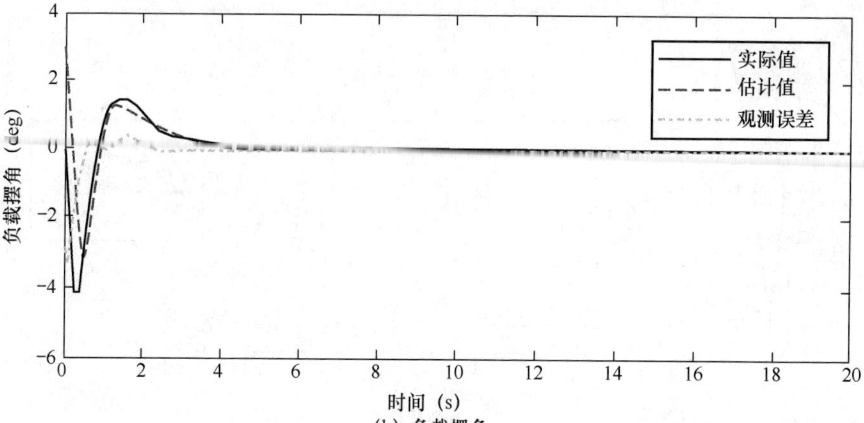

(b) 负载摆角

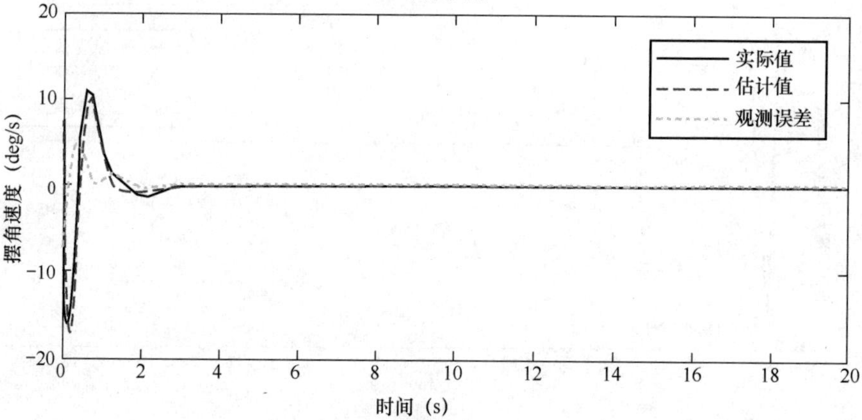

(c) 摆角速度

图 6-3 情况 2 的状态估计及偏差（续）

从图 6-2 和图 6-3 中可以看出，观测器取不同的初始状态时，小车速度偏差、负载摆角偏差和摆角速度偏差尽管在动态过程中变化范围不同，但各个状态变量的观测值均可以在 5.8s 内达到完全跟踪实际值，观测器是稳定的。

2. 鲁棒性能的仿真研究

为了测试系统的鲁棒性，本节进行了以下三种情况的仿真。

1）加脉冲干扰

在 8s 时给系统加一个幅值为 1.5N、持续时间为 0.5s 的脉冲干扰，干扰作用下的响应曲线如图 6-4 所示。

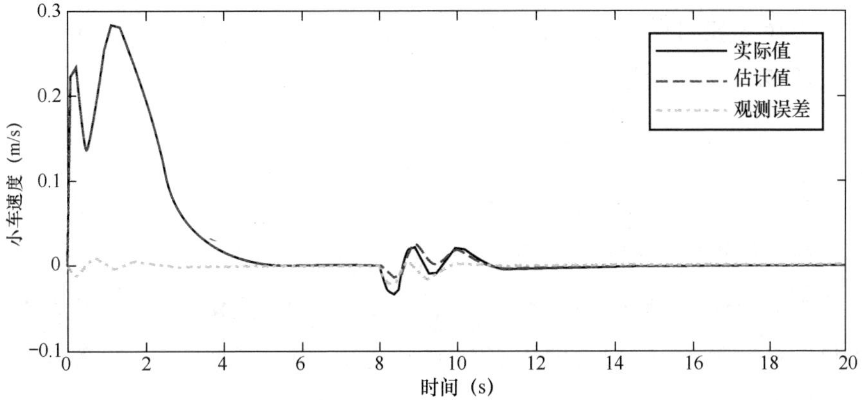

(a) 小车速度

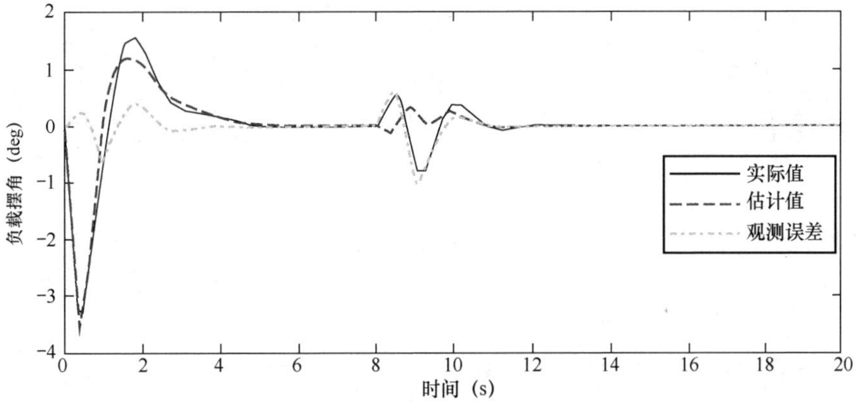

(b) 负载摆角

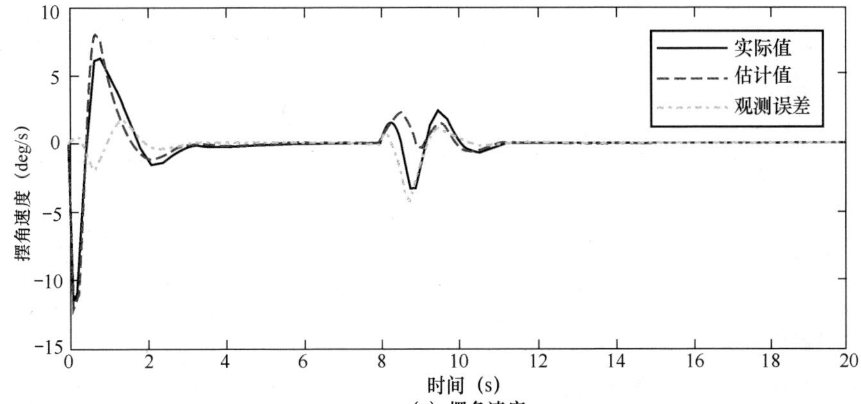

(c) 摆角速度

图 6-4　干扰作用下的响应曲线

从图 6-4 中可以看出，在脉冲干扰作用下，负载摆角最大值为 0.9°，经过 4s 恢复到 0，说明此系统具有较强的抗干扰能力。

2）负载质量变化

当负载质量从 5kg 增加到 7kg 时，图 6-5（a）~（c）分别给出小车速度、负载摆角和摆角速度在阶跃输入作用下的变化曲线。

将图 6-3 和图 6-5 进行比较，可以看出在负载质量变化时，各个状态的观测效果会有所变化，但均能在 5s 之内达到精确估计，说明基于观测器设计的控制器性能变化不大。

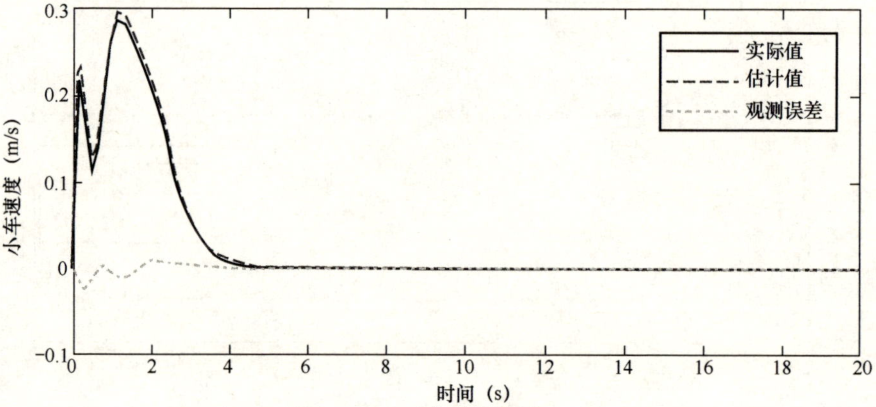

(a) 小车速度

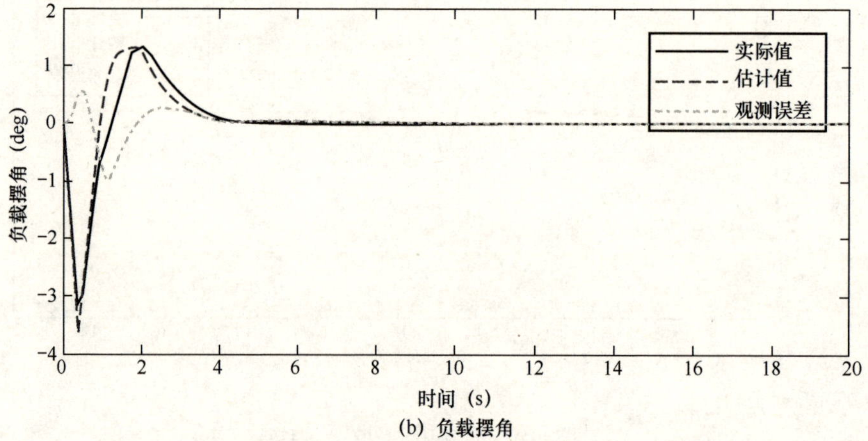

(b) 负载摆角

图 6-5 负载质量变化时的响应曲线

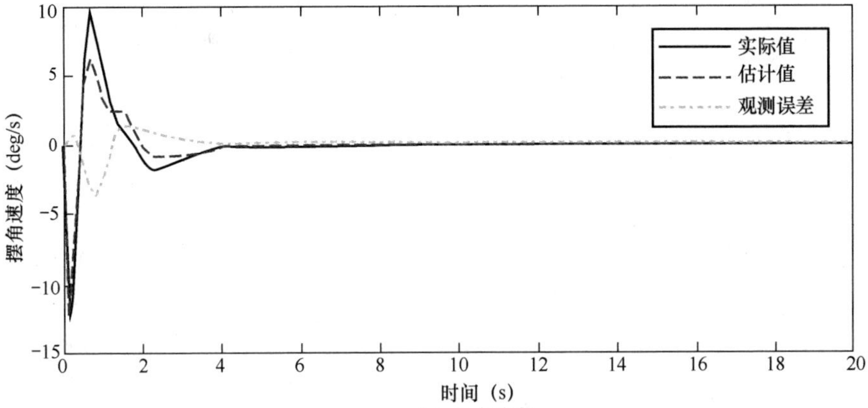

(c) 摆角速度

图 6-5　负载质量变化时的响应曲线（续）

3）吊绳长度变化

当吊绳长度从 1m 增加到 1.4m 时，图 6-6（a）~（c）分别给出小车速度、负载摆角、摆角速度在阶跃输入作用下的变化曲线。

将图 6-3 和图 6-6 进行比较，可以看出当吊绳长度变化时，各个状态的观测效果比负载质量变化时的效果稍差，但在控制器的作用下控制系统的负载摆角减小，摆角速度也相应减小。

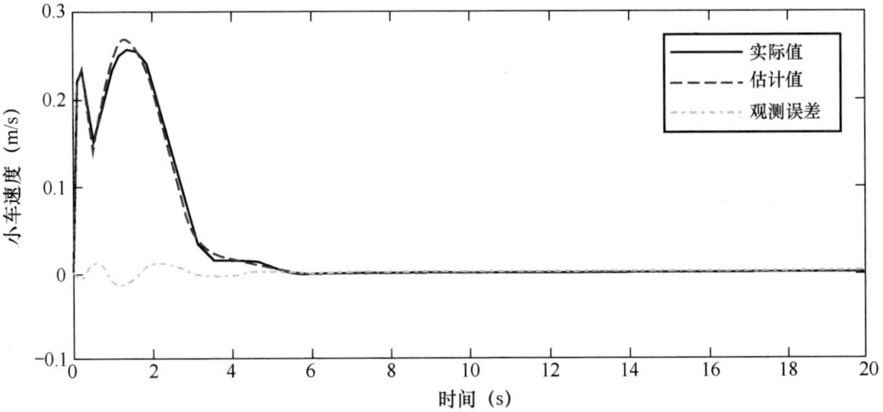

(a) 小车速度

图 6-6　吊绳长度变化时的响应曲线

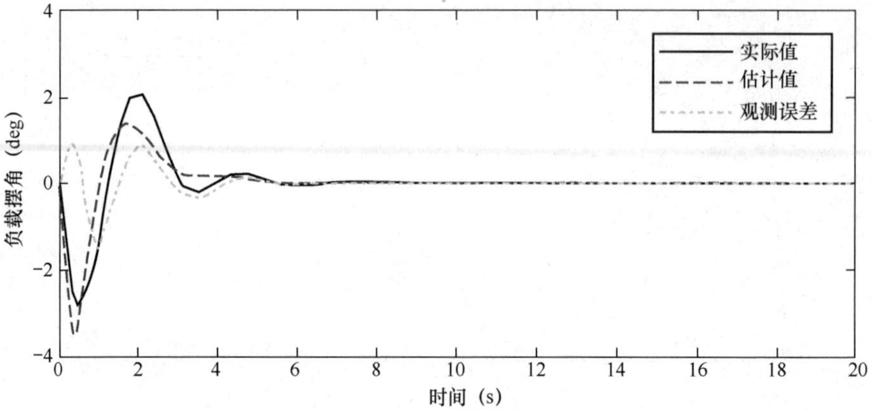

(b) 负载摆角

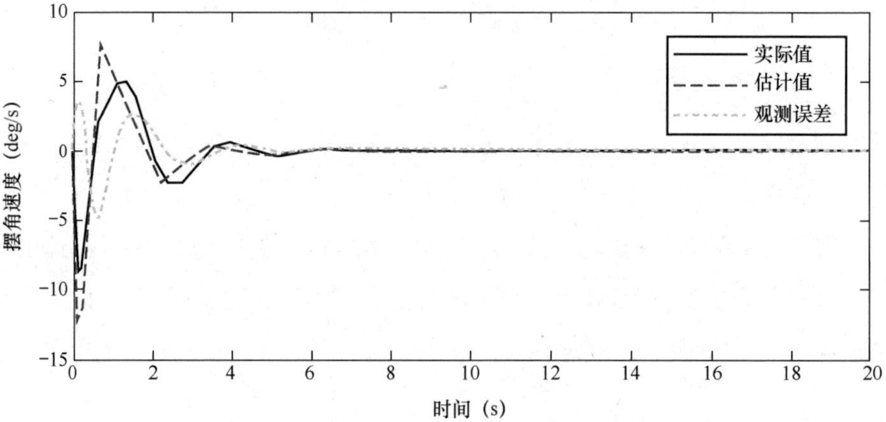

(c) 摆角速度

图 6-6　吊绳长度变化时的响应曲线（续）

6.6 实验研究

实验中小车的目标位置为 $x_d = 0.2\text{m}$，分两组实验讨论本控制方法的性能。第一组实验是验证本方法的控制性能；第二组实验是验证本方法的鲁棒性能。通过调试，实验时使用的观测器增益矩阵为

$$\boldsymbol{K}_1=[68.0031\quad 148.5588\quad 77.2337\quad -157.6810]$$

$$\boldsymbol{K}_2=[64.8367\quad 132.0062\quad 71.5875\quad -128.2304]$$

$$\boldsymbol{K}_3=[68.4631\quad 151.9165\quad 78.9628\quad -161.2847]$$

$$\boldsymbol{K}_4=[65.4978 \quad 133.3627 \quad 73.6547 \quad -133.6443]$$

$$\boldsymbol{K}_5=[69.8447 \quad 161.4927 \quad 83.7752 \quad -172.1115]$$

$$\boldsymbol{K}_6=[67.0303 \quad 143.7806 \quad 78.7567 \quad -145.9354]$$

$$\boldsymbol{K}_7=[70.2656 \quad 164.5542 \quad 85.3443 \quad -175.4270]$$

$$\boldsymbol{K}_8=[67.6192 \quad 150.6596 \quad 80.5964 \quad -150.7595]$$

控制增益矩阵为

$$\boldsymbol{F}_1=[45.4853 \quad 48.4991 \quad -90.4809 \quad -10.9153]$$

$$\boldsymbol{F}_2=[45.3389 \quad 48.0677 \quad -89.7006 \quad -15.2215]$$

$$\boldsymbol{F}_3=[43.9834 \quad 43.0692 \quad -78.3921 \quad -14.7411]$$

$$\boldsymbol{F}_4=[44.0875 \quad 43.3199 \quad -78.7316 \quad -18.6432]$$

$$\boldsymbol{F}_5=[48.7594 \quad 45.7469 \quad -105.5332 \quad -11.4039]$$

$$\boldsymbol{F}_6=[48.6620 \quad 45.4237 \quad -105.1465 \quad -15.3627]$$

$$\boldsymbol{F}_7=[47.4158 \quad 40.8698 \quad -103.7061 \quad -14.8671]$$

$$\boldsymbol{F}_8=[47.5695 \quad 41.2249 \quad -104.5720 \quad -18.4541]$$

第一组实验 本组实验验证本方法的控制性能。实验中小车目标位置为 $x_d = 0.2\text{m}$，吊绳长度 $l = 0.3\text{m}$，负载质量 $m = 0.22\text{kg}$，基于 T-S 模糊观测器的状态反馈控制结果如图 6-7 所示。

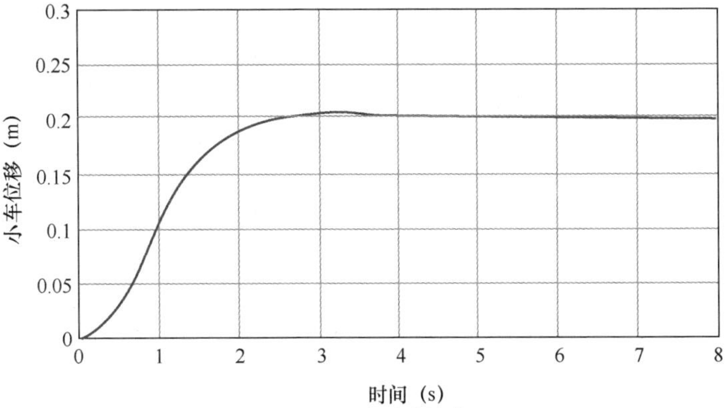

(a) 小车速度

图 6-7　基于 T-S 模糊观测器的状态反馈控制结果

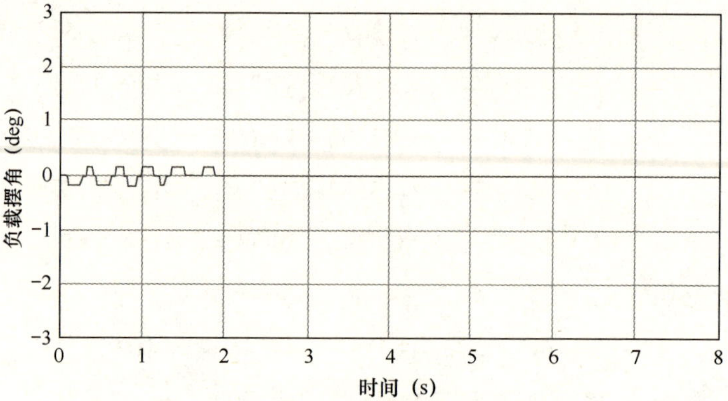

(b) 负载摆角

图 6-7　基于 T-S 模糊观测器的状态反馈控制结果（续）

从图 6-7 中可以看出，采用此方法存在超调，超调量为 2.85%，小车运行过程中，最大负载摆角为 0.18°。

第二组实验 本组实验验证本节方法在负载质量和小车目标位置变化时的鲁棒性，具体考虑以下两种情况。

情况 1：负载质量增加到 $m = 0.26\text{kg}$。

情况 2：小车目标位置为 $x_d = 0.15\text{m}$。

图 6-8 和图 6-9 分别给出情况 1 和情况 2 的控制结果。

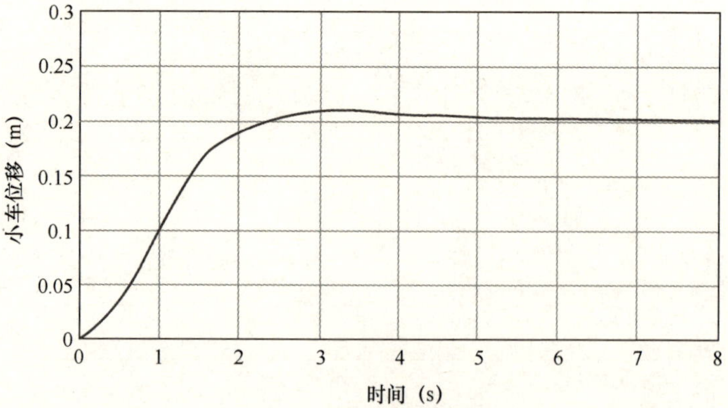

(a) 小车位移

图 6-8　情况 1 的控制结果

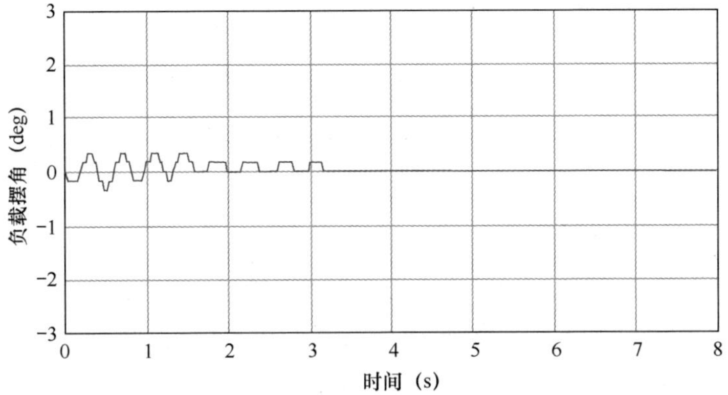

(b) 负载摆角

图 6-8 情况 1 的控制结果（续）

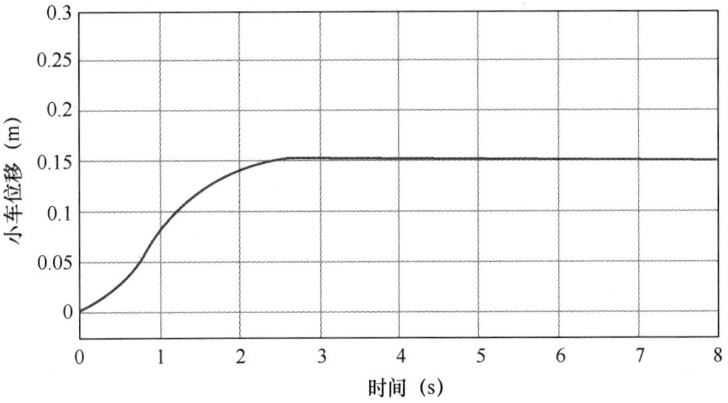

(a) 小车位移

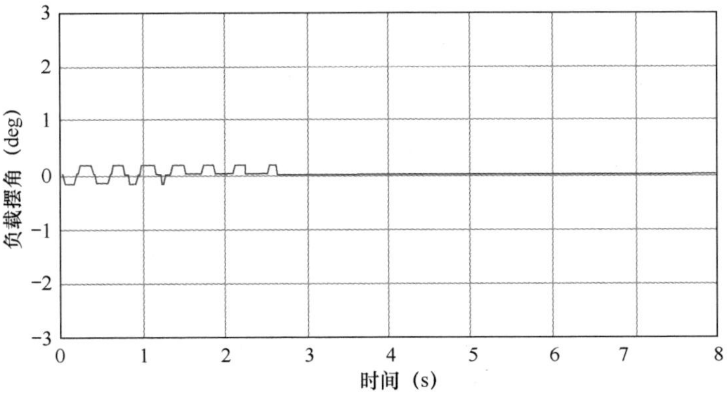

(b) 负载摆角

图 6-9 情况 2 的控制结果

对比图 6-9、图 6-8 和图 6-7 可以看出，负载质量和小车目标位置发生变化时，小车位移和负载摆角变化不是很大，说明基于 T-S 模糊观测器的状态反馈控制方法可以使系统具有一定的鲁棒性。

6.7 本章小结

考虑到在工程实际中，负载摆角和摆角速度不宜现场直接测量的问题，本章设计了 T-S 模糊观测器，实现了对负载摆角、摆角速度和小车速度三个状态变量的在线估计。为了实现桥式起重机的定位防摆控制，在 T-S 模糊观测器的基础上设计 PDC 结构的状态控制器。利用 Lyapunov 稳定理论，证明了对由原系统状态向量和观测器误差构成的增广系统的渐近稳定性。最后，通过仿真和实验验证了本章所给方法的有效性。

第7章

三维桥式起重机系统的自适应时变滑模控制

7.1 引言

为了提高桥吊系统的运输效率，通常需要小车水平运动和负载升降同时进行，这时负载是在三维空间中运动。三维桥式起重机系统在工程实际中的应用很广泛，其控制问题吸引着国内外科研学者的关注。在工程实际中，起重机在运行过程中存在非线性不确定性因素和未知外界干扰，这不仅影响系统的建模精度，而且会使系统的控制性能变差。

本章针对三维桥式起重机系统存在的不确定性和未知干扰，首先引入扩张观测器，对干扰进行前馈补偿，并将估算扰动补偿到桥吊系统的解耦模型中；然后设计一种新型时变滑模面，以使系统在初始时刻便处于到达阶段，极大地提高了系统状态的收敛速度；最后给出一种新型的自适应趋近律，趋近参数由设计好的自适应律在线调整。仿真结果表明，本章方法能提高桥架及小车的快速精准定位能力，并且具有良好的抗摆性能和对外界干扰的鲁棒性。

7.2 扩张状态观测器

扩张状态观测器最早由韩京清教授提出，它是自抗干扰控制的核心。一般情况下，真实系统会存在未建模动态、内部参数不确定性及外界干扰等问题，使用合理措施克服各干扰对系统的不良影响已经成为系统设计不可或缺的重要组成部分，系统的抗干扰性已经成为比较控制器性能优劣的重要依据。而扩张状态观测器借助状态观测器的基本理论，把影响被控对象输出的干扰作用扩张成新的状态量，用特殊的反馈机制来估计被扩张的状态，它是一个动态过程。从某种意义上讲，扩张状态观测器是实用而又通用的干扰观测器。这种观测器通过收集原被控对象的所有输入和输出数据，便可获得包括扩张状态在内的整个系统的状态变量，这个新扩张出的状态能够代表系统的总干扰。

7.2.1 三维非线性扩张状态观测器设计

结合三维桥吊系统模型式（2-10），受干扰影响的桥吊系统可表示为

$$\boldsymbol{M}(\boldsymbol{q})\ddot{\boldsymbol{q}}+\boldsymbol{C}(\boldsymbol{q},\dot{\boldsymbol{q}})\dot{\boldsymbol{q}}+\boldsymbol{G}(\boldsymbol{q})=\boldsymbol{U}-\boldsymbol{V}_d \tag{7-1}$$

式中，$\boldsymbol{M}(\boldsymbol{q})=\boldsymbol{M}_0(\boldsymbol{q})+\boldsymbol{\Delta M}(\boldsymbol{q})$，$\boldsymbol{C}(\boldsymbol{q},\dot{\boldsymbol{q}})=\boldsymbol{C}_0(\boldsymbol{q},\dot{\boldsymbol{q}})+\boldsymbol{\Delta C}(\boldsymbol{q},\dot{\boldsymbol{q}})$，$\boldsymbol{G}(\boldsymbol{q})=\boldsymbol{G}_0(\boldsymbol{q})+\boldsymbol{\Delta G}(\boldsymbol{q})$ 为真实系统的矩阵表示，$\boldsymbol{V}_d$ 为外部干扰向量，$\boldsymbol{\Delta M}(\boldsymbol{q})$、$\boldsymbol{\Delta C}(\boldsymbol{q},\dot{\boldsymbol{q}})$ 和 $\boldsymbol{\Delta G}(\boldsymbol{q})$ 为系统矩阵内部干扰。

外部干扰向量为

$$\boldsymbol{V}_d=\begin{bmatrix}D_x\dot{x}-d_x & D_y\dot{y}-d_y & D_l\dot{l}-d_l & 0 & 0\end{bmatrix}^{\mathrm{T}} \tag{7-2}$$

则式（7-1）可进一步整理为

$$\boldsymbol{M}_0(\boldsymbol{q})\ddot{\boldsymbol{q}}+\boldsymbol{C}_0(\boldsymbol{q},\dot{\boldsymbol{q}})\dot{\boldsymbol{q}}+\boldsymbol{G}_0(\boldsymbol{q})+\boldsymbol{P}(\boldsymbol{q},\dot{\boldsymbol{q}},\ddot{\boldsymbol{q}})=\boldsymbol{U}-\boldsymbol{V}_d \tag{7-3}$$

式中，$\boldsymbol{P}(\boldsymbol{q},\dot{\boldsymbol{q}},\ddot{\boldsymbol{q}})=\boldsymbol{\Delta M}(\boldsymbol{q})\ddot{\boldsymbol{q}}+\boldsymbol{\Delta C}(\boldsymbol{q},\dot{\boldsymbol{q}})\dot{\boldsymbol{q}}+\boldsymbol{\Delta G}(\boldsymbol{q})$ 表示系统内部的不确定性，并且满足

$$\left\|\boldsymbol{P}(\boldsymbol{q},\dot{\boldsymbol{q}},\ddot{\boldsymbol{q}})\right\|\leqslant b_0+b_1\|\boldsymbol{q}\|+b_2\|\dot{\boldsymbol{q}}\|^2 \tag{7-4}$$

扩张状态观测器可将系统模型的内部干扰和外部干扰视为待估计的扩张状态。这里，非线性扩张观测器（NESO）被设计用于估计桥吊系统式（7-3）中存在的总干扰 $\boldsymbol{D}(t)=\boldsymbol{P}(\boldsymbol{q},\dot{\boldsymbol{q}},\ddot{\boldsymbol{q}})+\boldsymbol{V}_d$，假设 $\boldsymbol{D}(t)$ 可微且 $\dot{\boldsymbol{D}}(t)=\boldsymbol{h}(t)$。

设 $\boldsymbol{x}_1=\boldsymbol{q}$，$\boldsymbol{x}_2=\dot{\boldsymbol{q}}$，$\boldsymbol{x}_3=\boldsymbol{D}(t)$，则桥吊系统式（7-3）的扩张模型可表示为

$$\begin{cases}\dot{\boldsymbol{x}}_1=\boldsymbol{x}_2\\ \dot{\boldsymbol{x}}_2=\boldsymbol{x}_3-\boldsymbol{M}_0^{-1}\boldsymbol{C}_0\boldsymbol{x}_2-\boldsymbol{M}_0^{-1}\boldsymbol{G}_0+\boldsymbol{M}_0^{-1}\boldsymbol{U}\\ \dot{\boldsymbol{x}}_3=\boldsymbol{h}(t)\\ \boldsymbol{y}=\boldsymbol{x}_1\end{cases} \tag{7-5}$$

基于式（7-5）的 NESO 设计为

$$\begin{cases} \boldsymbol{E}_1 = \boldsymbol{z}_1 - \boldsymbol{y} \\ \dot{\boldsymbol{z}}_1 = \boldsymbol{z}_2 - r^{-1}\boldsymbol{L}_1\boldsymbol{\varphi}\left(r^2\boldsymbol{E}_1, \alpha_1\right) \\ \dot{\boldsymbol{z}}_2 = \boldsymbol{z}_3 - \boldsymbol{M}_0^{-1}\boldsymbol{C}_0\boldsymbol{z}_2 - \boldsymbol{M}_0^{-1}\boldsymbol{G}_0 + \boldsymbol{M}_0^{-1}\boldsymbol{U} - \boldsymbol{L}_2\boldsymbol{\varphi}\left(r^2\boldsymbol{E}_1, \alpha_2\right) \\ \dot{\boldsymbol{z}}_3 = -r\boldsymbol{L}_3\boldsymbol{\varphi}\left(r^2\boldsymbol{E}_1, \alpha_3\right) \end{cases} \tag{7-6}$$

式中，$\boldsymbol{z}_1$、$\boldsymbol{z}_2$ 和 $\boldsymbol{z}_3$ 是观测器的输出；$\boldsymbol{E}_1$ 是观测器的估计误差向量；r 是调节观测器精度的正数；$\boldsymbol{L}_1 = \mathrm{diag}\left[l_{11}, l_{21}, l_{31}, l_{41}, l_{51}\right]$，$\boldsymbol{L}_2 = \mathrm{diag}\left[l_{12}, l_{22}, l_{32}, l_{42}, l_{52}\right]$，$\boldsymbol{L}_3 = \mathrm{diag}\left[l_{13}, l_{23}, l_{33}, l_{43}, l_{53}\right]$ 是三组观测器增益矩阵；$\alpha_i = i\alpha - (i-1)$，$i = 1, 2, 3$。

式（7-6）中的非线性函数定义为

$$\boldsymbol{\varphi}\left(r^2\boldsymbol{E}_1, \alpha\right) = \begin{bmatrix} \varphi_1\left(r^2E_{11}, \alpha\right) \\ \varphi_2\left(r^2E_{12}, \alpha\right) \\ \varphi_3\left(r^2E_{13}, \alpha\right) \\ \varphi_4\left(r^2E_{14}, \alpha\right) \\ \varphi_5\left(r^2E_{15}, \alpha\right) \end{bmatrix} \tag{7-7}$$

式中，

$$\varphi_i\left(r^2E_{1i}, \alpha\right) = \begin{cases} r^2E_{1i}, & \left|E_{1i}\right| \leqslant 1 \\ \left|r^2E_{1i}\right|^{\alpha}\mathrm{sign}\left(E_{1i}\right), & \left|E_{1i}\right| > 1 \end{cases}, i = 1, 2, 3, 4, 5 \tag{7-8}$$

式中，E_{1i} 是估计误差向量 $\boldsymbol{E}_1$ 的第 i 个分量，E_{11} 为桥架位移的估计误差，E_{12} 为小车位移的估计误差，E_{13} 为吊绳长度的估计误差，E_{14} 为摆角分量 θ_x 的估计误差，E_{15} 为摆角分量 θ_y 的估计误差，$0 < \alpha < 1$。

7.2.2　扩张状态观测器稳定性分析

定理 7.1　如果满足总干扰 $\boldsymbol{D}(t)$ 及其导数 $\boldsymbol{h}(t)$ 都是有界的，对于系统模型式（7-3）和非线性扩张状态观测器式（7-6），存在观测器增益矩阵 $\boldsymbol{L}_1$、$\boldsymbol{L}_2$、$\boldsymbol{L}_3$ 和非线性函数参数 α、r，使得估计状态 $\boldsymbol{z}_1$、$\boldsymbol{z}_2$ 和 $\boldsymbol{z}_3$ 分别渐近收敛于实际状态 $\boldsymbol{q}$、$\dot{\boldsymbol{q}}$ 和 $\boldsymbol{D}(t)$。

证明：定义观测器误差向量为$\boldsymbol{E}_1 = \boldsymbol{z}_1 - \boldsymbol{x}_1$，$\boldsymbol{E}_2 = \boldsymbol{z}_2 - \boldsymbol{x}_2$，$\boldsymbol{E}_3 = \boldsymbol{z}_3 - \boldsymbol{x}_3$，则观测器误差动态方程可以表示为

$$\begin{cases} \dot{\boldsymbol{E}}_1 = \boldsymbol{E}_2 - r^{-1}\boldsymbol{L}_1\boldsymbol{\varphi}\left(r^2\boldsymbol{E}_1, \alpha_1\right) \\ \dot{\boldsymbol{E}}_2 = \boldsymbol{E}_3 - \boldsymbol{L}_2\boldsymbol{\varphi}\left(r^2\boldsymbol{E}_1, \alpha_2\right) \\ \dot{\boldsymbol{E}}_3 = -\boldsymbol{h}(t) - r\boldsymbol{L}_3\boldsymbol{\varphi}\left(r^2\boldsymbol{E}_1, \alpha_3\right) \end{cases} \tag{7-9}$$

在参数满足一定条件的情况下，扩张状态观测器的输出量将在有限时间收敛至实际状态的邻域内。当观测器稳定时，误差向量导数$\dot{\boldsymbol{E}}_1 = 0$，$\dot{\boldsymbol{E}}_2 = 0$，$\dot{\boldsymbol{E}}_3 = 0$。取$\alpha_i = i\alpha - (i-1)$，则估计误差可以表示为

$$\begin{cases} \boldsymbol{E}_2 = r^{-1}\boldsymbol{L}_1\boldsymbol{\varphi}\left(r^2\boldsymbol{E}_1, \alpha\right) \\ \boldsymbol{E}_3 = \boldsymbol{L}_2\boldsymbol{\varphi}\left(r^2\boldsymbol{E}_1, 2\alpha - 1\right) \\ \boldsymbol{\varphi}\left(r^2\boldsymbol{E}_1, 3\alpha - 2\right) = -\boldsymbol{h}(t) / r\boldsymbol{L}_3 \end{cases} \tag{7-10}$$

如果$|E_{1i}| \leqslant 1$，则估计误差可以表示为

$$\begin{cases} |E_{1i}| = \left|\dfrac{-h_i(t)}{r^3 L_{3i}}\right| \\ |E_{2i}| = L_{1i}\left|\dfrac{-h_i(t)}{r^2 L_{3i}}\right| \\ |E_{3i}| = L_{2i}\left|\dfrac{-h_i(t)}{r L_{3i}}\right| \end{cases} \tag{7-11}$$

如果$|E_{1i}| > 1$，则估计误差可以表示为

$$\begin{cases} |E_{1i}| = r^{-2}\left|\dfrac{-h_i(t)}{r L_{3i}}\right|^{\frac{1}{3\alpha-2}} \\ |E_{2i}| = r^{-1}L_{1i}\left|\dfrac{-h_i(t)}{r L_{3i}}\right|^{\frac{\alpha}{3\alpha-2}} \\ |E_{3i}| = L_{2i}\left|\dfrac{-h_i(t)}{r L_{3i}}\right|^{\frac{2\alpha-1}{3\alpha-2}} \end{cases} \tag{7-12}$$

从式（7-11）和式（7-12）中可以看出，估计误差向量E_{1i}、E_{2i}和E_{3i}由

参数 L_{1i}、L_{2i}、L_{3i}、α 和 r 决定。参数选择满足 $l_{ij}>0$ $(i=1,2,3,4,5;$ $j=1,2,3)$，$0<\alpha<1$，$r>0$。尽管 $\boldsymbol{h}(t)$ 是未知的，但通过选择足够大的 L_{3j} 和 r，可以使得 $\left|\boldsymbol{h}(t)/\boldsymbol{L}_3\right|$ 足够小。当然，参数 L_{1j} 和 L_{2j} 的选择应足够小，从而使得估计误差 $\boldsymbol{E}_1$ 和 $\boldsymbol{E}_2$ 尽可能小。α_i 越小，稳态估计误差越小。将估计误差限制到足够小后，估计状态 $\boldsymbol{z}_1$、$\boldsymbol{z}_2$、$\boldsymbol{z}_3$ 便会收敛到实际状态 $\boldsymbol{q}$、$\dot{\boldsymbol{q}}$ 和 $\boldsymbol{D}(t)$ 的极小邻域中。证毕。

7.3 自适应时变滑模控制器设计

针对三维桥吊系统的定位防摇控制中存在外界干扰及速度状态难以测量的问题，本节提出了一种基于 NESO 的自适应时变滑模控制方法。该控制方法分为两个部分：一是三维 NESO，能够估算出三维桥吊系统的外界干扰及难以测量的状态，可为解耦模型和控制器提供扰动补偿；二是自适应时变滑模控制器，可以通过改变滑模面的斜率来提高系统的控制性能和收敛性能。

7.3.1 模型解耦与扰动补偿

欠驱动系统的控制一般比较复杂，往往通过利用数学模型的变换来简化控制器的设计难度。从三维桥吊模型式（7-3）中可以看出，它是由三个驱动输入控制五个系统输出的欠驱动系统，可被分为驱动系统和欠驱动系统两个部分。因此，将驱动状态和非驱动状态分别定义为 $\boldsymbol{q}_1=[x \quad y \quad l]^{\mathrm{T}}$ 和 $\boldsymbol{q}_2=[\theta_x \quad \theta_y]^{\mathrm{T}}$，则三维桥式吊车的动力学模型可改写为

$$\boldsymbol{M}_{11}(\boldsymbol{q})\ddot{\boldsymbol{q}}_1+\boldsymbol{M}_{12}(\boldsymbol{q})\ddot{\boldsymbol{q}}_2+\boldsymbol{C}_{11}(\boldsymbol{q},\dot{\boldsymbol{q}})\dot{\boldsymbol{q}}_1+\boldsymbol{C}_{12}(\boldsymbol{q},\dot{\boldsymbol{q}})\dot{\boldsymbol{q}}_2+\boldsymbol{G}_1(\boldsymbol{q})+\boldsymbol{F}_{\mathrm{d}1}=\boldsymbol{F}_1 \tag{7-13}$$

$$\boldsymbol{M}_{21}(\boldsymbol{q})\ddot{\boldsymbol{q}}_1+\boldsymbol{M}_{22}(\boldsymbol{q})\ddot{\boldsymbol{q}}_2+\boldsymbol{C}_{21}(\boldsymbol{q},\dot{\boldsymbol{q}})\dot{\boldsymbol{q}}_1+\boldsymbol{C}_{22}(\boldsymbol{q},\dot{\boldsymbol{q}})\dot{\boldsymbol{q}}_2+\boldsymbol{G}_2(\boldsymbol{q})+\boldsymbol{F}_{\mathrm{d}2}=0 \tag{7-14}$$

式中，$\boldsymbol{F}_{\mathrm{d}1}$ 和 $\boldsymbol{F}_{\mathrm{d}2}$ 均是干扰向量，其他矩阵向量分别表示如下：

$$\boldsymbol{M}_{11}=\begin{bmatrix} m_{11} & 0 & m_{13} \\ 0 & m_{22} & m_{23} \\ m_{31} & m_{32} & m_{33} \end{bmatrix} \boldsymbol{M}_{12}=\begin{bmatrix} m_{14} & m_{15} \\ 0 & m_{25} \\ 0 & 0 \end{bmatrix} \boldsymbol{M}_{21}=\begin{bmatrix} m_{41} & 0 & 0 \\ m_{51} & m_{52} & 0 \end{bmatrix} \boldsymbol{M}_{22}=\begin{bmatrix} m_{44} & 0 \\ 0 & m_{55} \end{bmatrix}$$

$$\boldsymbol{C}_{11}=\begin{bmatrix}0&0&c_{13}\\0&0&c_{23}\\0&0&0\end{bmatrix}\ \boldsymbol{C}_{12}=\begin{bmatrix}c_{14}&c_{15}\\0&c_{25}\\c_{34}&c_{35}\end{bmatrix}\ \boldsymbol{C}_{21}=\begin{bmatrix}0&0&c_{43}\\0&0&c_{53}\end{bmatrix}\ \boldsymbol{C}_{22}=\begin{bmatrix}c_{44}&c_{45}\\c_{54}&c_{55}\end{bmatrix}$$

$$\boldsymbol{G}_1=\begin{bmatrix}0\\0\\g_3\end{bmatrix}\ \boldsymbol{G}_2=\begin{bmatrix}g_4\\g_5\end{bmatrix}\ \boldsymbol{F}_{\mathrm{d}1}=\begin{bmatrix}z_1\\z_2\\z_3\end{bmatrix}\ \boldsymbol{F}_{\mathrm{d}2}=\begin{bmatrix}z_4\\z_5\end{bmatrix}\ \boldsymbol{F}_1=\begin{bmatrix}f_x\\f_y\\f_l\end{bmatrix}$$

由已知条件$l>0$和假设条件$\left|\theta_y\right|<\pi/2$可知，$\boldsymbol{M}_{21}(\boldsymbol{q})$是正定矩阵，则式（7-14）可因此改写为

$$\ddot{\boldsymbol{q}}_2=-\boldsymbol{M}_{22}^{-1}(\boldsymbol{q})\left[\boldsymbol{M}_{21}(\boldsymbol{q})\ddot{\boldsymbol{q}}_1+\boldsymbol{C}_{21}(\boldsymbol{q},\dot{\boldsymbol{q}})\dot{\boldsymbol{q}}_1+\boldsymbol{C}_{22}(\boldsymbol{q},\dot{\boldsymbol{q}})\dot{\boldsymbol{q}}_2+\boldsymbol{G}_2(\boldsymbol{q})+\boldsymbol{F}_{\mathrm{d}2}\right] \tag{7-15}$$

负载摆角向量$\boldsymbol{q}_2=[\theta_x\ \theta_y]^{\mathrm{T}}$与桥架、小车和吊绳的运动特性直接相关。那么可将式（7-15）代入式（7-13）并整理成一种简洁的形式：

$$\bar{\boldsymbol{M}}(\boldsymbol{q})\ddot{\boldsymbol{q}}_1+\bar{\boldsymbol{C}}(\boldsymbol{q},\dot{\boldsymbol{q}})\dot{\boldsymbol{q}}_1+\bar{\boldsymbol{C}}_2(\boldsymbol{q},\dot{\boldsymbol{q}})\dot{\boldsymbol{q}}_2+\bar{\boldsymbol{G}}(\boldsymbol{q})+\boldsymbol{F}_{\mathrm{d}1}=\boldsymbol{F}_1 \tag{7-16}$$

式中，

$$\bar{\boldsymbol{M}}(\boldsymbol{q})=\boldsymbol{M}_{11}(\boldsymbol{q})-\boldsymbol{M}_{12}(\boldsymbol{q})\boldsymbol{M}_{22}^{-1}(\boldsymbol{q})\boldsymbol{M}_{21}(\boldsymbol{q})$$

$$\bar{\boldsymbol{C}}(\boldsymbol{q},\dot{\boldsymbol{q}})=\boldsymbol{C}_{11}(\boldsymbol{q},\dot{\boldsymbol{q}})-\boldsymbol{M}_{12}(\boldsymbol{q})\boldsymbol{M}_{22}^{-1}(\boldsymbol{q})\boldsymbol{C}_{21}(\boldsymbol{q},\dot{\boldsymbol{q}})$$

$$\bar{\boldsymbol{C}}_2(\boldsymbol{q},\dot{\boldsymbol{q}})=\boldsymbol{C}_{12}(\boldsymbol{q},\dot{\boldsymbol{q}})-\boldsymbol{M}_{12}(\boldsymbol{q})\boldsymbol{M}_{22}^{-1}(\boldsymbol{q})\boldsymbol{C}_{22}(\boldsymbol{q},\dot{\boldsymbol{q}})$$

$$\bar{\boldsymbol{G}}(\boldsymbol{q})=\boldsymbol{G}_1(\boldsymbol{q})-\boldsymbol{M}_{12}(\boldsymbol{q})\boldsymbol{M}_{22}^{-1}(\boldsymbol{q})\boldsymbol{G}_2(\boldsymbol{q})-\boldsymbol{M}_{12}(\boldsymbol{q})\boldsymbol{M}_{22}^{-1}(\boldsymbol{q})\boldsymbol{F}_{\mathrm{d}2}$$

矩阵$\bar{\boldsymbol{M}}(\boldsymbol{q})$对于条件$l>0$和$\left|\theta_y\right|<\pi/2$来说，也是一个正定矩阵。式（7-16）所示模型虽可用于三维桥吊系统的控制方案设计，但式中存在的耦合项$\bar{\boldsymbol{C}}_2(\boldsymbol{q},\dot{\boldsymbol{q}})\dot{\boldsymbol{q}}_2$和干扰估计项$\boldsymbol{F}_{\mathrm{d}1}$应被预先补偿，故驱动力矢量$\boldsymbol{F}_1$可表示为

$$\boldsymbol{F}_1=\boldsymbol{U}+\bar{\boldsymbol{C}}_2(\boldsymbol{q},\dot{\boldsymbol{q}})\dot{\boldsymbol{q}}_2+\boldsymbol{F}_{\mathrm{d}1} \tag{7-17}$$

式中，$\boldsymbol{U}$为待设计的虚拟输入量。

式（7-16）可进一步改写为

$$\bar{\boldsymbol{M}}(\boldsymbol{q})\ddot{\boldsymbol{q}}_1+\bar{\boldsymbol{C}}(\boldsymbol{q},\dot{\boldsymbol{q}})\dot{\boldsymbol{q}}_1+\bar{\boldsymbol{G}}(\boldsymbol{q})=\boldsymbol{U} \tag{7-18}$$

7.3.2 自适应时变滑模控制器

三维桥吊系统的控制目标是使系统的状态向量$\boldsymbol{q}$到达期望的恒定位置$\boldsymbol{q}_d$，则设x_d、y_d和l_d分别为期望的桥架位移、小车位移和吊绳长度，摆角θ_x和θ_y的期望值为零，所以驱动状态和非驱动状态的期望值分别为

$\boldsymbol{q}_{1d}=\left[x_d\ \ y_d\ \ l_d\right]^{\mathrm{T}}$ 和 $\boldsymbol{q}_{2d}=0$ 。定义系统的误差信号为

$$\begin{cases}\boldsymbol{e}_1=\boldsymbol{q}_1-\boldsymbol{q}_{1d}=\left[x-x_d\quad y-y_d\quad l-l_d\right]^{\mathrm{T}}\\ \boldsymbol{e}_2=\boldsymbol{q}_2-\boldsymbol{q}_{2d}=\left[\theta_x\quad \theta_y\right]^{\mathrm{T}}\end{cases} \tag{7-19}$$

针对三维桥吊系统的状态量 $\boldsymbol{q}_1$ 和 $\boldsymbol{q}_2$，设计一种新型时变滑模面：

$$\boldsymbol{S}=\left[S_1\ S_2\ S_3\right]^{\mathrm{T}}=\boldsymbol{\alpha}_1\dot{\boldsymbol{e}}_1+\boldsymbol{\beta}_1(t)\boldsymbol{e}_1+\boldsymbol{\alpha}_2\dot{\boldsymbol{e}}_2+\boldsymbol{\beta}_2(t)\boldsymbol{e}_2-\boldsymbol{g}(t) \tag{7-20}$$

式中，$\boldsymbol{\beta}_i(t)(i=1,2)$ 和 $\boldsymbol{g}(t)$ 是关于时间 t 的连续函数，一阶可导且在区间 $t\in[0,\infty)$ 内有界，参数 $\boldsymbol{\alpha}_1$ 和 $\boldsymbol{\alpha}_2$ 为控制增益矩阵，表达式分别为

$$\boldsymbol{\alpha}_1=\begin{bmatrix}\alpha_{11}&0&0\\0&\alpha_{12}&0\\0&0&\alpha_{13}\end{bmatrix}\ \boldsymbol{\alpha}_2=\begin{bmatrix}\alpha_{21}&0\\0&\alpha_{22}\\0&0\end{bmatrix} \tag{7-21}$$

时变增益 $\boldsymbol{\beta}_i(t)$ 和 $\boldsymbol{g}(t)$ 满足以下条件：

$$\boldsymbol{\beta}_i(0)=\boldsymbol{\beta}_{i0},\boldsymbol{\beta}_i(\infty)=\boldsymbol{\beta}_{im},\boldsymbol{g}(0)=-\boldsymbol{q}_{1d}\boldsymbol{\beta}_{10},\boldsymbol{g}(\infty)=0 \tag{7-22}$$

式中，$\boldsymbol{\beta}_{i0}$、$\boldsymbol{\beta}_{im}$ 和 $\boldsymbol{q}_{1d}$ 为目标常数矩阵，$i=1,2$ 。

那么可将一阶连续可导的函数 $\boldsymbol{\beta}_i(t)(i=1,2)$ 和 $\boldsymbol{g}(t)$ 定义为

$$\boldsymbol{\beta}_i(t)=\frac{\boldsymbol{\beta}_i}{1+\mathrm{e}^{-b_it}} \tag{7-23a}$$

$$\boldsymbol{g}(t)=\boldsymbol{\beta}_3\mathrm{e}^{-b_3t} \tag{7-23b}$$

式中，$i=1,2$ 且矩阵 $\boldsymbol{\beta}_i$ 的表达式为

$$\boldsymbol{\beta}_1=\begin{bmatrix}\beta_{11}&0&0\\0&\beta_{12}&0\\0&0&\beta_{13}\end{bmatrix}\ \boldsymbol{\beta}_2=\begin{bmatrix}\beta_{21}&0\\0&\beta_{22}\\0&0\end{bmatrix} \tag{7-24}$$

待定常数 $\boldsymbol{\beta}_j$ 和 $b_j(j=1,2,3)$ 表示连续函数 $\boldsymbol{\beta}_1(t)$、$\boldsymbol{\beta}_2(t)$ 和 $\boldsymbol{g}(t)$ 的变化率，并且满足 $b_j\geqslant 0$。因此，滑模面 $\boldsymbol{S}$ 可重新表示为

$$\boldsymbol{S}=\boldsymbol{\alpha}_1\dot{\boldsymbol{e}}_1+\frac{\boldsymbol{\beta}_1\boldsymbol{e}_1}{1+\mathrm{e}^{-b_1t}}+\boldsymbol{\alpha}_2\dot{\boldsymbol{e}}_2+\frac{\boldsymbol{\beta}_2\boldsymbol{e}_2}{1+\mathrm{e}^{-b_2t}}\boldsymbol{\beta}_2(t)\boldsymbol{e}_2-\boldsymbol{\beta}_3\mathrm{e}^{-b_3t} \tag{7-25}$$

初始时刻，$\boldsymbol{q}_1(0)=0$，$\boldsymbol{q}_2(0)=0$。令 $\boldsymbol{S}(0)=0$，则由式（7-25）可得

$$\boldsymbol{\beta}_3=-\frac{\boldsymbol{q}_{1d}\boldsymbol{\beta}_1}{2} \tag{7-26}$$

将式（7-26）代入式（7-25）中，可得

$$\boldsymbol{S}=\boldsymbol{\alpha}_1\dot{\boldsymbol{e}}_1+\frac{\boldsymbol{\beta}_1\boldsymbol{e}_1}{1+\mathrm{e}^{-b_1t}}+\boldsymbol{\alpha}_2\dot{\boldsymbol{e}}_2+\frac{\boldsymbol{\beta}_2\boldsymbol{e}_2}{1+\mathrm{e}^{-b_2t}}\boldsymbol{\beta}_2(t)\boldsymbol{e}_2+\frac{\boldsymbol{q}_{1d}\boldsymbol{\beta}_1}{2}\mathrm{e}^{-b_3t} \tag{7-27}$$

那么对式（7-27）求关于时间 t 的一阶导数，并整理可得

$$\dot{\boldsymbol{S}}=\boldsymbol{\alpha}_1\ddot{\boldsymbol{q}}_1+\frac{\boldsymbol{\beta}_1\dot{\boldsymbol{q}}_1}{1+\mathrm{e}^{-b_1t}}+\frac{b_1\boldsymbol{\beta}_1\mathrm{e}^{-b_1t}\boldsymbol{e}_1}{(1+\mathrm{e}^{-b_1t})^2}+\boldsymbol{\alpha}_2\ddot{\boldsymbol{q}}_2+\frac{\boldsymbol{\beta}_2\dot{\boldsymbol{q}}_2}{1+\mathrm{e}^{-b_2t}}+\frac{b_2\boldsymbol{\beta}_2\mathrm{e}^{-b_2t}\boldsymbol{e}_2}{(1+\mathrm{e}^{-b_2t})^2}-\frac{b_3\boldsymbol{q}_{1d}\boldsymbol{\beta}_1\mathrm{e}^{-b_3t}}{2} \tag{7-28}$$

将式（7-15）代入式（7-28）中，可得

$$\begin{aligned}\dot{\boldsymbol{S}}=&\left[\boldsymbol{\alpha}_1-\boldsymbol{\alpha}_2\boldsymbol{M}_{22}^{-1}(\boldsymbol{q})\boldsymbol{M}_{21}(\boldsymbol{q})\right]\ddot{\boldsymbol{q}}_1-\boldsymbol{\alpha}_2\boldsymbol{M}_{22}^{-1}(\boldsymbol{q})\boldsymbol{G}_2(\boldsymbol{q})-\boldsymbol{\alpha}_2\boldsymbol{M}_{22}^{-1}(\boldsymbol{q})\boldsymbol{F}_{d2}+\\&\left[\frac{\boldsymbol{\beta}_1}{1+\mathrm{e}^{-b_1t}}-\boldsymbol{\alpha}_2\boldsymbol{M}_{22}^{-1}(\boldsymbol{q})\boldsymbol{C}_{21}(\boldsymbol{q},\dot{\boldsymbol{q}})\right]\dot{\boldsymbol{q}}_1+\frac{b_1\boldsymbol{\beta}_1\mathrm{e}^{-b_1t}\boldsymbol{e}_1}{(1+\mathrm{e}^{-b_1t})^2}+\\&\left[\frac{\boldsymbol{\beta}_2}{1+\mathrm{e}^{-b_2t}}-\boldsymbol{\alpha}_2\boldsymbol{M}_{22}^{-1}(\boldsymbol{q})\boldsymbol{C}_{22}(\boldsymbol{q},\dot{\boldsymbol{q}})\right]\dot{\boldsymbol{q}}_2+\frac{b_2\boldsymbol{\beta}_2\mathrm{e}^{-b_2t}\boldsymbol{e}_2}{(1+\mathrm{e}^{-b_2t})^2}-\frac{b_3\boldsymbol{q}_{1d}\boldsymbol{\beta}_1\mathrm{e}^{-b_3t}}{2}\end{aligned} \tag{7-29}$$

由于 $\bar{\boldsymbol{M}}(\boldsymbol{q})$ 是正定矩阵，则式（7-18）可表示为

$$\ddot{\boldsymbol{q}}_1=\bar{\boldsymbol{M}}^{-1}(\boldsymbol{q})\left[\boldsymbol{U}-\bar{\boldsymbol{C}}(\boldsymbol{q},\dot{\boldsymbol{q}})\dot{\boldsymbol{q}}_1-\bar{\boldsymbol{G}}(\boldsymbol{q})\right] \tag{7-30}$$

将式（7-30）代入式（7-29）中，可得

$$\begin{aligned}\dot{\boldsymbol{S}}=&\left[\boldsymbol{\alpha}_1-\boldsymbol{\alpha}_2\boldsymbol{M}_{22}^{-1}(\boldsymbol{q})\boldsymbol{M}_{21}(\boldsymbol{q})\right]\bar{\boldsymbol{M}}^{-1}(\boldsymbol{q})\left[\boldsymbol{U}-\bar{\boldsymbol{C}}(\boldsymbol{q},\dot{\boldsymbol{q}})\dot{\boldsymbol{q}}_1-\bar{\boldsymbol{G}}(\boldsymbol{q})\right]+\\&\left[\frac{\boldsymbol{\beta}_1}{1+\mathrm{e}^{-b_1t}}-\boldsymbol{\alpha}_2\boldsymbol{M}_{22}^{-1}(\boldsymbol{q})\boldsymbol{C}_{21}(\boldsymbol{q},\dot{\boldsymbol{q}})\right]\dot{\boldsymbol{q}}_1+\frac{b_1\boldsymbol{\beta}_1\mathrm{e}^{-b_1t}\boldsymbol{e}_1}{(1+\mathrm{e}^{-b_1t})^2}+\\&\left[\frac{\boldsymbol{\beta}_2}{1+\mathrm{e}^{-b_2t}}-\boldsymbol{\alpha}_2\boldsymbol{M}_{22}^{-1}(\boldsymbol{q})\boldsymbol{C}_{22}(\boldsymbol{q},\dot{\boldsymbol{q}})\right]\dot{\boldsymbol{q}}_2+\frac{b_2\boldsymbol{\beta}_2\mathrm{e}^{-b_2t}\boldsymbol{e}_2}{(1+\mathrm{e}^{-b_2t})^2}-\\&\boldsymbol{\alpha}_2\boldsymbol{M}_{22}^{-1}(\boldsymbol{q})\boldsymbol{F}_{d2}-\boldsymbol{\alpha}_2\boldsymbol{M}_{22}^{-1}(\boldsymbol{q})\boldsymbol{G}_2(\boldsymbol{q})-\frac{b_3\boldsymbol{q}_{1d}\boldsymbol{\beta}_1\mathrm{e}^{-b_3t}}{2}\end{aligned} \tag{7-31}$$

根据滑模变结构原理，滑模可达性条件仅要求在状态空间任意点必须于有限时间到达滑模面，对于运动轨迹未作任何规定。为了改善系统在趋近运动过程中的动态性能和解决抖振带来的问题，利用终端滑模具有动态响应速度快和稳态跟踪精度高的优点，得出了一种新型趋近律：

$$\dot{\boldsymbol{S}}=-\boldsymbol{\eta}\boldsymbol{S}^{q/p}-\boldsymbol{K}\boldsymbol{S} \tag{7-32}$$

式中，$\boldsymbol{\eta}=\mathrm{diag}\left[\eta_1,\eta_2,\eta_3\right]$ 和 $\boldsymbol{K}=\mathrm{diag}\left[K_1,K_2,K_3\right]$ 为自适应参数矩阵，且矩阵中各元素均大于零，q 和 p 为正奇数。

由式（7-32）可知，当系统状态远离滑模面时，收敛时间主要由终端滑模吸引项 $-\boldsymbol{\eta}\boldsymbol{S}^{q/p}$ 决定；而当系统状态趋近滑模面 $\boldsymbol{S}=0$ 时，收敛时间主要由

$-\boldsymbol{KS}$ 项决定，滑模面 $\boldsymbol{S}$ 呈指数衰减。因此，系统状态可快速且精准地收敛到滑模面上。

为了获取自适应参数 $\boldsymbol{\eta}$ 和 $\boldsymbol{K}$，定义 Lyapunov 函数为

$$V_c = \frac{1}{2}\boldsymbol{S}^{\mathrm{T}}\boldsymbol{S} + \frac{1}{2\lambda_1}\hat{\boldsymbol{\eta}}^{\mathrm{T}}\hat{\boldsymbol{\eta}} + \frac{1}{2\lambda_2}\hat{\boldsymbol{K}}^{\mathrm{T}}\hat{\boldsymbol{K}} \tag{7-33}$$

式中，$\lambda_1=\mathrm{diag}\left[\lambda_{11},\lambda_{12},\lambda_{13}\right]$ 和 $\lambda_2=\mathrm{diag}\left[\lambda_{21},\lambda_{22},\lambda_{23}\right]$ 均大于零；$\hat{\boldsymbol{\eta}}=\boldsymbol{\eta}-\tilde{\boldsymbol{\eta}}$ 和 $\hat{\boldsymbol{K}}=\boldsymbol{K}-\tilde{\boldsymbol{K}}$ 分别是参数 $\boldsymbol{\eta}$ 和 $\boldsymbol{K}$ 的误差估计，未知正实数 $\tilde{\boldsymbol{\eta}}$ 和 $\tilde{\boldsymbol{K}}$ 是参数 $\boldsymbol{\eta}$ 和 $\boldsymbol{K}$ 的最优值。

将式（7-32）代入式（7-33）的一阶导数中，可得

$$\begin{aligned}\dot{V}_c &= \boldsymbol{S}^{\mathrm{T}}\left(-\boldsymbol{\eta}\boldsymbol{S}^{q/p} - \boldsymbol{KS}\right) + \lambda_1^{-1}\hat{\boldsymbol{\eta}}^{\mathrm{T}}\dot{\boldsymbol{\eta}} + \lambda_2^{-1}\hat{\boldsymbol{K}}^{\mathrm{T}}\dot{\boldsymbol{K}} \\ &= \hat{\boldsymbol{\eta}}\left[\lambda_1^{-1}\dot{\boldsymbol{\eta}} - \boldsymbol{S}^{(q+p)/p}\right] + \hat{\boldsymbol{K}}\left[\lambda_2^{-1}\dot{\boldsymbol{K}} - \boldsymbol{S}^{\mathrm{T}}\boldsymbol{S}\right] - \tilde{\boldsymbol{\eta}}\boldsymbol{S}^{(q+p)/p} - \tilde{\boldsymbol{K}}\boldsymbol{S}^{\mathrm{T}}\boldsymbol{S}\end{aligned} \tag{7-34}$$

因此，参数自适应律为

$$\dot{\boldsymbol{\eta}} = \lambda_1\boldsymbol{S}^{(q+p)/p},\quad \dot{\boldsymbol{K}} = \lambda_2\boldsymbol{S}^{\mathrm{T}}\boldsymbol{S} \tag{7-35}$$

由式（7-35）可以看出，自适应参数 $\boldsymbol{\eta}$ 和 $\boldsymbol{K}$ 是随滑模面变化而变化的，在滑模面收敛的条件下，参数是有界的。为了方便调参，将自适应参数的初值设定为零。

最终将式（7-32）代入式（7-31）中，可得控制力 $\boldsymbol{U}$ 的表达式为

$$\begin{aligned}\boldsymbol{U} = {} & \bar{\boldsymbol{C}}(\boldsymbol{q},\dot{\boldsymbol{q}})\dot{\boldsymbol{q}}_1 + \bar{\boldsymbol{G}}(\boldsymbol{q}) - \bar{\boldsymbol{M}}(\boldsymbol{q})\left[\boldsymbol{\alpha}_1 - \boldsymbol{\alpha}_2\boldsymbol{M}_{22}^{-1}(\boldsymbol{q})\boldsymbol{M}_{21}(\boldsymbol{q})\right]^{-1} + \\ & \left[\left(\frac{\boldsymbol{\beta}_1}{1+\mathrm{e}^{-b_1 t}} - \boldsymbol{\alpha}_2\boldsymbol{M}_{22}^{-1}(\boldsymbol{q})\boldsymbol{C}_{21}(\boldsymbol{q},\dot{\boldsymbol{q}})\right)\dot{\boldsymbol{q}}_1 + \frac{b_1\boldsymbol{\beta}_1\mathrm{e}^{-b_1 t}\boldsymbol{e}_1}{(1+\mathrm{e}^{-b_1 t})^2} + \right. \\ & \left(\frac{\boldsymbol{\beta}_2}{1+\mathrm{e}^{-b_2 t}} - \boldsymbol{\alpha}_2\boldsymbol{M}_{22}^{-1}(\boldsymbol{q})\boldsymbol{C}_{22}(\boldsymbol{q},\dot{\boldsymbol{q}})\right)\dot{\boldsymbol{q}}_2 + \frac{b_2\boldsymbol{\beta}_2\mathrm{e}^{-b_2 t}\boldsymbol{e}_2}{(1+\mathrm{e}^{-b_2 t})^2} - \\ & \left.\boldsymbol{\alpha}_2\boldsymbol{M}_{22}^{-1}(\boldsymbol{q})\boldsymbol{G}_2(\boldsymbol{q}) - \boldsymbol{\alpha}_2\boldsymbol{M}_{22}^{-1}(\boldsymbol{q})\boldsymbol{F}_{d2} - \frac{b_3\boldsymbol{q}_{1d}\boldsymbol{\beta}_1\mathrm{e}^{-b_3 t}}{2} + \boldsymbol{\eta}\boldsymbol{S}^{q/p} + \boldsymbol{KS}\right]\end{aligned} \tag{7-36}$$

7.3.3 系统稳定性分析

定理 7.2 对于三维桥吊系统式（5-3），采用滑模面式（7-27）和自适应趋近律式（7-32），设计非线性扩张观测器式（7-6）和控制器式（7-36），

使系统误差状态 $\boldsymbol{e}_1$ 和 $\boldsymbol{e}_2$ 渐近收敛于零，并且整个闭环系统满足 Lyapunov 稳定。

证明：选取 Lyapunov 函数为

$$V = V_o + V_c = \frac{1}{2}\left(\boldsymbol{E}_1^{\mathrm{T}}\boldsymbol{E}_1 + \boldsymbol{E}_2^{\mathrm{T}}\boldsymbol{E}_2 + \boldsymbol{E}_3^{\mathrm{T}}\boldsymbol{E}_3\right) + \frac{1}{2}\left(\boldsymbol{S}^{\mathrm{T}}\boldsymbol{S} + \boldsymbol{\lambda}_1^{-1}\hat{\boldsymbol{\eta}}^{\mathrm{T}}\hat{\boldsymbol{\eta}} + \boldsymbol{\lambda}_2^{-1}\hat{\boldsymbol{K}}^{\mathrm{T}}\hat{\boldsymbol{K}}\right) \tag{7-37}$$

式中，V_o 为观测器的 Lyapunov 函数，$\boldsymbol{E}_1$、$\boldsymbol{E}_2$ 和 $\boldsymbol{E}_3$ 为观测器误差向量。

将式（7-37）对时间 t 求导，可得

$$\dot{V} = \boldsymbol{E}_1^{\mathrm{T}}\dot{\boldsymbol{E}}_1 + \boldsymbol{E}_2^{\mathrm{T}}\dot{\boldsymbol{E}}_2 + \boldsymbol{E}_3^{\mathrm{T}}\dot{\boldsymbol{E}}_3 + \boldsymbol{S}^{\mathrm{T}}\left(-\boldsymbol{\eta}\boldsymbol{S}^{q/p} - \boldsymbol{K}\boldsymbol{S}\right) + \boldsymbol{\lambda}_1^{-1}\hat{\boldsymbol{\eta}}^{\mathrm{T}}\dot{\boldsymbol{\eta}} + \boldsymbol{\lambda}_2^{-1}\hat{\boldsymbol{K}}^{\mathrm{T}}\dot{\boldsymbol{K}} \tag{7-38}$$

当观测器稳定时，误差向量导数 $\dot{\boldsymbol{E}}_1$、$\dot{\boldsymbol{E}}_2$ 和 $\dot{\boldsymbol{E}}_3$ 为零，误差向量也将趋近于零。将式（7-35）代入式（7-38），忽略 NESO 的观测误差，可得

$$\dot{V} \approx -\tilde{\boldsymbol{\eta}}\boldsymbol{S}^{(q+p)/p} - \tilde{\boldsymbol{K}}\boldsymbol{S}^{\mathrm{T}}\boldsymbol{S} \tag{7-39}$$

由式（7-39）可知，q 和 p 是正奇数，参数最优值 $\tilde{\boldsymbol{\eta}}$ 和 $\tilde{\boldsymbol{K}}$ 是正实数，保证了 $\dot{V} \leqslant 0$ 始终成立，证明整个闭环系统是渐近稳定的，系统可进入滑动模态，即当 $t \to \infty$ 时，$\boldsymbol{S} \to 0$，也即 $\boldsymbol{e}_1 \to 0$，$\boldsymbol{e}_2 \to 0$。证毕。

7.3.4 仿真研究

为了验证本章所设计的基于 NESO 的自适应时变滑模控制方法的可行性和有效性，在 MATLAB/Simulink 中进行仿真。桥吊系统参数选用参考文献[52]中的参数：桥架质量 $M_x = 12\text{kg}$，小车质量 $M_y = 5\text{kg}$，吊绳质量 $M_l = 2\text{kg}$，负载质量 $m = 0.85\text{kg}$，重力加速度 $g = 9.8\text{m/s}^2$，桥架摩擦力系数 $D_x = 30$，小车摩擦力系数 $D_y = 30$，吊绳摩擦力系数 $D_l = 50$；除吊绳长度的初始状态取 0.7m 外，其余所有状态初值皆为零，并且桥架的期望位置 $x_d = 0.5\text{m}$，小车的期望位置 $y_d = 0.4\text{m}$，吊绳的期望长度 $l_d = 1\text{m}$。

NESO 的参数选为：观测器增益矩阵 $\boldsymbol{L}_1 = \boldsymbol{L}_2 = \text{diag}[3,3,3,3,3]$，$\boldsymbol{L}_3 = \text{diag}[1,1,1,1,1]$，非线性函数中参数 $\alpha_1 = 0.7$、$\alpha_2 = 0.4$ 和 $\alpha_3 = 0.1$，观测器调节精度参数 $r = 80$，观测器吊绳长度初值为 0.7m，其余起始状态为零。

自适应时变滑模控制器的参数选为：时变函数参数取 $b_1 = 0.6$，$b_2 = 0.7$，$b_3 = 0.9$，自适应参数取 $\boldsymbol{\lambda}_1 = \text{diag}[-0.32,-0.52,-0.42]$，$\boldsymbol{\lambda}_2 = \text{diag}[-0.29,-0.59,$

$-0.39]$，终端吸引子参数取 $q=7$， $p=9$，滑模面参数为

$$\boldsymbol{\alpha}_1=\begin{bmatrix}10&0&0\\0&10&0\\0&0&1\end{bmatrix}\ \boldsymbol{\alpha}_2=\begin{bmatrix}1&0\\0&1\\0&0\end{bmatrix}\ \boldsymbol{\beta}_1=\begin{bmatrix}7.5&0&0\\0&13&0\\0&0&10\end{bmatrix}\ \boldsymbol{\beta}_2=\begin{bmatrix}-35&0\\0&-30\\0&0\end{bmatrix}$$

为了验证本章方法的可行性，将进行三组仿真。第一组仿真将与文献[52]中的控制方法作对比；第二组仿真将验证本章方法在负载质量改变时的鲁棒性；第三组仿真将验证本章方法在外界干扰影响下的抗干扰性能。

第一组仿真：将本章设计的基于 NESO 的自适应时变滑模控制方法与文献[52]中的二阶滑模控制方法进行对比，不同控制方法结果比较如图 7-1 所示。

从图 7-1 中可以看出，本章方法在桥架运行时间上比文献[52]中方法快 1.2s，小车运行时间比文献[52]中方法快 1.8s，吊绳到达时间比文献[52]中方

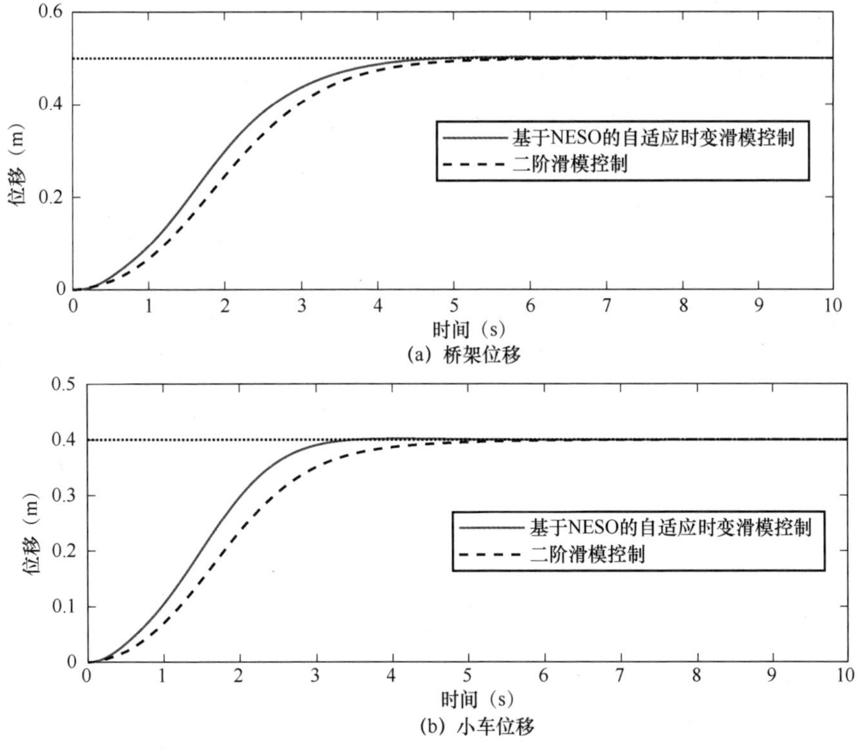

图 7-1　不同控制方法结果比较

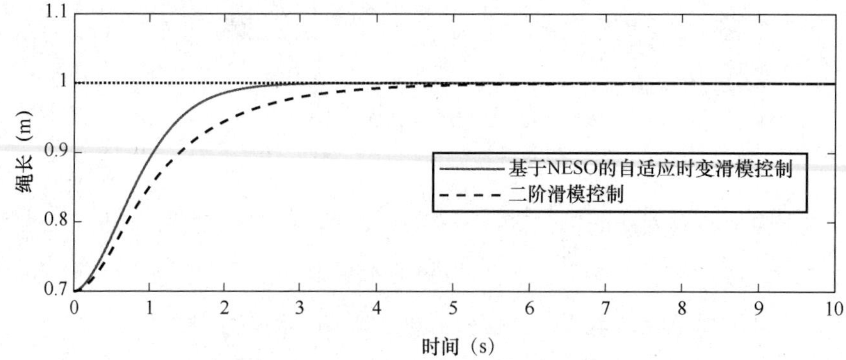

（c）吊绳长度

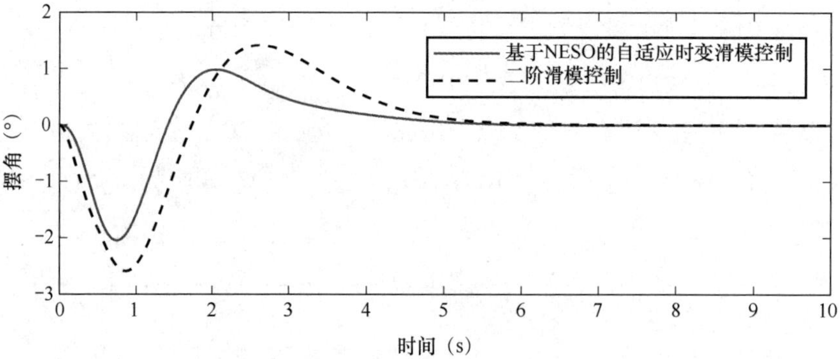

(d) x方向摆角

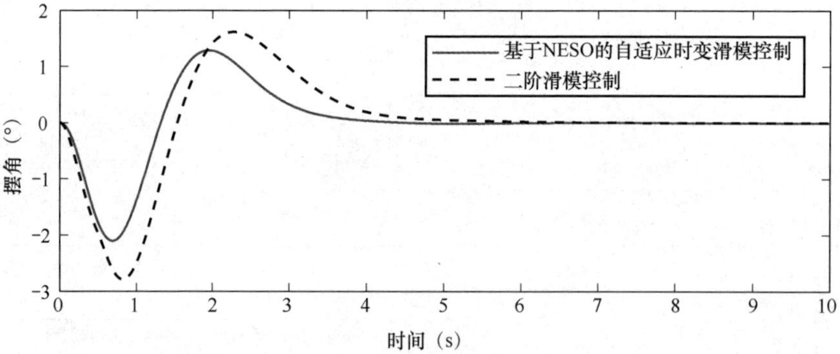

(e) y方向摆角

图 7-1　不同控制方法结果比较（续）

法快 1.9s，x 方向最大摆角比文献[52]中方法小 0.51°，y 方向最大摆角比文献[52]中方法小 0.68°。综上所述，本章设计的控制方法可以实现小车的精准定位和负载的摆动抑制，并且从仿真结果和分析来看，本章方法的控制性能更为出色。

第二组仿真：验证本章方法在不同负载质量下的控制效果。不同质量仿真结果对比如图 7-2 所示。

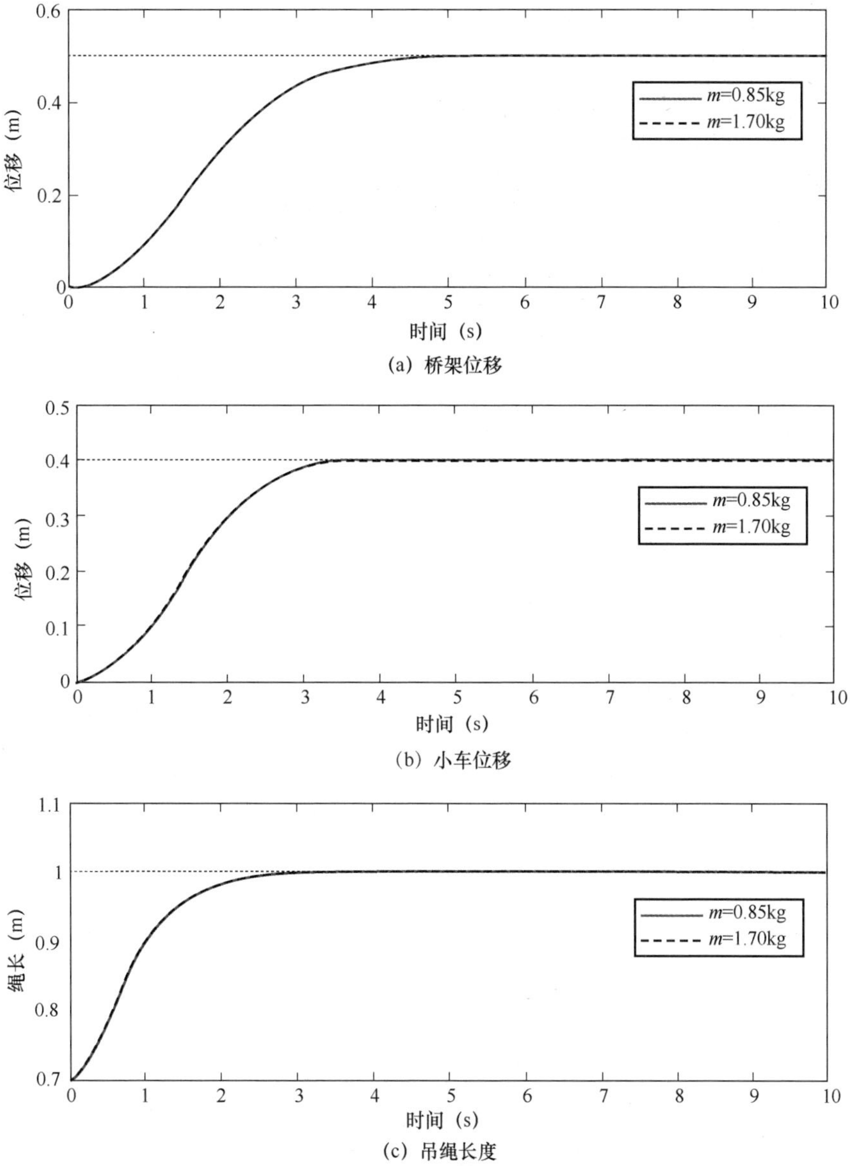

图 7-2 不同质量仿真结果对比

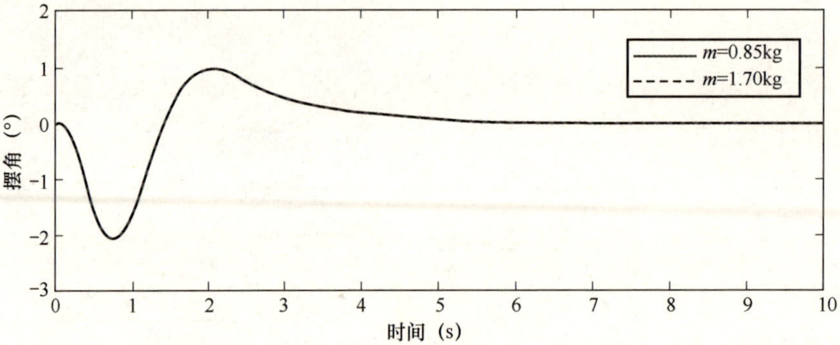

(d) x方向摆角

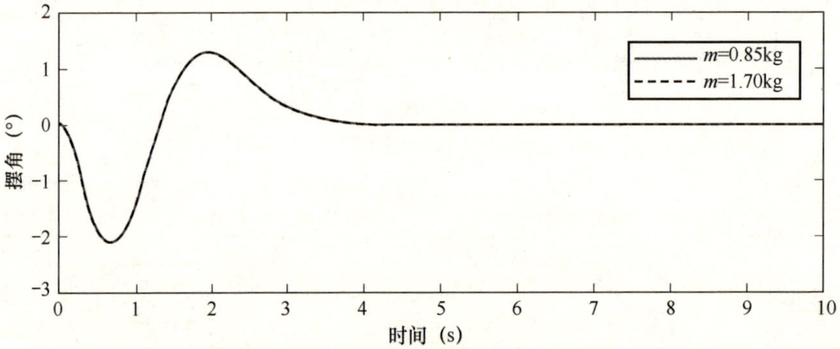

(e) y方向摆角

图 7-2　不同质量仿真结果对比（续）

从图 7-2 中可以看出，在观测器参数和控制器参数保持不变的情况下，当负载质量增加为原质量的 1 倍时，桥架位移和 x 方向摆角几乎不受影响，小车位移和 y 方向摆角尽管有微小变化，但仍能使系统达到预期的控制目标，结果表明本章设计的控制方法具有良好的鲁棒性。

第三组仿真：验证本章方法在外界干扰影响下的抗干扰性能。当仿真进行至 10s 时，分别于桥架、小车和吊绳的控制端加入幅值为 2N 的脉冲干扰，持续时间为 0.3s，抗干扰性能仿真对比如图 7-3 所示。

从图 7-3 中可以看出，当在 10s 处引入脉冲干扰时，本章方法在桥架位移的调节时间上比文献[52]中方法快 2.6s，小车位移的调节时间比文献[52]中方法快 2.3s，吊绳的调节时间比文献[52]中方法快 2.7s，x 方向最大摆角比文献[52]中方法小 0.45°，y 方向最大摆角比文献[52]中方法小 0.5°。

综上所述，本章设计的控制方法可以主动消除干扰带来的影响，使三维桥吊系统快速且平稳地恢复到平衡状态，仿真结果也表明了本章方法的抗干扰性能十分出色。

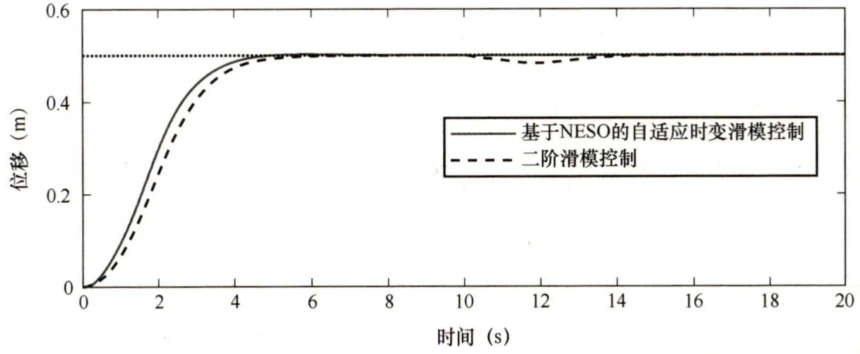

（a）桥架位移

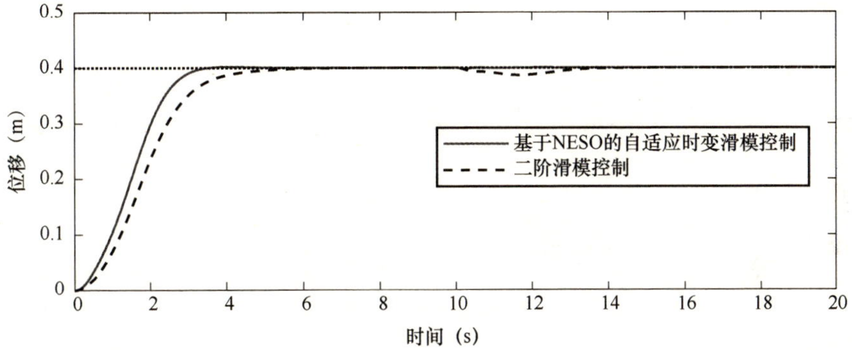

（b）小车位移

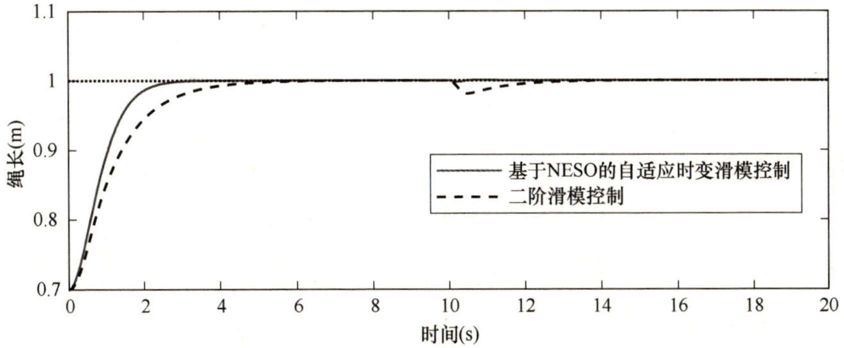

（c）吊绳长度

图 7-3　抗干扰性能仿真对比

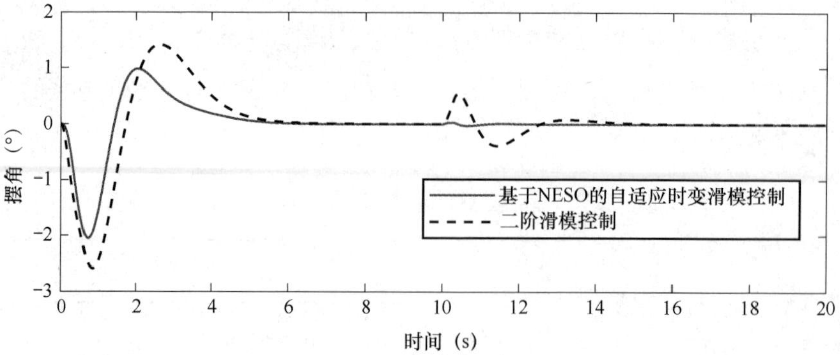

(d) x方向摆角

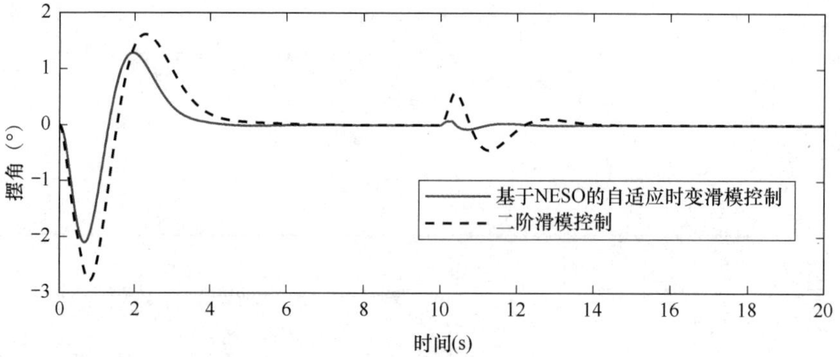

(e) y方向摆角

图 7-3　抗干扰性能仿真对比（续）

7.4 本章小结

针对三维桥吊系统存在外界干扰等问题，本章设计了非线性扩张观测器，并提出了一种基于 NESO 的自适应时变滑模控制方法。首先，采用 NESO 对系统中难以测量的状态和总干扰进行实时估计，得到带有干扰补偿的桥吊解耦模型；其次，基于该解耦模型设计自适应时变滑模控制器，在伴有负载快速升降的情况下实现桥架和小车的平稳精准定位及抑制负载的大幅摆动和残余振荡；最后，通过 Lyapunov 定理证明了闭环系统的整体稳定性。仿真结果表明，本章方法能提高系统的动态性能，并且具有较强的鲁棒性和抗干扰性。

参 考 文 献

[1] 北京起重运输机械研究所. 起重机术语 第 1 部分：通用术语：GB 6974.1—2008[S]. 北京：中国标准出版社，2009：1-18.

[2] SUN N, FANG Y C, CHEN H, et al. Nonlinear antiswing control of offshore cranes with unknown parameters and persistent ship-induced perturbations: Theoretical design and hardware experiments[J]. IEEE Transactions on Industrial Electronics, 2018,65(3): 2629-2641.

[3] LE A, LEE S G . 3D cooperative control of tower cranes using robust adaptive techniques[J]. Journal of the Franklin Institute-Engineering and Applied Mathematics, 2017, 354(18): 8334-8357.

[4] YU W, LI X, PANUNCIO F. Stable neural PID anti-swing control for an overhead crane[J]. Intelligent Automation and Soft Computings, 2014, 20(2): 145-158.

[5] SAEIDI H, NARAGHI M, RAIE A A. A neural network self tuner based on input shapers behavior for anti-sway system of gantry cranes[J]. Journal Vibration & Control, 2013, 19: 1936-1949.

[6] OMAR H M. Control of gantry and tower cranes[D]. Polytechnic: Virginia Polytechnic Institute and State University, 2003.

[7] AHMAD M A, RAMLI M S, RAJA ISMAIL R M T. Infinite impulse response filter techniques for sway control of a lab-scaled rotary crane system[J]. IEEE Computer Society, 2010, 2(6): 192-196.

[8] GLOSSIOTIS G, ANTONIADIS I. Payload sway suppression in rotary cranes by digital filtering of the commanded inputs[J].Proceedings of the Institution of Mechanical Engineers, 2003, 217: 99-109.

[9] GLOSSIOTIS G, ANTONIADIS I. Digital filter based motion command preconditioning of time varying suspended loads in boom cranes for sway suppression[J]. Journal of Vibration & Control, 2007, 13: 617-653.

[10] SHIELDS V C, COOK G. Application of an approximatetime delay to a posicast control system[J]. International Journal of Control,1971, 14(4): 649-657.

[11] KARAJGIKAR A, VAUGHAN J, SINGHOSE W. Double-pendulum crane operator

performance comparing PD-feedback control and input shaping[C]. Eccomas Thematic Conference, 2011:1-14.

[12] MASOUD Z N, ALHAZZA K A. Frequency-modulation input shaping control of double-pendulum overhead cranes[J]. Journal Dynamic Systems, Measurement and Control, 2014, 136:021005-1-021005-11.

[13] XIE X, HUANG J, LIANG Z. Vibration reduction for flexible systems by command smoothing[J]. Mechanical System Signal Process, 2013,39:461-470.

[14] ISHAK M H I, MOHAMED Z, MAMAT R. Anti-sway control schemes of a boom crane using command shaping techniques[J]. Jurnal Teknologi, 2014, 67(5): 49-58.

[15] THALAPIL J. Input shaping for sway control in gantry cranes[J]. IOSR Journal of Mechanical and Civil Engineering, 2012, 1(2): 36-43.

[16] ABDULLAHI A M, MOHAMED Z, ZAINAL ABIDIN M S, et al. Output-based command shaping technique for an effective payload sway control of a 3D crane with hoisting[J]. Transaction of the Institute of Measurement and Control, 2016, 5:1-11.

[17] CUTFORTH C, PAO L. Adaptive input shaping for maneuvering flexible structures[J]. Automatica, 2004, 40(4): 685-693.

[18] ABDULLAHI A M, MOHAMED Z, SELAMAT H, et al. Efficient control of a 3D overhead crane with simultaneous payload hoisting and wind disturbance: design, simulation and experiment[J]. Mechanical Systems and Signal Processing, 2020, 145: 1-16.

[19] MAGHSOUDI M J , RAMLI L, SUDIN S, et al. Improved unity magnitude input shaping scheme for sway control of an underactuated 3D overhead crane with hoisting[J]. Mechanical Systems and Signal Processing, 2019, 123:466-482.

[20] MOHD TUMARI M Z, SHABUDIN L, ZAWAI M A ,et al. Active sway control of a gantry crane using hybrid input shaping and PID control schemes[C]. 2nd International Conference on Mechanical Engineering Research, 2013:1-11.

[21] QIAN D, TONG S, YANG B, et al. Design of simultaneous input-shaping-based SIRMs fuzzy control for double-pendulum-type overhead cranes[J]. Bulletin of the Polish Academy of Sciences Technical Sciences, 2015, 63(4): 887-893.

[22] MAR R, GOYAL A, NGUYEN V, et al. Combined input shaping and feedback control for double-pendulum systems[J]. Mechanical Systems and Signal Processing, 2017, 85:267-277.

[23] LEE H H. Motion planning for three-dimensional overhead cranes with high speed load hoisting[J]. International Journal of Control, 2005,78(12): 875-883.

[24] FANG Y C, MA B J, WANG P C, et al. A motion planning-based adaptive control method for an underactuated crane system[J]. IEEE Transactions on Control Systems Technology, 2012,

20(1): 241-248.

[25] SUN N, FANG Y C, ZHANG Y D, et al. A novel kinematic coupling-based trajectory planning method for overhead cranes[J]. IEEE/ASME Transactions on Mechatronics, 2012, 17(1): 166-173.

[26] SUN N, FANG Y C, ZHANG X B, et al. Phase plane analysis based motion planning for underactuated overhead cranes[C]. Proceedings of the 2011 IEEE International Conference on Robotics and Automation, China, 2011: 3484-3488.

[27] SUN N, FANG Y C, ZHANG X B, et al.Transportation task-oriented trajectory planning for underactuated overhead cranes using geometric analysis[J]. IET Control Theory and Applications, 2012,6(10): 1410-1423.

[28] OUYANG H, UCHIYAMA N, SANO S. Analysis and experiment of residual load sway suppression in rotary crane systems using simple trajectory for horizontal boom motion[J]. Journal of System Design and Dynamic, 2012,6(4): 401-413.

[29] HOANG N Q, LEE S G, KIM H, et al.Trajectory planning for overhead crane by trolley acceleration shaping[J]. Journal of Mechanical Science and Technology, 2014, 28 (7): 1-10.

[30] AGUILAR-IBANEZ C , SUAREZ-CASTANOR M S . A trajectory planning based controller to regulate an uncertain 3D overhead crane system[J]. International Journal of Applied Mathematics and Computer Science, 2019, 29(4): 693-702.

[31] SUN N, FANG Y C. An effiicient online trajectory generating method for underactuated crane systems[J]. International Journal of Robust and Nonlinear Control, 2014, 24(11): 1654-1663.

[32] 何博，方勇纯，刘海亮，等. 桥式起重机精准定位在线轨迹规划方法设计及应用[J]. 控制理论与应用，2015，33（10）：1352-1358.

[33] LI F, ZHANG C G, SUN B. A minimum-time motion online planning method for underactuated overhead crane systems[J].IEEE Access, 2019,7: 54586-54594.

[34] CHEN H, FANG Y C, SUN N. Optimal trajectory planning and tracking control method for overhead cranes [J]. IET Control Theory and Applications, 2016, 10(6): 692-699.

[35] CHEN H, FANG Y C, SUN N. A swing constrained time-optimal trajectory planning strategy for double pendulum crane systems[J]. Nonlinear Dynamics, 2017, 89(2): 1514-1524.

[36] 陈鹤，方勇纯，孙宁，等. 基于伪谱法的双摆吊车时间最优消摆轨迹规划策略[J]. 自动化学报，2016，42（1）：154-160.

[37] SUN N, WU Y, CHEN H, et al. An energy-optimal solution for transportation control of cranes with double pendulum dynamics: Design and experiments[J]. Mechanical Systems and Signal Processing, 2018, 102: 87-101.

[38] OMAR H M, NAYFEH A H. Anti-swing control of gantry and tower cranes using fuzzy and time delayed feedback with friction compensation[J]. Shock and Vibration, 2005,12:73-89.

[39] JAAFAR H I, MOHAMED Z. PSO-tuned PID controller for a nonlinear double-pendulum crane system[C]. Asian Simulation Conference, 2017: 204-215.

[40] SAEIDI H, NARAGHHI M, RAIE A A. A neural network self tuner based on input shapers behavior for anti-sway system of gantry cranes[J]. Journal of Vibration and Control, 2013,19(13): 1936-1949.

[41] SUN N, YANG T, FANG Y, et al. Transportation control of double-pendulum cranes with a nonlinear quasi-PID scheme: design and experiments[J]. IEEE Transactions on Systems, Man, and Cybernetics: Systems, 2018,49(7): 1-11.

[42] TUAN L A, KIM G H, KIM M Y, et al. Partial feedback linearization control of overhead cranes with varying cable lengths[J]. International Journal of Precision Engineering and Manufacturing, 2012,13(4): 501-507.

[43] TUAN L A, LEE S G, DANG V H, et al. Partial feedback linearization control of a three-dimensional overhead crane[J]. International Journal of Control, Automation, and Systems, 2013,11(4): 718-727.

[44] TUAN L A, LEE S G, KO D H, et al. Combined control with sliding mode and partial feedback linearization for 3D overhead cranes[J]. International Journal of Robust and Nonlinear Control, 2014, 24(18): 3372-3383.

[45] ZHANG J, DONG Z Y. Design of crane system based on an improved active disturbance rejection controller[C].International Conference on Mechatronics, 2015: 781-786.

[46] 肖友刚，卢浩，余驿，等. 单参数调整的欠驱动吊车防摆定位全过程自抗干扰控制[J]. 中南大学学报（自然科学版），2019，50（11）：2703-2711.

[47] FENG Z, YANG J, SHAO E. Anti-sway control of underactuated cranes using linear quadratic regulator and extended state observer techniques[C]. 2020 Chinese Control and Decision Conference, 2020: 2893-2898.

[48] LU B, FANG Y C, SUN N. Sliding mode control for underactuated overhead cranes suffering from both matched and unmatched disturbances[J]. Mechatronics, 2017, 47: 116-125.

[49] WU X Q, XU K X, HE X X. Disturbance-observer-based nonlinear control for overhead cranes subject to uncertain disturbances[J]. Mechanical Systems and Signal Processing, 2020, 139: 1-18.

[50] NOWACKA-LEVERTON A, MICHALEK M, PAZDERSKI D,et al. Experimental verification of SMC with moving switching lines applied to hoisting crane vertical motion control[J]. ISA Transactions, 2012, 51(6): 682-693.

[51] LEE H H, LIANG Y, SEGURA D. A Sliding-Mode Antiswing trajectory control for overhead cranes with high-speed load hoisting[J]. Journal of Dynamic Systems, Measurement, and Control, 2006, 128(4): 842-845.

[52] TUAN L A, KIM J , LEE S. Second-order sliding mode control of a 3D overhead crane with uncertain system parameters[J].International Journal of Precision Engineering and Manufacturing, 2014, 15(5): 811-819.

[53] TUAN L A, LEE S G. Sliding mode controls of double-pendulum crane systems[J]. Journal of Mechanical Science and Technology, 2013, 27 (6): 1864-1873.

[54] LEI M, DENG X. Novel adaptive hierarchical sliding mode control for trajectory tracking and load sway rejection in double-pendulum overhead cranes[J]. IEEE Access, 2019,7: 10354-10361.

[55] QIAN D, YI J. Design of combining sliding mode controller for overhead crane systems[J]. International Journal of Control and Automation, 2013, 6(1): 131-140.

[56] NGUYEN V T, YANG C H, DU C L, et al. Design and implementation of finite time sliding mode controller for fuzzy overhead crane system[J]. ISA Transactions, 2022, 124: 374-385.

[57] YUAN H, XU W. Integrated sliding mode tracking control of overhead crane variable reference signal[J]. International Core Journal of Engineering, 2021, 7(2): 454-465.

[58] TUAN L A, MOON S C, LEE W G,et al. Adaptive sliding mode control of overhead cranes with varying cable length[J].Journal of Mechanical Science and Technology, 2013, 27 (3): 885-893.

[59] 陈虹. 模型预测控制[M]. 北京：科学出版社，2013.

[60] WU Z, XIA X, ZHU B. Model predictive control for improving operational efficiency of overhead cranes[J]. Nonlinear Dynamics, 2015, 79(4): 2639-2657.

[61] CHEN H, FANG Y C, SUN N. A swing constraint guaranteed MPC algorithm for underactuated overhead cranes[J]. IEEE/ASME Transactions Mechatronics, 2016, 21: 2543-2555.

[62] SMOLEVSKI J, SZPYTKO J. Particle swarm optimization-based multivariable generalized predictive control for an overhead crane[J]. IEEE/ASME Transactions Mechatronics, 2017, 22: 258-268.

[63] SU S W, NGUYE H, JARMAN R. Model predictive control of gantry crane with input nonlinearity compensation[J]. Proceedings of World Academy of Science, Engineering and Technology, 2009, 3:312-313.

[64] JOLEVSKI D, BEGO O. Model predictive control of gantry/bridge crane with anti-sway algorithm[J].Journal of Mechanical Science and Technology, 2015, 29 (2): 827-834.

[65] GRAICHEN K, EGRETZBERGER M, KUG A. Suboptimal model predictive control of a laboratory crane[C]. 8th IFAC Symposium on Nonlinear Control Systems, 2010:397-402.

[66] KALMARI J, BACKMAN J, VISALA A. Nonlinear model predictive control of hydraulic forestry crane with automatic sway damping[J]. Computers and Electronics in Agriculture, 2014, 109(4): 36-45.

[67] VUKOV M, LOOCK W V, HOUSKA B, et al. Experimental validation of nonlinear MPC on an overhead crane using automatic code generation[C]. 2012 American Control Conference, 2012: 6264-6269.

[68]SCHINDELE D, SCHEMANN H A. Fast nonlinear MPC for an overhead travelling crane[C]. The International Federation of Automatic Control, 2011: 7964-7968.

[69] RANJBARI L, SHIRDEL A H, ASLAHI-SHAHRI M,et at.Designing precision fuzzy for load swing of an overhead crane[J]. Neural Computing and Applications, 2015, 26(7): 1555-1560.

[70] QIAN D, TONG S, LEE S G. Fuzzy-logic-based control of payloads subjected to double-pendulum motion in overhead cranes[J]. Automation in Construction, 2016, 65(2): 134-143.

[71] CHANG C Y, CHIANG T C. Overhead cranes fuzzy control design with deadzone compensation[J]. Neural Computing & Application, 2009, 18(7): 749-757.

[72] CHANG C Y. The switching algorithm for the control of overhead crane[J]. Neural Computing & Application, 2006(15): 350-358.

[73] PARK M S, CHWA D, SUK-KYO H. Antisway tracking control of overhead cranes with system uncertainty and actuator nonlinearity using an adaptive fuzzy sliding-mode control[J]. IEEE Transactions on Industrial Electronics, 2008,55(11): 3972-3984.

[74] LEE L H, HUANG C H, KU S C, et al. Efficient visual feedback method to control a three-dimensional overhead crane[J]. IEEE Transactions on Industrial Electronics, 2014, 61(8): 4074-4083.

[75] WU T S, KARKOUB M, YU W S, et al. Anti-sway tracking control of tower cranes with delayed uncertainty using a robust adaptive fuzzy control[J]. Fuzzy Sets and Systems, 2016, 290(C): 118-137.

[76] PANUNCIO F, YU W, LI X. Stable neural PID anti-swing control for an overhead crane[C]. Proceedings of the IEEE International Symposium on Intelligent Control, 2013: 54-58.

[77] 孙辉，陈志梅，孟文俊. 塔式起重机的神经网络滑模防摆控制[J]. 系统工程理论与实践，2013，33（10）：2708-2713.

[78] LEE L H, HUANG P H, SHIH Y C, et al. Parallel neural network combined with sliding mode control in overhead crane control system[J]. Journal of Vibration and Control, 2014,

20(5): 749-760.
[79] 施登亮. 基于神经网络-混合进化算法的桥式起重机的防摇摆控制[J]. 数学实践与认识，2015，45（22）：159-167.
[80] SAEIDI H, NARAGHI M, RAIE A A. A neural network self tuner based on input shapers behavior for anti sway system of gantry cranes[J]. Journal of Vibration and Control, 2013, 19(13): 1936-1949.
[81] ZHU X, WANG N. Cuckoo search algorithm with membrane communication mechanism for modeling overhead crane systems using RBF neural networks[J]. Applied Soft Computing, 2017, 56: 458-471.
[82] TONG S, ZHANG L, LI Y. Observed-based adaptive fuzzy decentralized tracking control for switched uncertain nonlinear large-scale systems with dead zones[J]. IEEE Transactions on Systems, Man, and Cybernetics: Systems, 2016, 46(1): 37-47.
[83] LI Y, TONG S, LI T. Hybrid fuzzy adaptive output feedback control design for uncertain MIMO nonlinear systems with time-varying delays and input saturation[J]. IEEE Transactions on Fuzzy Systems, 2016, 24(4): 841-853.
[84] SUN N, FANG Y C, CHEN H. Adaptive antiswing control for cranes in the presence of rail length constraints and uncertainties[J]. Nonlinear Dynamics, 2015, 81(1-2): 41-51.
[85] SUN N, FANG Y C, CHEN H,et al. Slew/translation positioning and swing suppression for 4-DOF tower cranes with parametric uncertainties: design and hardware experimentation[J]. IEEE Transactions on Industrial Electronics, 2016, 63(10): 6407-6418.
[86] QIAN Y, FANG Y C, LU B.Adaptive repetitive learning control for an offshore boom crane[J]. Automatica, 2017, 82: 21-28.
[87] SUN N, FANG Y, WU Y, et al. Adaptive positioning and swing suppression control of underactuated cranes exhibiting double-pendulum dynamics: Theory and experimentation[C]. 31st Youth Academic Annual Conference of Chinese Association of Automation, 2016:87-92.
[88] ZHANG M H, MA X, RONG X, et al. Adaptive tracking control for double-pendulum overhead cranes subject to tracking error limitation, parametric uncertainties and external disturbances[J]. Mechanical Systems and Signal Processing, 2016, 76: 15-32.
[89] XU W, XU P. Robust adaptive sliding mode synchronous control of double-container for twin-lift overhead cranes with uncertain disturbances[J]. Control and Decision, 2016, 31(7): 1192-1198.
[90] SI W, DONG X, YANG F. Adaptive neural control for stochastic pure-feedback non-linear time-delay systems with output constraint and asymmetric input saturation[J]. IET Control Theory & Applications, 2017, 11(14): 2288-2298.

[91] LIU Z, LIU J, HE W. An adaptive iterative learning algorithm for boundary control of a flexible manipulator[J]. International Journal of Adaptive Control and Signal Processing, 2017, 31(6): 904-913.

[92] YESILDIREK A. Anti-swing control of underactuated overhead crane system using multiple lyapunov functions[C]. IEEE International Conference on Mechatronics and Automation, 2011: 428-432.

[93] SUN N, FANG Y C, SUN X, et al. An energy exchanging and dropping-based model-free output feedback crane control method[J]. Mechatronics, 2013, 13: 549-558.

[94] 孙宁，方勇纯，苑英，等. 一种基于分段能量分析的桥式吊车镇定控制器设计方法[J]. 系统科学与数学，2011，31（6）：751-764.

[95] KISS B, WANG N. Robust exact linearization of a 2D overhead crane[J]. IFAC-PapersOnLine, 2018, 51(22): 354-359.

[96] 孙宁，张建一，吴易鸣，等. 一种双摆效应桥式起重机光滑鲁棒控制方法[J]. 振动与冲击，2019，38（22）：1-6.

[97] OUYANG H M, DENG X, XI H, et al. Novel robust controller design for load sway reduction in double-pendulum overhead cranes[J]. Proceedings of the Institution of Mechanical Engineers, Part C: Journal of Mechanical Engineering Science, 2019, 233(12): 4359-4371.

[98] YANG B, XIONG B. Application of LQR techniques to the anti-sway controller of overhead crane[J]. Advanced Materials Research, 2010, 41(3): 1933-1936.

[99] XIAO R X, WANG Z L, GUO N Y, et al. Multi-objective motion control optimization for the bridge crane system[J]. Applied Sciences, 2018, 8(3): 473-491.

[100] ZAVARI K, PIPELEERS G, SWEVERS J. Gain-scheduled controller design: illustration on an overhead crane[J].IEEE Transactions on Industrial Electronics, 2014, 61, (7): 3713-3718.

[101] ERMIDORO M, COLOGNI A L , FORMENTIN S, et al. Fixed-order gain-sche duling anti-sway control of overhead bridge cranes e[J]. Mechatronics, 2016, 39: 237-247.

[102] ZHANG M H, MA X, RONG X, et al. Error tracking control for underactuated overhead cranes against arbitrary initial payload swing angles[J]. Mechanical Systems and Signal Processing, 2017, 84: 268-285.

[103] FATEHI M H, EGHTESAD M, AMJADIFARD R. Modelling and control of an overhead crane system with a flexible cable and large swing angle [J]. Journal of Low Frequency Noise, Vibration and Active Control, 2014, 33(4): 395-409.

[104] HE W, GE S S. Cooperative control of a nonuniform gantry crane with constrained tension [J]. Automatica, 2016, 66: 146-154.

[105] MOUSTAFA K A, TRABIA M B, ISMAIL M I. Modelling and control of an overhead crane with a variable length flexible cable [J]. International Journal of Computer Applications in Technology, 2009, 34(3): 216-228.

[106] CHU Y, FATEHI M H, EGHTESAD M, et al. Modelling and control of an overhead crane system with a flexible cable and large swing angle[J]. Journal of Low Frequency Noise, Vibration and Active Control, 2014, 33(4): 395-410.

[107] PETREHUS P, LENDEK Z, RAICA P. Fuzzy modeling and design for a 3D Crane[J]. IFAC Proceedings Volumes, 2013, 46(20): 479-484.

[108] PAULUL M. Optimal and robust control of 3D crane[J]. Przegląd Elektrotechniczny, 2016, 92(2): 206-212.

[109] ABDEL-KHALEK H, SHAWKI K, ADEL M. A computer-based model for optimizing the location of single tower crane in construction sites[J]. International Journal Engineering Science and Innovative Technology, 2013, 2 : 438-443.

[110] SINGH B, NAGAR B, KADAM B S, et al. Modeling and finite element analysis of crane boom.[J]. Advanced Engineering Research Studies, 2011, 1:51-54.

[111] MARINOVIC I, SPRECIC D, JERMAN B. A slewing crane payload dynamics[J]. Tehnički Vjesnik, 2012, 19(4): 907-913.

[112] 王璐，常中龙，袁哲，等. 桥式起重机防摇控制系统数学建模方法研究[J]. 起重运输机械，2016（9）：1-5.

[113] ZHANG M, MA X, RONG X, et al. Adaptive tracking control for double-pendulum overhead cranes subject to tracking error limitation, parametric uncertainties and external disturbances[J]. Mechanical Systems and Signal Processing, 2016, 76: 15-32.

[114] VAUGHAN J, KIM D, SINGHOSE W. Control of tower cranes with double-pendulum payload dynamics[J]. IEEE Transaction on Control Systems Technology, 2010, 18(6): 1345-1358.

[115] MALEKI E, SINGHOSE W. Swing dynamics and input-shaping control of human-operated double-pendulum boom cranes[J]. Journal of Computational and Nonlinear Dynamics, 2012, 7(3): 031003.

[116] TAKAGI T, SUGHOSE M. Fuzzy identification of systems and its applications to modeling and control [J]. IEEE Transactions on Systems, Man and Cybernetics, 1985, 15(1): 116-132.

[117] SUGENO M, KANG G T. Structure identification of fuzzy model [J]. Fuzzy Sets and Systems,1988, 28(1): 15-33.

[118] TANAKA K, WANG O. Fuzzy control systems design and analysis[M].New York: John Wiley & Sons, Inc, 2001.

[119] 肖建，赵涛. T-S 模糊控制综述与展望[J].西南交通大学学报，2016，51（3）：462-474.

[120] BOUIKAIBET I, BELARBI K, BOUOUDEN S, et al. A new T-S fuzzy model predictive control for nonlinear process[J]. Expert Systems with Applications, 2017, 88: 132-151.

[121] AHMAD I R, SAMER Y R, HUSSAIN A. Fuzzy-logic control of an inverted pendulum on a cart[J]. Computers and Electrical Engineering, 2017, 61(1): 31-47.

[122] SEYFI B, RAHMANI B, MARKAZI A H D,et al. Feedback linearrized-based and approximated parallel distributed compensation approach: theory and experimental implementation[J]. Majlesi Journal of Mechatronic Systems, 2015, 4(4): 7-13.

[123] HE G, LI J, CUI P, et al. T-S fuzzy model based control strategy for the networked suspension control system of maglev train[J]. Mathematical Problems in Engineering, 2015, 20(2): 1-11.

[124] LI H Y, YU J Y, HILTON C, et al. Adaptive sliding-mode control for nonlinear active suspension vehicle systems using t-s fuzzy approach[J]. IEEE Transactions on Industrial Electronics, 2013, 60: 3328-3338.

[125] HUSEK P, NARENATHREYAS K. Aircraft longitudinal motion control based on Takagi-Sugeno fuzzy model[J]. Applied Soft Computing, 2016, 49(4): 269-278.

[126] CHANG Y, CHAN W, CHANG C. T-S Fuzzy model-based adaptive dynamic surface control for ball and beam system[J]. IEEE Transactions on Industrial Electronics, 2013, 60: 2251-2263.

[127] ASAD M U, ZAFAR J, HANIF A, et al. Fuzzy LMI servo controller for uncertain ball and beam system[C]. 17th IEEE Internaional Multi Topic Conference 2014, 2014: 360-365.

[128] SADEGHI M S, VAFAMAND N. More relaxed stability conditions for fuzzy TS control systems by optimal determination of membership function information[J]. Control Engineering and Applied Informatics, 2014, 16(2): 67-77.

[129] 王凯，黄玲，都磊. 二级倒立摆的 T-S 模糊建模和模糊控制[J]. 控制工程，2015，22（7）：47-50.

[130] KHOOBAN M H, VAFAMAND N, NIKNAM T. T-S fuzzy model predictive speed control of electrical vehicles[J]. ISA Transactions, 2016, 64: 231-240.

[131] ELHAMDAOUY A, SALHI I, BELATTAR A, et al. Takagie Sugeno fuzzy modeling for three-phase micro hydropower plant prototype[J]. International Journal of Hydrogen Energy, 2017, 42: 17782-17792.

[132] SENOUCI A, BOUKABOU A. Predictive control and synchronization of chaotic and hyperchaotic systems based on a T-S fuzzy model[J]. Mathematics and Computers in Simulation , 2014, 105: 62-78.

[133] WANG S, FEI J. Robust adaptive sliding mode control of MEMS gyroscope using T-S fuzzy model[J]. Nonlinear Dynamic, 2014, 77: 361-371.

[134] KAWAMOTO S. An approach to stability analysis of second order fuzzy systems[C]. Proceedings of First IEEE International Conference on Fuzzy Systems, 1992, 1: 1422-1424.

[135] ZHANG Z G, WU Y Q, HUANG J M. Differential-flatness-based finite-time anti-swing control of underactuated crane systems[J]. Nonlinear Dynamic, 2017, 87(3): 1749-1761.

[136] MAGHSOUDI M J, MOHAMEDA Z, SUDIN S, et al. An improved input shaping design for an efficient sway control of a nonlinear 3D overhead crane with friction[J].Mechanical Systems and Signal Processing, 2017, 92: 364-378.

[137] SUN N, FANG Y C, CHEN H.A new antiswing control method for underactuated cranes with unmodeled uncertainties: theoretical design and hardware experiments[J]. IEEE Transaction Industrial Electronics, 2015, 62(1): 453-465.

[138] JAAFAR H I, HUSSIEN S Y S, GHAZALI R. Optimal tuning of PID + PD controller by PFS for gantry crane system[C]. 10th Asian Control Conference, 2015: 1-3.

[139] LE A T, LEE S G. Modeling and advanced sliding mode controls of crawler cranes considering wire rope elasticity and complicated operations[J]. Mechanical Systems and Signal Processing, 2018, 103(2): 250-263.

[140] WU X, HE X. Nonlinear energy-based regulation control of three-dimensional overhead cranes[J]. IEEE Transactions on Automation Science and Engineering, 2017, 14(2): 1297-1308.

[141] ZHANG M H, MA X, RONG X, et al. An enhanced coupling nonlinear tracking controller for underactuated 3D overhead crane systems[J]. Asian Journal of Control, 2018, 20(5): 1-16.

[142] ZHOU G Z, LUO M, LI J J. Anti-rocking and guaranteed performance control of container loading and unloading Bridge based on T-S Model[J]. Lifting the Transport Machinery, 2007, 1: 34-37.

[143] SUN N, FANG Y, CHEN H. Antiswing tracking control for underactuated bridge cranes[J]. Control Theory & Applications, 2015, 32(3): 326-333.

[144] ZHOU G Z, LUO M, LI J J. Anti-swag and guaranteed performance control of container crane based on T-S model[J]. Hoisting and Conveying Machinery, 2017, 47: 34-37.

[145] KHOOBAN M H, ABANI D N M, ALFI A, et al. Swarm optimization tuned Mamdani fuzzy controller for diabetes delayed model[J].Turkish Journal of Electrical Engineering & Computer Sciences, 2013, 21: 2110-2123.

[146] KHOOBAN M H, SOLTANPOUR M R. Swarm optimization tuned fuzzy sliding mode control design for a class of nonlinear systems in presence of uncertainties[J]. Journal of

Intelligent & Fuzzy Systems, 2013, 24(2): 384-394.

[147] SUN N, WU Y, CHEN H, et al. An energy-optimal solution for transportation control of cranes with double pendulum dynamics:Design and experiments[J]. Mechanical Systems and Signal Processing, 2018, 102: 87-101.

[148] ADELI M, ZARABADIPOUR H, SHOOREHDELI M A. Anti-swing control of a double-pendulum-type overhead crane using parallel distributed fuzzy LQR controller[J]. International Journal of the Physical Sciences, 2011, 6(35): 7850-7853.

[149] YU W, LI X, PANUNCIO F. Stable neural PID anti-swing control for an overhead crane[J]. Intelligent Automation and Soft Computings, 2014, 20(2): 145-158.

[150] SHAO X J, ZHANG J G, ZHANG X L, et al. A novel anti-swing and position control method for overhead crane[J]. Science Progress, 2020, 103(1): 1-24.

[151] SHAO X J, ZHANG J G, ZHANG X L. Takagi-Sugeno fuzzy modeling and PSO-based robust LQR anti-swing control for overhead crane[J]. Mathematical Problems in Engineering, 2019: 1-14.

[152] SHAO X J, LIU L Q, ZHANG J G, et al. H_∞ control of double pendulum overhead crane based on t-s fuzzy model[C] . 40th Chinese Control Conference, 2021: 2057-2062.

[153] SHAO X J, ZHANG J G, ZHANG X L, et al. T-S fuzzy modeling and fuzzy control of overhead crane using LMI technique[C].14th International Conference on Natural Computation, Fuzzy Systems and Knowledge Discovery, 2018: 609-615.

[154] ZHANG J G,WANG X Y,SHAO X J. Design and real-time implementation of takagi-sugeno fuzzy fuzzy controller for magnetic levitation ball system[J]. IEEE Access, 2020, 8(1): 38221-38228.

[155] 邵雪卷，李瑶，张井岗，等. 桥式起重机轨迹规划的方法研究[J]. 系统仿真学报，2019，31（5）：971-977.

[156]胡富元，邵雪卷，张井岗. 基于微分平坦理论的模型预测控制在桥式起重机中的应用[J]. 控制工程，2019，26（4）：1378-1383.

[157] 张天成，邵雪卷，张井岗. 基于摆角约束的双摆吊车轨迹规划[J]. 自动化仪表，2019，9：40-45.

[158] 李瑶，邵雪卷，张学良. 桥式起重机轨迹规划及跟踪方法研究[J]. 太原科技大学学报，2019，40（4）：289-295.

[159] 邵雪卷，张学良，张井岗，等.智能起重机路径规划及定位防摆控制策略[J]. 起重运输机械，2017，11：65-70.

[160] 张桐松，邵雪卷，张井岗，等. 欠驱动桥式吊车系统的非线性扩张状态观测器设计[J]. 自动化仪表，2022，43（1）：19-23，28.

[161] LI X J, SHAO X J, CHEN Z M.The research on predictive function control of double-pendulum overhead crane[C]. Proceedings of the 33rd Chinese Control and Decision Conference , 2021: 5724-5731.

[162] ZHAO R N, SHAO X J, ZHANG J G,et al. The research on LQR control of overhead crane based on interval type-2 T-S fuzzy model[C]. Proceeding-2021 China Automatic Congress, 2021: 7862-7867.

[163] 陈志梅，李孟笑，邵雪卷. 基于改进蜂群算法的桥式起重机吊装路径规划[J]. 起重运输机，2022（8）：20-25.

[164] 陈志梅，李敏，邵雪卷，等. 基于改进 RRT 算法的桥式起重机避障路径规划[J].系统仿真学报，2021，33（8）：1832-1838.

[165] 李小瑾，陈志梅，邵雪卷. 桥式起重机三维吊装路径规划[J].自动化仪表，2017，38（3）：90-92.

[166] 王小静，陈志梅，邵雪卷. 桥式起重机的二自由度内模防摆控制研究[J]. 太原科技大学学报，2016，37（5）：337-341.

[167] 王雨婷，陈志梅，邵雪卷. 基于无源性的塔机模糊神经网络防摆控制[J]. 太原科技大学学报，2015，36（2）：87-91.

[168] 陈志梅，谢朦，邵雪卷. 基于修正预测误差的移动机器人跟踪定位算法[J]. 自动化与仪表，2017，32（3）：5-8，12.

[169] 陈志梅，孙辉，张井岗，等. 塔式起重机的分数阶滑模定位和防摆控制[J]. 太原科技大学学报，2016，37（1）：12-16.